ジャイルズ・ミルトン
Giles Milton
築地誠子［訳］

レーニン対イギリス秘密情報部

原書房

RUSSIAN ROULETTE

ジェームズ・ボンドは、私が作り上げたキャラクターだ。
断じてシドニー・ライリーとかいう人物ではない！
――イアン・フレミング

アレクシスへ

レーニン対イギリス秘密情報部 ◉ 目次

本書では太陽暦（グレゴリオ暦）を採用した。よって所謂「二月革命」「十月革命」は「三月革命」「十一月革命」となる。

本文中の〔……〕は著者による補足、〔……〕は訳者による注記である。

主な登場人物

◉イギリス

マンスフィールド・カミング……イギリス秘密情報部（ＳＩＳ）の長官。革命前後のロシア国内での諜報活動を総指揮

サミュエル・ホア……革命前のペトログラードで諜報活動を指揮

オズワルド・レイナー……陸軍将校。ラスプーチン殺害に関与したペトログラードの課報員

アーネスト・ボイス……ＳＩＳの諜報員。モスクワの諜報員のチーフ

サマセット・モーム……作家。サマヴィルの名で諜報活動

ロバート・ブルース・ロックハート……外交官。ＳＩＳの諜報員

アーサー・ランサム……ジャーナリスト。ＳＩＳの諜報員

ジョージ・ヒル……陸軍航空隊の将校。ＳＩＳの諜報員

ジョン・スケール……ＳＩＳのストックホルム支局長

シドニー・ライリー……元実業家。ＳＩＳの諜報員。ジェームズ・ボンドのモデルと言われている

ポール・デュークス……元音楽家。ＳＩＳの諜報員。「百の顔を持つ男」の異名を持つ

オーガスタス・エイガー……ポール・デュークス救出作戦を指揮した海軍大尉

◉イギリス領インド帝国

フレデリック・ベイリー……イギリス領インド帝国政治部将校。探検家。中央アジアのタシケントで諜報活動

ウィルフリッド・マルソン……イギリス領インド軍の陸軍少将。ペルシャのマシュハドで諜報活動を指揮

マナベンドラ・ナアト・ロイ……インド人革命家。「神の軍隊」を創設

◉ロシア

ウラジーミル・イリイチ・レーニン……十一月革命のリーダー。ボリシェヴィキ政権の実権を握る

レフ・トロツキー……十一月革命のリーダー。外務人民委員（外務大臣）。赤軍の創設者

カール・ラデック……外務人民委員部で西欧プロパガンダ担当。アーサー・ランサムと親しい

フェリックス・ジェルジンスキー……チェカー（ロシアの秘密警察）の初代長官

レフ・カラハン……副外務人民委員（外務次官）

ヤーコフ・ペテルス……チェカーの副長官

グリゴリー・ジノヴィエフ……コミンテルンの初代議長
エフゲニア・シェレピナ……トロツキーの秘書。アーサー・ランサムの愛人。のちに結婚
マリア・ザクレフスカヤ（マリア・ブドゥベルグ）……帝政ロシア時代の駐英ロシア大使の未亡人。愛称「ムーラ」。ロックハートの愛人

トルキスタン
イギリス領インド帝国の諜報員が暗躍した地域

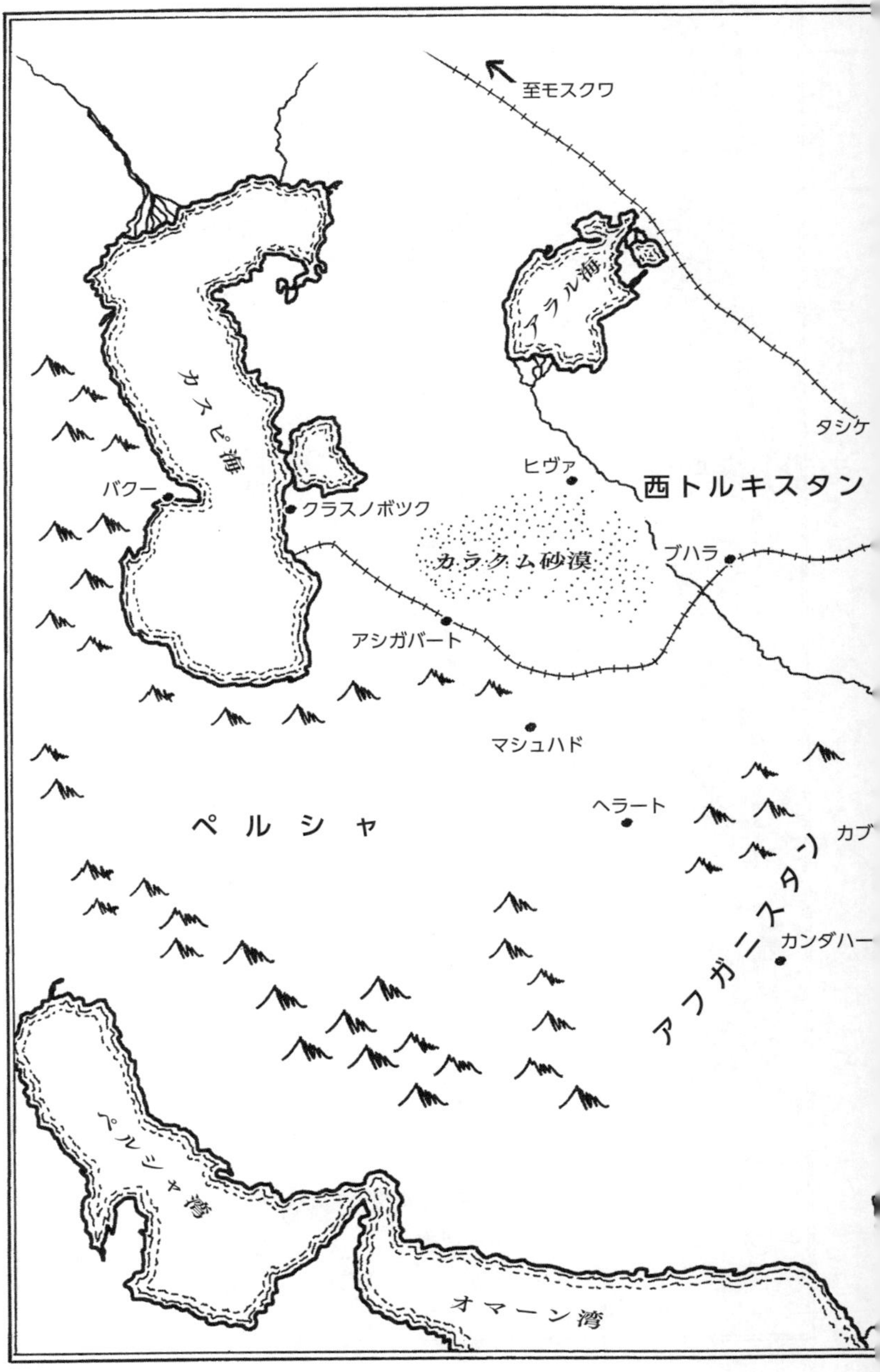
至モスクワ
アラル海
タシケ
カスピ海
ヒヴァ
西トルキスタン
バクー
クラスノボツク
カラクム砂漠
ブハラ
アシガバート
マシュハド
ヘラート
カブ
ペルシャ
アフガニスタン
カンダハー
ペルシャ湾
オマーン湾

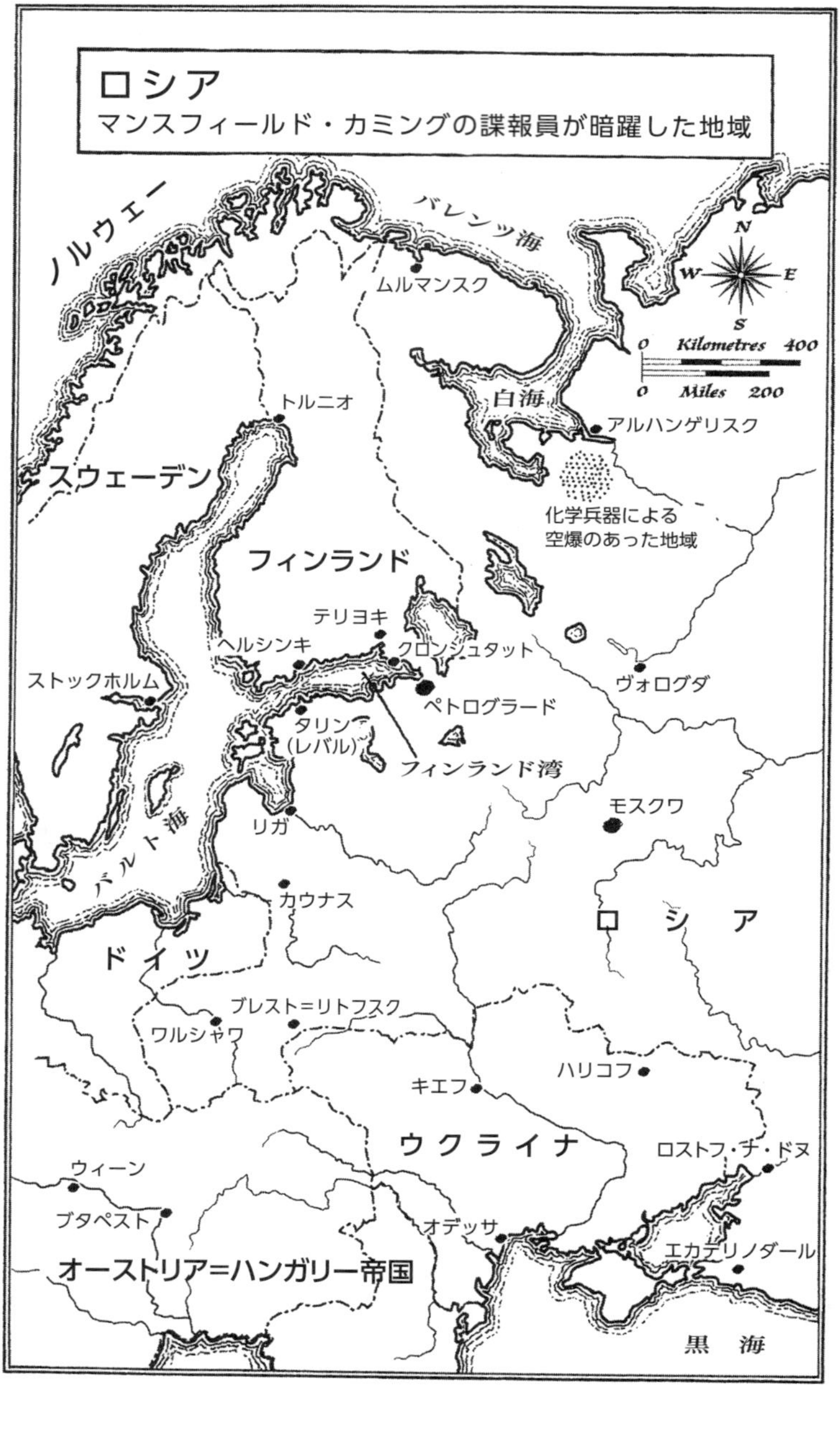
ロシア
マンスフィールド・カミングの諜報員が暗躍した地域
ノルウェー
バレンツ海
ムルマンスク
N
W
E
S
0 Kilometres 400
0 Miles 200
白海
アルハンゲリスク
トルニオ
スウェーデン
化学兵器による
空爆のあった地域
フィンランド
テリヨキ
ヘルシンキ
クロンシュタット
ヴォログダ
ストックホルム
ペトログラード
タリン
(レバル)
フィンランド湾
モスクワ
リガ
バルト海
カウナス
ロ シ ア
ドイツ
ブレスト=リトフスク
ワルシャワ
ハリコフ
キエフ
ウクライナ
ロストフ・ナ・ドヌ
ウィーン
ブタペスト
オデッサ
エカテリノダール
オーストリア=ハンガリー帝国
黒 海

モスクワ中心部
イギリス諜報員の本拠地と安全な隠れ家

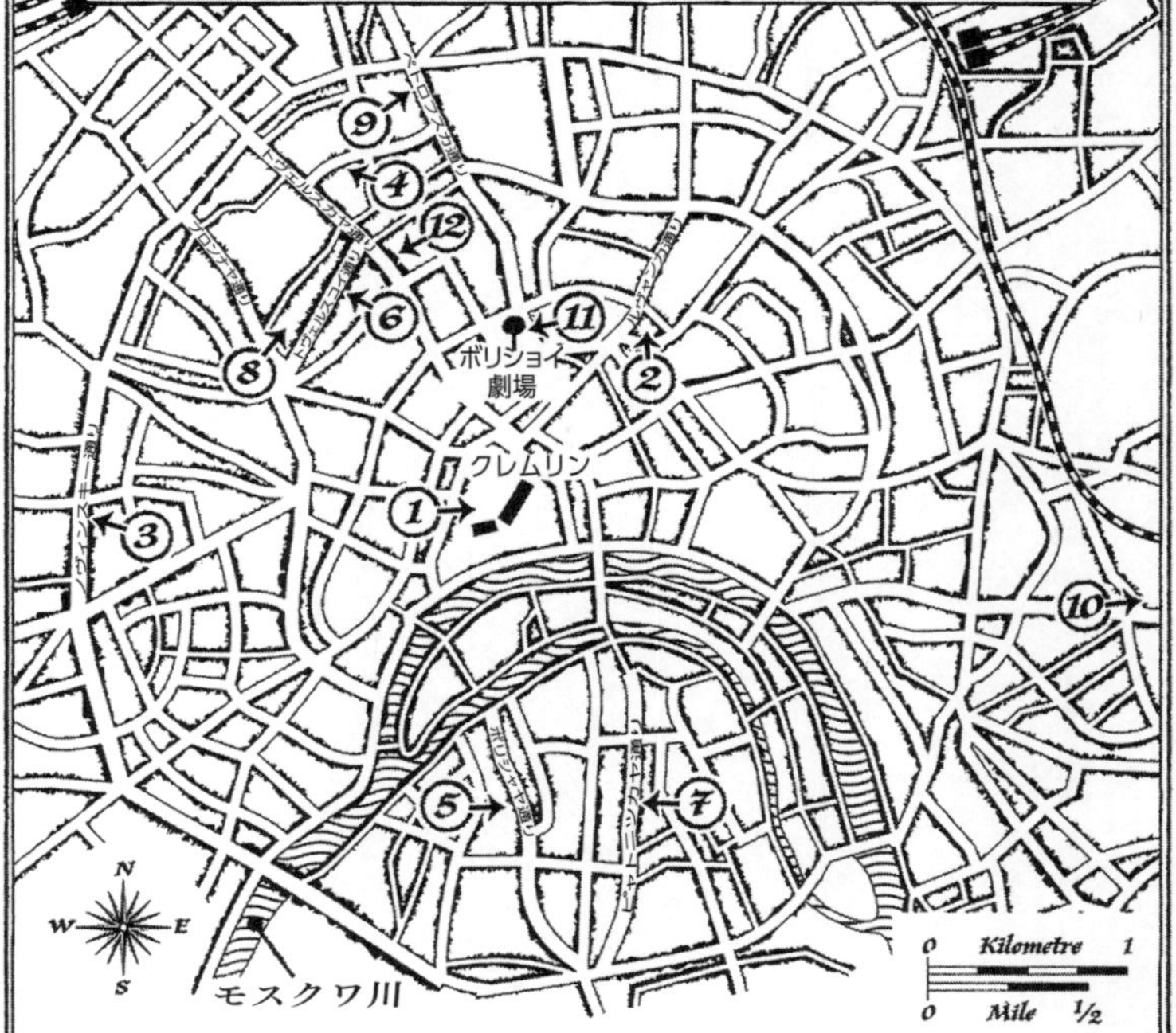

①クレムリン――ロバート・ブルース・ロックハートが投獄された場所。ロシア政府の諸機関が置かれている。

②チェカーの本部（ルビャンカ通り）――シドニー・ライリーは処刑後、この中庭に埋葬された。

③アメリカ総領事館（ノヴィンスキー通り）――欧米の諜報員たちがここでレーニン政権転覆を計画した。

④ジョージ・ヒルが連絡係のネットワークを指揮した拠点（デグチャル通り）

⑤ジョージ・ヒルが連絡係と落ち合うために借りたアパート

⑥トランブル・カフェ（トヴェルスコイ通り）――シドニー・ライリーが密談をするときに使う場所。

⑦ジョージ・ヒルの諜報活動の本拠地（ピャトニツカヤ通り）

⑧シドニー・ライリーの活動拠点（チェレメテフ通り）。1918 年にチェカーにより捜索された。

⑨ジョージ・ヒルが秘密の会合と連絡係の募集のために使ったアパート

⑩ジョージ・ヒルの隠れ家。モスクワ中心部から東へ 18 キロのクスコヴォにあった。

⑪ボリショイ劇場――シドニー・ライリーがクーデターを実行しようとした場所。

⑫シドニー・ライリーの隠れ家（トヴェルスカヤ通り）

序章　ロシアンルーレット

◉ウラジーミル・イリイチ・レーニン

一九一七年四月十六日。ロシア帝国の首都ペトログラード［一九一四から二四年のサンクトペテルブルクの別称］は、今にも日が暮れようとしていた。フィンランド駅構内の物陰に隠れて、三人のイギリス人が時間をつぶしていた。

彼らはスパイではなかった――今のところは。だがまったく同じ理由でこの駅に吸い寄せられてきた。何か尋常ではない、ことによったら恐ろしいことが、その晩に起こるかもしれないという情報を得て、それを自分の目で確かめにきたのだ。だが待ちかねている汽車の到着はかなり遅れ、すでに数時間が経っていた。

とうとう汽車がプラットホームに横付けになり、蒸気をシューと吐いた。まるでロシア北部の退屈な旅が終わったことを乗客に告げるかのようだ。汽車の扉がバタバタと開き、乗客が次々と飛び降りた。

その中にきわめて特異な顔立ちの男がいた。あごひげの先端はとがり、突きでた額はフェルト帽のせいで、さらに目立っている。ペトログラードの陰鬱な夕暮れの中に立っていると、北欧のゴブリン（小鬼）と見まがうばかりだ。

男の小さな目が暗闇に慣れてきたのか、あたりをきょろきょろと見まわしている。長引く戦争のせいで、駅の構内のガス灯は一部しかともっていない。男がまだ車内にいる仲間に声をかけたとき、大きな音がして、カーバイドランプの太い光線がいきなり薄暗い構内を照らした。目のくらむような光を浴びて、この謎の男の全身が浮かび上がった。

オペラの名場面のようだと、駅のコンコースに集まっていた人たちは思った。歓迎のために急遽集められた楽団が「ラ・マルセイエーズ」をいきなり演奏すると、ウラジーミル・イリイチ・ウリヤノフ――「レーニン」の名のほうが知られていたが――は集まった人たちのほうを向いて挨拶をした。レーニンは十年にわたる亡命生活を終えて、祖国に戻ってきたのだ。

レーニンを迎えるために集まった武装した革命家たちは、赤と金色の旗を広げて愛する指導者をさらに照らした。群衆の歓迎を受けてレーニンは装甲車のボンネットによじ上り、祖国に戻って初めての、歴史的な演説を始めた。ロシアを苦しめている政治的混乱はロシアだけの問題ではない。それは世界革命の始まりであり、間違いなく西ヨーロッパと北アメリカの民主主義諸国を飲み込むことになるだろうと断言した。

「同志、兵士、水兵、労働者諸君！　世界のプロレタリア軍の前衛たるきみたちに挨拶しよう」。演説の冒頭の言葉に聴衆は割れんばかりの拍手を送った。声援や喝采が増すにつれて、レーニンの演説は熱を帯び、強硬さを増した。「ヨーロッパ中に内乱」を引き起こし、ヨーロッパをずたずたに引き裂くことを約束してから、「世界規模の社会主義革命万歳！」と叫んだ。

しかしレーニンは、三人のイギリス人がじっとこちらを見つめていることにまったく気づいていなかった。三人のイギリス人とは、アーサー・ランサム、ポール・デュークス、ウィリアム・ギブソンだ。

アーサー・ランサムはイギリスの全国紙『デイリー・ニューズ』の特派員。彼は流行遅れの服を着た、辛辣な口調のはげ頭の革命家に、何の感銘も受けなかったようだ。その晩ロンドンに送った記事では、レーニンについてひと言も触れていなかった。

ポール・デュークスはペトログラード在住の音楽家で、イギリス大使館［ネヴァ川左岸のアングリスカヤ通りにあった］のために働いていた。彼もレーニンについては、ランサム同様、がっかりした口だった。レーニンのことを「アジア人の風貌をした小男で、一般大衆のことを何も知らない」と述べている。

だがレーニンの演説にはデュークスの注意を引く、何かがあった。その言いまわしは実に面白く、魅力的ですらあった。またレーニンが広めようとしている世界革命の話は、デュークスをかなり不安にした。彼はロンドンの外務省に電報を送ってレーニンのことを伝えたが、ロンドンでは冗談として受け止められた。「外務省の連中の中には笑い出した者もいた。レーニンを重要人物扱いしたことを嘲笑ったのだ」

駅にいた三番目の人物ウィリアム・ギブソンは、レーニン到着のようすを克明に書き残している。「人並み以下の身長に、短剣のような細い目をした醜いはげの男は、何とも形容しがたい、尊大な主人のような眼差しで集まった人々を見た」

レーニンが手をさっと動かしただけで人々が静かになるようすに、ギブソンは唖然としながらも魅せられたように眺めていた。聴衆の誰もが、瞬く間に彼に服従したのだ。「ひと言も発しないうちに、この見るからに貧相な小男は、これまで聴衆が経験したこともないような方法で自分の存在を印象づけたのである」

ギブソンはこの謎に満ちた人物を嫌悪した。しかし同時に魅力も感じた。「この男の正体が何であれ、私は彼が超人や怪物のように見えた。彼は自分の壮大な夢を輝かしく実現させるためには、流血も辞さない覚悟があるようだった」。レーニンは、平和ではなく暴力革命を説いていたにもかかわらず、さながら新しい救世主のようだった。

「あたりには恐ろしい不吉な気配が漂っていたが、人々は彼に魅了されていた」。レーニンの催眠術のような魔力にかかり、聴衆はたちまち彼の虜になった。

◉レーニンの野望

ウィリアム・ギブソンがこの奇妙な風貌の革命家を恐れたのは正しかった。なぜなら、レーニンが予言したことはすべて、現実に起こりそうだったからだ。実際、旧約聖書の預言者のように、レーニンの言葉は奇跡的に現実のものとなった。

たとえば、レーニンがロシアの旧体制を転覆すると誓ったときに人々は鼻で笑ったが、彼は祖国に戻ってから数か月もしないうちにそれを成し遂げてしまった。また、ロシア軍が第一次世界大戦から撤退すると考えた者はまずいなかったし、ましてやレーニンが皇帝ニコライ二世とその家族を冷酷にも殺害すると思った者は皆無といってよかった。ところが、これらふたつは現実に起こってしまった。

レーニンが権力を掌握して間もなく、欧米の人々はこれまで経験したことのない恐ろしい脅威に直面していることに気づいた。駐露イギリス大使のサー・ジョージ・ブキャナンは、ロシアでは邪悪な力が出現しつつあり、それは既存のいかなる体制ともまったく異なるものだと、誰よりも先にロンドンに警告した。そしてレーニンはロシアに革命をもたらすだけでなく、「いわゆる帝国主義国家すべての転覆」を目指していると注意を促した。

レーニンはまずイギリスとの闘いに全力を尽くすつもりだった。残りの世界に目を向けるのは、そのあとだ。

ブキャナン大使の意見書がロンドンに届いて間もなく、レーニンは一九〇七年に締結された英露協商を破棄した。英露協商はイギリスにとって不可欠な、戦略上重要な条約だった。それは、中央アジアにおける両国の勢力範囲を定め、イギリス領インド帝国の北西辺境州をロシアの攻撃から守る役目を果たしてきた。ところが条約が破棄され、北西辺境州はいきなり無防備な姿をロシアにさらけ出すことになった。

レーニンの英露協商破棄には断固としたメッセージが添えられていた。ロンドンの官庁街ホワイトホールに激震が走るようなメッセージだ。レーニンはアジアの抑圧された何百万人もの民衆に向かって呼びかけたのだ――ボリシェヴィキのあとに続いて、植民地支配のくびきから脱却せよ！

レーニンの主張はますます過激になった。「イギリス帝国の王冠を飾る真珠」とたとえられたインド帝国は、やがてボリシェヴィキの手で奪い去られることになるだろう。「イギリスはわれわれの最大の敵である。まずインドにおいて、イギリスを叩きのめさなければならない」

レーニンのこの呼びかけは、インド帝国の統治者たちにとっては最悪のタイミングだった。インドでは暴動は増加の一途をたどり、彼らは暴力革命をひどく恐れていた。何しろこの時期、在印イギリス人将校とインド人からなる「イギリス領インド軍」の兵力はかなり貧弱だったからだ。

第一次世界大戦が始まると、インド総督ハーディング卿は「軍隊を移駐させてインドを丸裸にする危険性」について本国に進言した。だがインド軍はヨーロッパとメソポタミア地方の両戦線で至急必要とされ、大量派遣されてしまった。ハーディング卿は最悪の事態を恐れ、「今現在、われわれはインドで賭けをしているようなものだ」と不安を口にした。

だが賭けどころの話ではなかった。事態はもっと深刻だった。レーニンがロシアで政権を握った頃、インド軍は政情不安な北西辺境州に常駐する八個大隊を除けば、インド国内には一個大隊すら残っていなかった。加えて、八個大隊とはいえ、その装備は貧弱なものだった。「使い物にならないような武器まで集められた」と司令官だったジョージ・モールズワース中将は認めている。

レーニンは以前から、「帝国主義列強に対するインドの革命戦争に」ボリシェヴィキは資金援助をするべきだと主張していた。今やボリシェヴィキの人民委員会議（内閣）は、革命を輸出するために二百万ルーブルという莫大な金を注ぎ込むことを決定した。

ブキャナン大使は、この事実を知って肝を冷やした。「レーニン氏はわれわれのことを強奪者や略奪者と呼び、インド帝国の臣民に暴動をけしかけている。ロシアの指導者を自任する者が、友好同盟国に対してかかる言辞を弄する」とは、はなはだ遺憾であると述べた。

ところがレーニンはイギリスを友好同盟国などとは思っていなかった。彼は昔からイギリスを不倶戴天《ふぐたいてん》の敵、徹底的に解体されるべき帝国とみなしていた。

ブキャナン大使は、レーニンがいわゆる「グレート・ゲーム」――中央アジアの覇権をめぐるイギリスとロシアの争い――を新たに始めようとしているのではないかと恐れた。そしてインド帝国の奥深くまで革命を浸透させるためならレーニンは何でもやるだろうと確信していた。

確かにインドの革命がレーニンの当面のゴールだったが、世界革命の展望はもっと広範囲に及んでいた。イギリスが安い労働力と原材料を得られる貴重な植民地を失えば、本国であるイギリスでも革命が起こると彼は昔から確信していた。そしてイギリスの革命が引き金となって、西ヨーロッパと北アメリカに革命の嵐が吹き荒れ、世界の民主主義国家はドミノ倒しのように次々と転覆していくだろう。

レーニンが政権の座についたときから、西欧の旧体制は革命という恐ろしい妖怪に取りつかれてしまった。西欧世界はあと押しされたら崩壊してしまいそうだという、きわめて現実的な恐怖に慄《おのの》いていた。

◉ロシアンルーレット開始

こうして波瀾含みのロシアンルーレットが始まったが、これほど一か八かのゲームはかつてなかっただろう。西欧世界は剣《けん》が峰《みね》に立たされており、どちらに転ぶかは誰も予測できなかった。ボリシェヴィキ革命に反撃する最も有効な方法は、新政権が権力を完全に掌握する前にロシアに総力戦で軍事介入することだろう——誰もがそう考えたが、イギリスには大軍を派遣するだけの軍事的な余裕がなかった。まさにドイツと戦争中で、この悲惨な戦争を生き延びることに必死であり、すでに何百万人もの若い命が失われていた。

西欧世界は、何をしでかすかわからない非情なレーニンに立ち向かうために、まったく新しい手を考えなければならなかった。ゲームのルールを一変させるような、まったく新しい手だ。

軍事介入は現実的ではなかったので、彼らの運命は秘密諜報員という少数の、しかし高度に訓練されたグループに委ねるしかなかった。彼らはロシアの革命政府に潜入し、レーニンの戦略を内部から妨害するために命をかけることになる。

彼らは、諜報、裏切り、二枚舌に満ちた薄汚れた世界で、密かに活動することになる。モスクワに潜入する者もいれば、中央アジアに潜入して危険な任務に勇んで赴く者もいるだろう。彼らは西トルキスタン［かつてのロシア帝国領トルキスタン］の灼熱の城塞都市で賢く立ちまわり、敵といたちごっこをすることになる。成功のためなら、命を危険にさらすことも覚悟の上だ。

己の機知だけが頼りという危険きわまりない闘いではあるが、イギリスの諜報員たちにはボリシェヴィキよりも有利な点がひとつだけあった。ロシア国内ですでに三年以上も諜報活動をしていたことだ。レーニンが革命思想をペトログラードに持ち込むはるか前から、彼らはゲームのルールの破り方を知っていた。

彼らを率いるのはサミュエル・ホアというイギリス人紳士。一九一六年冬にペトログラードで起きた多くの大胆なストライキの第一弾は、彼らの手で引き起こされた。

第1部

ロシア革命

第1章 ラスプーチン殺害

◉サミュエル・ホアの着任

ロシア帝国陸軍省内にある執務室で、サミュエル・ホアは椅子からゆっくりと立ち上がり、窓に歩み寄った。

下の練兵場では、大勢の若き徴集兵がワラと土でできた溝に向かって攻撃の訓練をしている。冷たい雨が暗灰色《あんかいしょく》の空から降ってきて、地面に水たまりができていく。しかし若き兵士たちは秋の寒さを物ともせず、ドイツ軍の塹壕に見立てたものに向かって匍匐前進している。

ホアはしばらく兵士たちを眺めていたが、やがて机の上の大量の書類に視線を戻した。先ほど運ばれてきたばかりの機密書類だ。どれも敗北した戦闘、逃亡した部隊、兵士の反乱に関する秘密報告だ。これを読めば、ロシア帝国軍が東部戦線で敗北しつつあることは誰の目にも明らかだ。

サミュエル・ホアは、ロシア帝国の首都で活動中の十七名からなるイギリス人情報将校を率いるロシア支局長だった。彼は一九一六年春にペトログラードに着任した。イギリスの諜報機関で働くようにという思いがけない呼び出しを受けて興奮したが、多少困惑もした。

あっという間の出来事だった。ホワイトホールで内々の面接があり、ロシア語の会話力について質問されたその場で採用を通知され、あれよあれよという間に決まるともう握手をしていた。「数秒で、私は諜報機関に採用された」と彼は回想している。

ホアの経歴は諜報員としては異色だった。準男爵で、一九一〇年からチェルシー［ロンドン南東部］選出の保守党国会議員を務めた。上品な話しぶりに洗練されたマナーの、どこから見ても保守的な人物だった。加えて、名門パブリックスクールのハロウ校からオックスフォード大学に進み、二科目最優等生で卒業している。

そんなホアがロシア語会話を独学で習得していた。それが諜報機関の目に留まり、ロシア帝国の将軍たちと親交を結び、東部戦線での彼らの戦況を監視する最適の人物と判断され、ペトログラードに派遣されたのだ。

イギリスがロシア軍の戦況を監視するのにはそれなりの理由があり、間違いなくホアのその任務は重要だったのだ。なぜなら英仏露三国協商の重要なメンバーであるロシア帝国は、第一次世界大戦中、イギリス、フランスとともにドイツと戦い、東部線戦でドイツの大軍を釘付けにしていたからだ。もしその大軍が西部戦線に移動し、百戦錬磨のドイツ兵が大量に北フランスに投入されたら、ピカルディやシャンパーニュ地方で塹壕を死守しているイギリス兵はひとたまりもないだろう。

　ホアはペトログラードに着任したばかりの頃は、諜報活動という妖しい魅力に満ちた、裏切りと欺瞞の世界にいよいよ自分も足を踏み入れることになると心を躍らせていた。赴任前にロンドンで、立ち聞きの仕方や暗号で報告書を書く方法等の初歩的な訓練を受けてきたので、早く使いたくてうずうずしていた。

　ところがロシア帝国陸軍省内での仕事は単調なうえ、一日十二時間、年中無休の過酷なものだった。破壊活動の集まりに潜入するなどというスリリングな仕事とは程遠く、気がつけばロシアの大臣たちのために手に入りにくい生活必需品を調達する毎日だった。ロシア正教会の最高機関である聖務会院から、何千本もの蜜蝋の蠟燭を調達してくれと頼まれたこともあった。

　夕方になると、これまた退屈な時間がやってくる。勲章をつけて正装した将軍たちとの華やかな夜会だ。将軍とは名ばかりの連中で、戦場での作戦は何ひとつ知らなかった。「無能で怠惰で身勝手で無責任」というのが、ホアが彼らに下した評価だ。

　仕事をするうえでホアにとって一番大事なのは、チームワークだった。彼は自分のルール――厳格かつ公平であること――に従って行動したが、部下にも同じことを求めた。だが部下たちは、いかにもイギリス人らしい彼のやり方にすべて同意したわけではなかった。彼はそのことに気づいていなかった。またロシア支局の活動にはかなりあくどい面もあったが、ホアはそれにも気づいていなかった。彼の支局には、オズワルド・レイナーというオックスフォード大学出の青年がいた。レイナーは数名の諜報員と一緒に内輪の秘密サークルを作り、「広範な組織」と呼んでいた。

この「組織」は極秘に行動し、彼らが関与した痕跡をまったく残さずに任務を遂行することを目指していた。その危険な活動は――ホアのまったくあずかり知らぬところで――ロシア支局の特徴となっていった。

一九一六年冬に多発した大規模ストライキの第一弾は、オズワルド・レイナーたちの手で引き起こされた。そこに残されたかすかな指紋は、九十年間気づかれぬままだった。

◉宮廷内の邪悪な力

一九一六年十二月。凍えるような寒さのせいで、ペトログラードの町はいやがうえにも陰鬱さが増していた。

「天候のせいで日常の暮らしはつらく、耐えがたいものになっている。みすぼらしい家に住み、粗末な服を着た何十万人もの女性労働者は、雪とみぞれの降るなか何時間も列に並んで家族のために食料を買おうとしているが、手ぶらで帰ることもしばしばだ。それは厳然たる悲劇であり、必ずや流血や革命に至るであろう」とホアは記している。

ホアはロンドンへの週間報告書で、指導力も武器も不足しているためにロシア軍は疲弊してしまったと書き送った。「ロシア軍はこの冬を戦い続けることはできないだろう」と十二月の報告書に記している。

豪華な帝室マリインスキー劇場だけが、現実から逃避できる唯一の場所だった。ロシア軍がじりじりと破滅に向かっていることなど気づきもせず、劇場は華麗な振り付けのバレエを上演し続けた。もはや皇帝ニコライ二世のご臨席を賜ることはないにもかかわらず、上演中は貴賓席の照明が煌々《こうこう》と輝いている。「それは、われわれ多くの者にとって、皇帝がめったに訪れない帝都を、そして皇帝が目を向けようとしない社会を象徴しているように思えた」

皇帝の不在は、皇帝はもはや国を治めてはいないという噂をあおるだけだった。皇帝は皇后の悪影響を受けていると言う者が大勢いたが、イギリス大使サー・ジョージ・ブキャナンも同感だった。国政は、皇后アレクサンドラの「聖なる」相談相手、グリゴリー・ラスプーチンの意のままに操られているというのだ。

十二歳の皇太子の血友病が悪化するにつれて、皇后はラスプーチンに大きく依存していった。ラスプーチンが半ば魔術のような力を使って祝福を与えると、皇太子の症状は一時的に治まったように見えたからだ。

ラスプーチンには敵が多かった。彼は自堕落で放蕩だったが、過激なフリスト派（鞭身派《べんしん》）に属していたと――誤りだとしても――広く信じられていた。フリスト派の人々は、放蕩の限りを尽くすことが欲望を抑える最善の方法であると考え、聖霊の名を唱えながら、乱痴気騒ぎをした。

ラスプーチンの行状は新聞で大きく叩かれた。皇后も、かなり遠まわしな表現ではあったが、同じように非難された。彼女はヘッセン＝ダルムシュタット家の出身だったため、ドイツびいきと疑われていた。やがて皇后とラスプーチンは二人組の怪物と見なされるようになった。ドイツの勝利を望んで、ロシアの戦争努力を密かに妨害していると疑われたのだ。

食料難がさらに悪化すると、人々は「邪悪な力」——という遠まわしな表現で——がペトログラードの宮殿で力をふるっていると言うようになった。「災難や不都合なことは何もかも、『邪悪な力』のせいだと世間の人は思っていた」

ついにラスプーチンがそうした「邪悪な力」のリーダーとして告発され、ロシア帝国議会（ドゥーマ）は宮廷から彼を追放することを要求した。ラスプーチンは皇帝一家に悪影響を与えていると糾弾する議員たちの発言が続いたのだ。

ホアはそうした発言を簡潔にまとめあげた。「皇帝がこの男を追放しさえすれば、この国は邪悪な影響から自由になるだろう。この男の悪影響で、天性の指導者たちの力は奪われ、戦場での軍の勝利はおぼつかなくなっていた」

ホアは、ラスプーチンさえ首都から追放されれば、ロシア帝国の問題は直ちに解決すると確信していた。だが、皇后のお気に入りをこの国から追放できるような権力や権限の持ち主は、いなかったようだ。

◉ラスプーチン殺害

氷のように冷たい風がフィンランド湾の沖から吹きつけ、吹雪が凍てついたネヴァ川の錫《すず》色の川面をかすめていく。ペトログラードの町は真冬の寒さに震えていた。

一九一六年十二月二十九日の深夜。午前零時少し前に、一台の車がユスポフ宮殿の中庭に入っていった。車の黄色いヘッドライトが列柱を配した玄関を一瞬明るく照らし、やがて雪に覆われた中庭をぐるりとまわると、通用口で止まった。

車にはそれぞれの人生を送ってきた男が三人乗っていた。運転席に座っているのはラゾヴェルト軍医。前線勤務だが今は休暇中で、変装してユスポフ家の運転手になりすましている。

運転席の後ろにはフェリクス・ユスポフ公が座っていた。ペトログラードで最もデカダンな貴族としてもてはやされていた。もちろん、すこぶる美男子だ。わし鼻でさえなければ、そのアーモンド形の目と細面の頬のために、女性のように見えたことだろう。

三人目の人物はグリゴリー・ラスプーチン。ロシア皇后の親しい友人だ。普段はロシア正教会の地味な服を着ているが、この特別な晩はおしゃれをしていた。

「矢車草の刺繍がほどこされた絹のブラウスを着て、ラズベリー色の紐でウエストをしばっていた。彼のベルベット製の半ズボンと磨き上げられたブーツは新品のように見えた」とユスポフはその晩のことを書き残している。

ラスプーチンのあごひげは、いつもはごわごわでもつれているが、その晩はきれいにとかしつけてあった。これほど小ぎれいなラスプーチンはめずらしい。「彼は安物の石鹸の匂いが強くした」

ラスプーチンは見るからに動揺していた。正体のわからない敵に命を狙われているとユスポフに打ち明けた。皇后と親密で、皇帝にも影響力を持つラスプーチンには、実際に敵が多かった。ラスプーチンの評判は民衆には良くなかったかもしれないが、そんなことは宮廷の貴婦人たちにとってはどうでもいいことだった。彼の魅力は絶大であり、貴婦人たちは彼の前では――まるで催眠術にかかったかのように――礼儀作法を忘れてしまった。あるイギリス人はぞっとするような場面を目撃して言葉を失った。ラスプーチンが素手で食事を食べ終えると、貴婦人たちが彼の指をなめるために列を作ったのだ。

その晩のラスプーチンは、たとえ命を狙われても、ユスポフ宮殿の招待を断る気はなかった。ユスポフの妻であるイリナと深夜に密会できると言われて、のこのこやってきたのである。

当時の貴族階級のデカダンな人々のあいだでは、不倫はめずらしいことではなかった。ユスポフが妻をよその男に差し出したとしても、自堕落な彼の仲間は眉をひそめたりはしないだろう。彼自身は――まず間違いなく――バイセクシャルで女装癖があり、貴婦人になりすまして夜遊びしたり、ネヴァ川河畔のロマのミュージシャンたちと遊び歩いたりしたとユスポフは回顧録に書いている。

ラスプーチンは、公爵夫人イリナと数時間過ごせるチャンスをあっさりと断る気などなかった。イリナは愁《うれ》いを帯びた美人で、名門中の名門の出――皇帝の姪だった。ユスポフは自分の妻が最も魅力的な餌であることをよく理解していた。

ラゾヴェルト医師は車から降りて宮殿の通用口を開け、ユスポフとラスプーチンが大理石ででき
た中央広間に入れるように脇に控えていた。ユスポフの書斎からは笑い声が響き、蓄音機からはアメリカ独立戦争時の愛国歌「ヤンキードゥードゥル」が派手なスクラッチノイズとともに聞こえてきた。

陽気な笑い声と音楽に戸惑ったラスプーチンは、何事かと尋ねた。「妻が友人をもてなしていますが、彼らはすぐに帰るでしょう」とユスポフは答えた。

嘘だった。妻のイリナは二千キロ近く離れたクリミア半島にあるユスポフ家の別荘にいたし、書斎の客人たちも帰る気はまったくなかった。客人のひとり、皇帝のいとこにあたるドミトリー大公は数時間前にユスポフ宮殿に到着しており、ヴラジーミル・プリシュケヴィチという名の極右の国会議員も一緒だった。さらにセルゲイ・スホーチン大尉というロシア人将校もその晩、宮殿にいた。ラスプーチンは知る由もないが、彼ら全員が陰謀を企てていた。冬の夜空に曙光《しょこう》が差す前に、ラスプーチンを殺害する計画だ。

その晩は殺害が企てられた夜というだけでなく、壮大な虚偽の証言がでっち上げられた夜でもある。その十二月の晩にユスポフ宮殿で起きたと思われることは、何ひとつ起きていなかった。記録されたとおりのことは、何も起こりはしなかった。殺害に加わった者たちがその晩の出来事を書き留めようとしたとき、その一部始終はゆがんだ鏡——現実がねじまげられ、ぼやかされてしまう——に映った虚像のようだった。

主にユスポフ自身によって書かれた目撃証言は衝撃的で、一気に読まずにはいられない。ユスポフによれば、ラスプーチンは中央広間で一瞬立ち止まってから、彼とともに宮殿の地下へ降りていった。そこには内輪で会食ができる食堂があったが、ユスポフ家の者はめったに使わなかった。彫刻がほどこされた石壁と花崗岩の板石でできた、丸天井の暗い地下室だ。もっとも、宮殿のほかのどの部屋よりも明らかに優れた点がひとつあった。地下深くにあるため、人目にさらされることも音が漏れることもなかったことだ。ここで何が起ころうとも、誰にもわからない。

ユスポフはこの地下室をアンティークで飾り立て、日頃から使っているかのように見せかけた。板石の上には敷物を敷き、赤い花崗岩のマントルピースには黄金の杯、年代物のマジョリカ陶器、象牙の彫刻の置物を並べた。

ラスプーチンが興味を示したのは、ユスポフが予想していた水晶の十字架ではなく、小さな鏡が散りばめられた小ぶりな木製の飾り棚だった。「（彼は）小さな黒檀の飾り棚に御執心だった。子供のように引き出しを次々と開けては閉め、内側と外側をくまなく調べたりして楽しんでいた」

ラスプーチンは自分の命が狙われていることを再び語りだした。「私の命は何度も狙われましたが、神様が毎回、そうした計画を阻止してくださいました。私に仇《あだ》する者はすべて災難に見舞われることになります」と彼は言い切った。

その後の出来事をユスポフは詳述しているが、大事な事実をいくつか省略している。共犯者は四人で、そのうちのひとりであるラゾヴェルト医師（偽の運転手役）がラスプーチン殺害に使う毒薬を持参し、彼の好物のケーキに振りかけたと彼は記している。

「ラゾヴェルト医師はゴム手袋をはめ、シアン化カリウム結晶を粉々に砕いてから、用意したすべてのケーキの上の部分を持ち上げ、中に——彼の判断によれば——数人分の致死量の毒薬をふりかけた」。ラスプーチンがケーキを断る場合に備え、ラゾヴェルト医師はワイングラスにも毒薬を振りかけておいた。

ラスプーチンはその地下の食堂でユスポフと一時間以上も談笑した。それからやっと毒入りケーキを続けてふたつ食べた。だが何の変化も現れなかった。

「私は恐ろしくなって、ラスプーチンを見つめた。毒薬はすぐに効くはずだった。しかし驚いたことに、彼はとても静かに話し続けていた」

ラスプーチンはマデイラ・ワインを数杯がぶ飲みしたが、毒薬はまったく効かなかった。「彼の顔には何の変化も現れなかった。うまく飲み込めないのか、ときどき喉に手を当てるくらいだった」

ラスプーチンが宮殿に到着してから、およそ二時間半が経っていた。時計が三時を打ったとき、上の部屋にいる共犯者たちの物音が聞こえた。ラスプーチンが眠そうな顔を上げて、何事かと尋ねた。「きっと客人が帰られるのでしょう。ちょっと見てきます」とユスポフは答えた。

ユスポフは階段を駆け上がり、毒薬が効かないことを仲間に伝えた。そしてドミトリー大公からブローニングの拳銃を借り、地下室に戻った。ラスプーチンを自らの手で殺すつもりだ。

ユスポフの記述に従えば、彼が拳銃を構えて地下室に戻ると、ラスプーチンは水晶の十字架をまじまじと見ていた。「全身が震えた。私の腕は硬直していたが、ラスプーチンの心臓を狙って引き金を引いた。彼は鋭い悲鳴をあげ、クマの敷物の上にばたりと倒れた」

銃声を聞いてユスポフの仲間が地下室に駆け込んできた。誰もが一刻も早くラスプーチンの死体を見たかったのだ。「彼の顔はけいれんして歪んでいた。拳はきつく握られ、目は閉じていた」すぐにラスプーチンの死体は硬直し始め、けいれんはすべて止まった。ラゾヴェルト医師が死体を調べ、銃弾で即死したと告げた。

ユスポフと共犯者たちはさらに数分その場にいたが、死体の処分を話し合うために地下室を出た。だがユスポフは彼らとずっと一緒にいたわけではなかった。殺害した男の死体を点検するために地下室に戻った。ラスプーチンの死体の青白い顔をのぞいたとき、ユスポフの心臓が凍りついた。「いきなり、あの男の左目が開いた……すぐに右目のまぶたが震えだし、右目も開いた」ラスプーチンが生き返るのを目の当たりにして、ユスポフは立ちすくんだ。「私は両方の目を、悪党の緑色の目を見た。その目は激しい憎悪をこめて私を見つめていた」

やがて芝居がかった、恐ろしいことが起こった。「ラスプーチンが口から泡を吹きながら、すっと立ち上がった。丸天井の部屋に獣のような咆哮《ほうこう》が轟き、彼の両手はけいれんしながら宙をかいた」

あのときは恐怖に襲われたとユスポフは回想しているが、それも無理からぬことだった。「あの男は私に向かってきて、私の喉をつかもうとした。そして私の肩に指を、鉄のかぎ爪のようにくいこませた。目は眼窩《がんか》から飛び出し、唇は血でにじんでいた。その間ずっと、低いしゃがれた声で私の名前を呼び続けた」

ゾンビのようなラスプーチンは階段を這って上り、中庭に続く扉から逃げ出した。「あの男は這っていきながら、手負いの獣のようにあえいだり、わめいたりした」

ユスポフはヴラジーミル・プリシュケヴィチに向かって、ラスプーチンを撃てと叫んだ。すぐに二発の銃声が、さらにもう二発の銃声が轟いた。やっと中庭に出ると、プリシュケヴィチがラスプーチンの死体を見下ろしていた。皇后の聖なる相談相手はとうとう死んだのだ。

ラスプーチンの死体は織りのしっかりしたリネンに包まれ、待機していた車のトランクに投げ込まれた。車はペトロフスキー島［ネヴァ川河口デルタにある島のひとつ］に向かった。橋に車を停め、高い手すりから死体をネヴァ川に投げ込む。リネンに包まれた死体がまだ凍っていない水面に落ちていくのを彼らは見つめた。

ユスポフの回顧録には、ラスプーチン殺害における彼自身の役割だけでなく、ドミトリー大公、ヴラジーミル・プリシュケヴィチ、ラゾヴェルト医師、セルゲイ・スホーチン大尉の役割までくわしく記されている。ところがしばらくすると、宮殿には六番目の共犯者がいたという噂が流れた。あの晩、この五人のほかに誰かが、プロの暗殺者がいたというのだ。

ユスポフが必死に隠そうとしたのは、あのオズワルド・レイナーが宮殿にいたという事実だ。

彼はイギリス諜報機関のロシア支局内に作られた秘密組織の中心人物だった。ラスプーチン殺害におけるレイナーの重要な役割は——彼らが致命的な過ちを犯しさえしなければ——永遠に秘密のままだっただろう。

それはラスプーチンの死体を遺棄しようとしたときに起こった。ユスポフ一味は、ネヴァ川の氷の下の死体はやがてフィンランド湾に流れ着き、冬のあいだに湾の氷の下に閉じ込められ、永久に見つからないだろうと考えた。しかし彼らにとって想定外だったのは、ラスプーチンの死体が発見され、冷たい川から引き上げられてしまったことだ。

◉解剖報告書とオズワルド・レイナーの関与

ラスプーチンの死体は、遺棄されてから丸二日後にネヴァ川で発見された。河岸警備の警察官が氷の下でひっかかっている毛皮のコートに気づき、凍った川面を砕くように部下に命じた。死体は氷の墓から注意深く引き上げられ、チェスメンスキー病院の死体安置所に運ばれた。解剖したのはドミトリー・コソロトフ教授である。

コソロトフ教授は、死体は激しく損傷していたと報告している。「体の左側に薄刃のようなもの、あるいは剣による、浸出液が付着した刺創《しそう》がある。右眼球は眼窩から飛び出し、顔に垂れ下がっている……右耳は垂れ下がり、ちぎれている。首にはロープのようなものによる傷がある。被害者の顔と体には、しなやかだが固いもので強打された跡がみられる」。そうした外傷から、ラスプーチンは首を絞められ、重い棍棒で繰り返し殴打されたことがわかる。さらに恐ろしいのは、性器損傷だ。残酷な拷問の途中で両脚を無理やり開かされ、睾丸は「前述と類似したものによる強打で、押しつぶされた」。実際、睾丸は両方ともつぶれていて、完全に破壊されていた。

さらにコソロトフ教授が明らかにした詳細な記述から、ユスポフの描いたドラマのような殺害場面は作り話《ファンタジー》に過ぎないことがわかった。しかもそれは単なる作り話ではなく、目的のある作り話だ。ユスポフにはラスプーチンを悪魔のような超人として描く必要があったのだ。何しろ皇后への悪影響で、ロシアにはすでに災いがもたらされている。ユスポフがラスプーチン殺害の罪から逃れる唯一の方法は、自分自身をロシアの救世主、つまりロシアから邪悪な力を排除した人物として描くことだった。

毒入りケーキの話は十中八九、作り話だろう。検死解剖には、ラスプーチンの胃内容物の検査も含まれていた。「検査により、毒物は含まれていないことが判明した」と教授は記録している。

コソロトフ教授はラスプーチンの体の三つの銃創《じゅうそう》についても調べている。「最初の弾は胸の左側から入り、胃と肝臓を貫通した。二発目は背中の右側から入り、腎臓を貫通」。両方の弾でかなりダメージを受けただろうが、三発目で止めを刺された。「(その弾は)被害者の額を撃ち、脳へ貫入した」

きわめて残念なことに、コソロトフ教授の検死解剖は皇后の命令で急遽中止になった。だが彼には死体の写真を撮っておく時間も、射入口の傷を調べる時間もあった。彼は「三つの弾丸は、それぞれ異なる口径の拳銃から発射された」と報告している。

殺人が起こった晩、ユスポフはドミトリー大公のブローニング自動拳銃を持ち、プリシュケヴィチはソヴァージュという自動拳銃を持っていた。ラスプーチンの肝臓と腎臓にダメージを与えたのはそのどちらかだろうが、額の致命傷は自動拳銃によるものではなく、回転式拳銃（リボルバー）による一発だった。法医学者や弾道学の専門家は、額の銃創は至近距離から発射された、金属の覆い（ジャケット）のない鉛の弾丸によるものと一致すると認めた。

そしてその拳銃はイギリス製の四五五口径ウェブリー・リボルバーにまず間違いないだろうと認めた。これはオズワルド・レイナーが愛用した拳銃だ。彼とユスポフはオックスフォード大学時代の学友で、その後もずっと親しくしていた。

一見したところ、レイナーは諜報活動や破壊活動には不向きのように見えた。バーミンガムの生地屋の息子として生まれたレイナーは、貧しく将来の見込みもないまま大人になった。ところがフィンランド――当時はロシア帝国領内にある自治権を持つ大公国――で英語教師の職に就き、独学でロシア語をマスターした。

帰国後は、オックスフォード大学で現代語を学んだ。それが転機となって、彼の人生は変わっていく。

第一次世界大戦が始まると、レイナーは陸軍への入隊を志願した。そのときロシア語、フランス語、ドイツ語が堪能なことが軍の採用係の目に留まった。語学力は戦時では大いに活用できるからだ。レイナーは一九一五年十一月にペトログラードに赴任し、電報の検閲をする仕事についた。彼が危険なゲームを始めるのに、さほど時間はかからなかった。

ユスポフが回顧録の中でオックスフォード時代の友人について言及するときは、実に慎重だ。彼はラスプーチン殺害の翌日にレイナーと出会ったと述べ、偶然会ったように描いている。「夕食に出かけた私は、友人のオズワルド・レイナーとばったり会った。彼はイギリス人将校で、オックスフォード時代からの知り合いだ。彼はわれわれの陰謀を知り、ニュースを求めてやってきたのだ」

実際は、ユスポフはラスプーチン殺害の翌日にレイナーと落ち合ったのだろう。レイナーは列車でペトログラードを逃れたとき、間違いなくユスポフと一緒だった。だから、「ニュースを求めてやってくる」必要などなかったのだ。

のちにレイナーは、十二月のあの晩、自分はユスポフ宮殿にいたと家族に認めており、最終的にそれは彼の死亡記事に載ることになる。さらにユスポフ自身も、オックスフォード時代の友人は殺害計画を前もって知っていたと打ち明けている。もっとも、レイナーがあの晩宮殿にいたとまでは言っていないが。

レイナーの同僚の諜報員たちが残した手紙にも、彼の関与が語られている。「深い関与の有無を問う厳しい質問がいくつかなされた。レイナーは後始末に奔走している。きみが戻り次第、きっと報告するだろう」

皇帝自身からも、レイナーの関与についての質問があった。ペトログラードの宮殿で囁かれている噂――ラスプーチン殺害にイギリス人も関与している――を耳にしていたのだ。噂の真相を確かめるために、皇帝はイギリス大使サー・ジョージ・ブキャナンを呼び出し、「ユスポフのオックスフォード大学時代の友人」はラスプーチン殺害に加担したのか否かを質した。

ブキャナン大使はこの件に関してまったく何も知らなかったので、サミュエル・ホアに慎重に質問した。ホアは、部下の誰ひとりとして関与していない、ときっぱり否定した。「不当な言いがかりであり、その子供じみた発想には驚きを禁じ得ない」とも大使に語っている。ブキャナンはそれ以上の突っ込んだ質問はせず、「次のご下問の際には、関与はなかったと皇帝に謹んでお伝えしよう」と答えた。

ホアが事件の真相をつかんでいたのかどうかは不明のままだが、ラスプーチンを「消す」計画があったことは知っていた。共犯者のひとりであるヴラジーミル・プリシュケヴィチから聞いていたからだ。だが話を真に受けなかったとホアは主張している。「彼は誰もがあれこれ考えたり、話したりしていることを口にしているだけのように見えた。考え抜かれた計画を語っているようには見えなかった」

ホアは部下の関与は知らなかったのかもしれないが、ラスプーチンの死は驚くほど早く知ったようだ。ペトログラードの住民が知る数時間も前に、ロンドンにこのニュースを報告している。

「十二月三十日土曜日の早朝に」という言葉でホアの報告書は始まる。「ペトログラードで犯罪が起こった。明確に定義された道徳規範がその重大さによってあいまいになり、一時代の歴史がその結果によって変わるような犯罪だ」

報告書はロンドンに直接送られ、「長官」あるいは部下たちからは「C」と呼ばれる人物の机の上に置かれた。彼はロシア支局の最終的な責任者であると同時に、ある組織のロンドン本部の責任者でもある。その組織の名前は度々変更されたが、最終的には「イギリス秘密情報部（SIS）」、通称MI6［一九三〇年代後半からの呼称］として知られるようになる。

名前も顔も知られず、ロンドンの官庁街ホワイトホールの秘密の場所で働く「C」は、今後六年間、ロシアにおける最も大胆な諜報活動の一切を取り仕切ることになる。

第2章 マンスフィールド・カミング

◉長官C

長官はガラス張りの屋根窓《ドーマー》を背にして、執務室の机に座っていた。窓ガラスからは太陽がたっぷり差し込み、机の上に置かれたほっそりしたガラス瓶の中の秘密のインクを照らしている。

窓を背にするように机が置かれているのは、わざとだった。訪問客が日の光で一瞬目がくらむのを狙ってのことだ。最初の数秒間は、長官のシルエットしか見えない。

イギリス秘密情報部（SIS）［こう呼ばれるようになるのは第一次大戦後］の長官の正体は、ホワイトホールでは最高機密のひとつになっていた。信頼のおける諜報員でさえ、長官の正体を知らなかった。彼らは長官のイニシャルがCであることしか知らず、特別な事情がない限り、彼と面会することはなかった。

「きれいに剃った青白い顔に、パンチのようなとがったあご、とても細い弓のような口、きらきら光る目がとくに印象的である」。そう述べているのは、『ウイスキー・ガロア *Whisky Galore*』［実話を題材にした小説で、アメリカで映画化］の作者コンプトン・マッケンジーだ。彼は第一次世界大戦中、Cの下で働いていた。

Cのあごの形は、確かに人形劇「パンチとジュディ」のパンチに似ている。ある訪問客は、彼のあごを「波を切るように進む戦艦のようだ」と述べた。そして鋭い目。彼の面接を受けた者は、その目を忘れることはまずないだろう。射抜くような眼差しは、金縁の片眼鏡のせいでさらに強調された。

片眼鏡は、芝居がかった効果をあげるために使われた。Cが片眼鏡をはずすだけで、「賛成しかねる」と相手に伝わるのだった。だがこの横柄な態度が、内に秘めた思いやりで相殺されることもあった。お気に入りの職員が相手だと、この険しい表情はゆっくりと和らいでにこやかになり、鋭い目は愉快そうにきらきら輝いた。

訪問客が執務室に入ってきても、長官は書類から顔を上げることはめったにない。「机に前のめりになって、黒っぽいべっ甲縁の眼鏡越しに書類を読み続けていた」とマッケンジーは彼との初めての、胃が痛くなるような面会のようすを描いている。とうとうCは顔を上げ、マッケンジーをじろじろ見た。「（彼は）眼鏡をはずし、椅子にもたれ、ひと言も言わずに、私を長いことじっと見つめた。『それで？』と彼はやっと口を開いた」

マッケンジーは名前を名乗り、外国での長い勤務を終えて帰国したばかりであることをCに伝えた。

「『何か言い訳でもあるのかね?』と彼は言い、眼鏡をかけ直して、さらに私をじっと見つめた」しかしすぐに堅苦しい雰囲気はなくなって会話も弾み、サヴォイホテルで一緒に食事をしようとまで言ってくれた。「きみにつらく当たろうと思っていたが、会ってみたら、これこそ探していた人材だとわかった」と彼はあとで打ち明けてくれた。

Cは新人の諜報員を自分の行きつけのクラブに連れていくことがよくあった。自分のロールス・ロイスに彼らを乗せ、C自らが猛スピードで運転した――彼らがこれから足を踏み入れる無謀な世界を垣間見せたいかのように。

◉Cの経歴

やがてCの側近は彼の本名を知ることになる。Cの名はマンスフィールド・ジョージ・スミス=カミング(結婚の条件が妻の実家の姓カミングを名乗ることだった)。海軍中佐だったが重度の船酔いに苦しみ、艦艇勤務を免除してもらった。その後サザンプトン港に配属され港湾警備の責任者となり、湾内への潜水艦の侵入を防ぐ防潜網《ぼうせんもう》敷設船で働いた。すでに五十歳で、半ば引退状態だった。

そんなある日、カミングは海軍本部から思いがけず手紙を受け取った。「防潜網敷設船での仕事に嫌気がさしてきた頃だろう……そこできみにいい話がある。興味があるなら、木曜の正午に私のところに来てくれ。そのとき仕事の内容を教えよう」と手紙には書かれ、海軍情報部部長のアレクサンダー・ベセル少将の署名があり、日付は一九〇九年八月十日になっていた。マンスフィールド・カミングにとって輝かしい経歴の始まりだった。

仕事の内容は驚くべきものだった。イギリス政府は秘密活動局（Secret Service Bureau）というまったく新しい組織を立ち上げることにしたという。それはふたつの部署から成り、ひとつは国内の情報を、もうひとつは国外の情報だけを専門に扱い、それぞれ独立しているが、協力関係にあるそうだ。

カミングは後者の、海外から軍事、政治、技術情報を収集する部署の責任者にならないかと打診された。具体的には、諜報員を採用し、訓練したのちに諸外国に派遣し、イギリスの脅威となるような情報を集めることだ。

秘密活動局の開設といっても、イギリス政府による外国での諜報活動は初めてというわけではなかった。海軍本部は一八八〇年代に情報部を作っており、陸軍省にも情報部があった。だが両者とも、軍事的な諜報活動ばかりに気を取られていた。今や国際情勢はますます緊迫し、広い範囲の、より専門的な新組織が必要だった。

カミングは大乗り気で仕事を引き受けた。「定年退職を前にして」、ひと働きするよい機会を得たと考えたのだ。

彼の組織は最終的には世界を股にかけて活動するほど大きくなったが、始まりは実にささやかなものだった。一九〇九年十月七日――彼の仕事始めの日は、順調とは言いがたかった。「オフィスに一日中いたが、来客もなければ、すべき仕事もなかった」と彼は自分の日記に書き残している。カミングは陸軍省の資料――彼の新しい部署にとって出発点となるべき重要な資料だ――の閲覧を拒否されてしまい、必要な知識を得ることができなかった。

一週間経っても、やることがないと彼は愚痴った。「終日オフィス。訪問者なし」と日記に書かれている。

カミングは自分を推薦したベセル少将へ手紙を書き、不満を吐露した。「まったく何もせずに、来る日も来る日もオフィスにじっと座っていられるとお考えですか？」

じきにカミングは悟った。この新しい部署の成否は自分の肩にかかっていることを。

カミングの最初のオフィスはロンドンのヴィクトリア通りにあり、その向かいにはデパートの「アーミー・アンド・ネービー・ストア」があった。探偵事務所を装って活動することになったが、そこは理想的な場所とは言いがたかった。友人とばったり会うことが多く、そこで何をしているのかと詮索された。

自分の仕事が知られないように、カミングはヴォクソール・ブリッジ・ロードにあるアシュリー・マンションに部屋を借り、この控えめな新しい本部にほとんどの業務を移した。オフィスだと興味や好奇心の対象になるが、「個人の住まいなら何も聞きはしないだろう」というのがカミングの考えだった。

ところが彼は再び引っ越すことになる。今度はホワイトホール・コート二番地にあるエドワード朝時代の屋敷の最上階だ。官庁街ホワイトホールに近いこの屋敷は、オフィスがあつまった迷路さながらの建物だった。諜報員の候補者が案内されて最上階の六階へ続く階段を上がっていくと、ウサギの穴のように入り組んだ通路や中二階の部屋が続いていた。

そう感じるのは、見掛けにだまされているからだった。鏡や死角、どこにも通じていない扉があるため、候補者たちは見た目に惑わされて、さまよっているような感覚に襲われる。Cのオフィスのドアにたどり着く頃には、最初に六階に上がった場所に舞い戻ってきたような印象を受けたと述べる者もいた。

カミングはホワイトホール・コートの職員を「トップメイト」と呼ぶ一方、諜報員を「ならず者」「悪党」と呼んだが、スパイ向きの人間ならうさんくさくても躊躇せずに雇った。ある候補者は、長官が椅子をくるりと回転させ、「きみの過去はすべて調べ上げてある。きみこそ必要な人材だ」と言ったと記している。

諜報活動に対するカミングの態度は、当時の軍人の考え方からかなり逸脱していた。軍部には諜報活動を、不道徳かつ不名誉なこととみなす者が多く、第一次世界大戦前のあるベルリン駐在武官などは、ロンドンに機密情報を送るという考え自体を拒否した。「数か月前にこの件について話し合ったとき、この手の仕事をするのは不快だと私が言ったことをよもやきみは忘れてはいないだろう」

ところがカミングはまったく違った。「大戦が終わってからも、何か面白い諜報活動を一緒にやろう。愉快だぞ、きっと」とコンプトン・マッケンジーに語っているほどだ。

元作家の諜報員ヴァレンタイン・ウィリアムズは、カミングのことを「老いた雄狐のように狡猾で、老練な上級軍曹のように策士で陰険だ」と評している。ウィリアムズによれば、カミングはいつも広い机に座り、秘書が秘密報告書を届けにくるのを待っている。そして届いた書類に目を通し、「色よい内容だと、クスクス笑いながら『ほう！』と言う。一方、誰かさんにとって悪い前兆となるような内容だと、残忍な悪党のような笑みが幅広の顔にゆっくりと広がる」という。

◉息子の死

じきにカミングは、イギリスの国防にとってきわめて重要な仕事に携わるようになった。長官になって最初の数年は、世界二位の海軍力を誇るドイツ帝国との海軍力競争と、始まったばかりの第一次世界大戦に関わる情報収集に忙殺された。フランス、ベルギー、ドイツに諜報員を送り込んで、ドイツ海軍の作戦やドイツ軍の部隊移動に関する情報をイギリスに送らせた。

カミングはオフィスで長時間過ごすことが多く、週末も祝日も働いていた。妻のメイとはごくたまにしか顔を合わせなかった。メイはハンプシャー州の田舎町バースルドンにある屋敷で一年の大半を過ごした。几帳面でやや控えめなスコットランド女性のメイは、夫の長期不在にも慣れていた。

当時はカミング自身も諜報活動をした。変装のためにかつらをかぶり、口ひげをつけ、自分でも「やや奇妙」と思える服に着替えた。ある重要な任務で変装するときには、ロンドンのソーホーにある、衣装デザイナーのウィリアム・ベリー・クラークソンの店で舞台衣装を借りた。変装は「完璧だった……明るい場所でも気づかれることはなかった」

がっしりした体格のドイツ人に変装したときの写真を訪問客に見せるのを、カミングは楽しんでいた。ヴァレンタイン・ウィリアムズは「私がその人物が誰なのかわからないでいると、〔彼は〕大喜びした。それは彼自身であり、大戦前のヨーロッパで難しい任務のために変装したときの記念写真だそうだ」と述べている。

そうした外国での任務で、彼はあやうく命を落としそうになったことがある。この事故の真相を知れば、その後の彼の特徴となる、何かに取りつかれたような頑ななまでの仕事への思いが理解できるだろう。

一九一四年夏。彼はひとり息子のアリステアが運転する車でフランスに向かった。車が北フランスの森林地帯を高速で走っていたとき、アリステアがハンドル操作を誤り、車はスピンして道端の木に激突して横転してしまった。アリステアは車から放り出されて地面に頭を強く打ち、カミングは炎がくすぶる車に片足をはさまれてしまった。

「息子は致命傷を負っていた」とコンプトン・マッケンジーは事故について述べている。「父親は息子が寒いとうめいているのを聞いた気がして、息子にコートをかけようと大破した車から自分の体を引っ張り出そうとした。だがどんなに頑張っても、つぶれた足を引き抜くことはできなかった」

どうしても息子の近くに行くのならば、方法はひとつしかない。彼はポケットナイフを取り出し、つぶれた足を切断し始めた。そして息子のところまで這っていき、コートをかけてやった。「九時間後に発見されたとき、カミングは死んだ息子の傍らで意識を失って倒れていた」

その後の彼の快復はめざましく、生き残ったことと同様、奇跡のようだった。一か月もしないうちに仕事に復帰し、息子の死を悲しんでいる素振りはみじんも見せなかった。カミングはその時代の紳士によく見られた、気骨あふれた人物だった。

事故からわずか数か月後、諜報員のひとりがホワイトホール・コートを訪れたとき、義足がまだ届いていなかったカミングは、がっしりした体を少しずつ移動させて執務室のある最上階から降りてきた。「二本の杖と背中を使って、一段ずつ降りてきた」そうだ。友人たちが彼のことを「ラバのように頑固だ」と言ったのもうなずける。

カミングは木製の義足をやっと手に入れると、それを使ってひと芝居打った。そのときのことを、諜報員でもあった作家のエドワード・ノブロックが回想している。

カミングは諜報員の志願者を怖がらせようと、鋭いレターナイフを手に取って高く掲げ、ズボン越しに義足に突き立てたのだ。「志願者が縮みあがると、『残念だが、きみには務まらん』と言って話を終えた」

◉三月革命

一九一六年春にサミュエル・ホアがロシアに赴任すると、カミングは毎日のように彼と連絡を取りあった。ホアは仕事熱心な支局長だったので、第一次大戦終結までそのポストに留まり活躍してくれるものとばかり思っていた。ところがスパイとしての生活に幻滅し、同年暮れのラスプーチン殺害事件後すぐにペトログラードを去ってしまった。危険に満ちた心躍る生活を望んでいたのに、お役所仕事とデスクワークばかりで幻滅したのだ。

ホアの部下はオズワルド・レイナーを含め、全員ペトログラードに残った。レイナーは運よくお咎めなしだった。ラスプーチン殺害への関与が発覚していたら、どんな事態に陥っていたかわからない。皇帝ニコライ二世はレイナーへの疑いを口にしたが、レイナーはロシア帝国の警察に逮捕されることもなければ、尋問されることもなかった。ラスプーチン殺害の翌日にレイナーがユスポフの部屋で彼と雑談していると、元皇帝の孫にあたるニコライ大公がユスポフを尋問するためにやってきた。レイナーは慌てて屋敷を抜け出した。

一方ユスポフは、ラスプーチン殺害ではいかなる役割も演じていないと強く主張し、自分の強力なコネを使って、裁判にかけられずに済むように手をまわした。皇帝はユスポフをロシア南西部にある領地に追放するという寛大な処分に留めた――皇后のお気に入りを殺害した首謀者であると、広く信じられていたにもかかわらずだ。

ユスポフと彼の共犯者たちが望んだことが何であれ、ラスプーチンの死によってペトログラードの通りに漂う、あきらめきったムードが変わることはなかった。日々の暮らしはますます厳しくなり、人々は体制についてあからさまに抗議するようになった。

一九一七年三月十日、『デイリー・ニューズ』紙のペトログラード特派員アーサー・ランサムは町を歩きまわると、事態は制御不能になりつつあると感じた。「やや危険な興奮状態にある。まるで雷鳴が轟いている祝日のようだ」

翌朝十一日には、通りを練り歩く抗議デモの人数は劇的に増えていた。「老若男女の民衆がネフスキー大通り［ペトログラードの目抜き通り］に向かった」と『タイムズ』紙の特派員ロバート・ウィルトンが書き残している。しかし民衆はまだ穏やかで、暴動になりそうな気配はまったくなかった。

暴動の引き金となる最初の一発が発射された場所と時間については、諸説入り乱れている。ウィルトンが銃声を聞いたのは午後三時で、ペトログラードのターミナル駅であるモスクワ駅近辺にいたときだ。彼が現場にたどり着いた頃には、民衆は追い払われ、雪の上には「あたり一面、血が飛び散っていた」

ペトログラード支局のカミングの部下たちは、事態を深刻に受け止めた。これまでも政治デモはあったし、皇帝へのあからさまな非難もあった。しかし大規模な暴動が起こるというのは、憂慮すべき展開だった。

町のほかの地域にも暴動はたちまち広がった。その日の午後遅く、機関銃で武装した警官が、ズナメンスカヤ広場に集まった民衆に向かって発砲し、五十人近くが射殺された。

アーサー・ランサムは『デイリー・ニューズ』紙宛ての電報で、今回の流血はそれまでのどんな事件とも趣を異にすると報告した。ペトログラードは「時間をかけて煮立った粥の鍋のようで、泡があちらこちらの表面で弾けようとしている」。革命の始まりだと彼は実感した。

翌日の月曜には、怒った暴徒が悪名高いクレストフスキー監獄に押し入り、政治犯を全員解放した。そして通りで暴れまわっては店の窓ガラスを壊し、武装警官を襲った。

「彼らは何かに取りつかれたような表情を浮かべていた。仕事をしにきたといった感じで、バール、ハンマー、タールが塗られた結び目のある重いロープを持っていた」と目撃したあるイギリス人が書き残している。暴徒の中には兵士も多く、彼らは皇帝に抗議するために自分の連隊を捨ててきた。

暴徒を遠巻きで眺めている大勢の人たちは、旧体制は破滅に瀕していることを痛感した。ロシアは先行き不透明な未来へ、二極化した未来へとずるずると滑り落ちているように思えた。大戦前のサンクトペテルブルクで栄華をきわめた貴族階級と知的エリート層は、今や革命勢力によって、生存することさえあやうくなっていた。

イギリス人のウィリアム・ギブソンは、暴徒と旧体制という、ふたつの相容れない世界が真っ向から対立する場面を目の当たりにした。それ自体はささいなことだが、未来の問題を先取りしたような場面だった。

　ギブソンは暴徒が上流階級の屋敷や宮殿を組織的に荒らしまわるのを眺めていたが、やがて彼らが、ギブソンの義母にあたるシュワルツ＝エバハルト夫人の大理石を敷き詰めた屋敷に近づいていることに気づいた。夫人は旧体制を体現したような女性で、「五十五歳の堂々とした体躯。口は堅く結ばれ、眼光鋭く……肉体的にも精神的にもまさに手強い相手だった」

　ギブソンは夫人の屋敷にたどり着くと、暴徒が近づいているから逃げるようにと警告した。ところが夫人は頑として聞き入れず、外にいる無学の輩から自分の屋敷を守ってみせると言い切った。その言葉を聞いて恥じ入ったギブソンは、一緒に屋敷に残った。

　暴徒がとうとう夫人の屋敷に押し入ろうとしたとき、待ち構えていた「夫人は、屋敷の隅にあった中国の銅鑼《どら》を打ち鳴らし、耳を聾《ろう》さんばかりの音を立てた」

　暴徒たちは動きを止めた。「夫人は仁王立ちになり、暴徒を眺めまわした」。そしてきれいに磨きあげられた大理石の床を指さし、彼らをにらみつけた。

「なんて汚らしい靴だこと。屋敷に入る前に靴をきれいにしなさい。ほら、床を汚している。そもそも、おまえたちを屋敷に招待した覚えはない」と夫人は冷たく言い放った。

　夫人は、おまえたちは貧民街のくずだと横柄に言い、出ていけと命じた。革命を叫ぶ暴徒に脅かされて、彼らの言いなりになる気はさらさらなかったのだ。

　彼らはライフル銃を目の高さまで持ち上げて夫人に狙いをつけたが、夫人は平然と銃身を払いのけた。そして「暴徒の顔を次から次へと平手打ちした」。それから暴徒のリーダーを外に放り出し、残りの者も追い出して扉の鍵を閉めた。

夫人は運よく命拾いをした。彼女はその冷ややかで傲慢な態度で、旧体制の威厳を保ったのだ。夫人の屋敷のような豪邸には古い礼儀作法が生き残っていた。しかし今やそうしたものが踏みにじられようとしていた。

シュワルツ＝エバハルト夫人の蛮勇から数時間もしないうちに、本格的に革命が始まった。プレオブラジェンスキー近衛連隊とヴォリンスキー近衛連隊の兵士が反乱を起こし、パヴロフスキー連隊の兵士は警官隊に向けて発砲した。

イギリス大使館付武官アルフレッド・ノックス陸軍大佐は、今や事態は絶望的だと悟った。三人のロシア軍将官と会談して、旧体制は滅ぶべき運命であることを確信した。革命勢力を鎮圧するためには、地方の軍隊をペトログラードに移駐させるしか方法はなかった。ところが到着した兵士たちは群衆と対峙すると、彼らに向かって心のこもった挨拶をし、「まるで深い愛情で結ばれた兄弟へ贈るかのように、自分たちの小銃を手渡した」

通りや広場で闘いが激化する一方、政治闘争も繰り広げられた。ロシア帝国議会（ドゥーマ）は皇帝ニコライ二世の命により正式に解散させられ、一党一代表から成る「臨時委員会」が設立された。『タイムズ』特派員のハロルド・ウィリアムズが臨時委員会の会議場に入ると、そこは兵士たちであふれかえり、「不意に現れた無名の」、熱弁をふるう演説者たちの話に聞き入っていた。

一方、ウィリアムズの妻は臨時委員会のメンバーとはライバル関係にあるグループの政治集会に参加していた。彼女にはそのグループが忽然と現れたように思えた。それはペトログラードの労働者を代表する革命的評議会――通称「ペトログラード・ソビエト」の活動家の組織であり、通りに集まった民衆の気分を臨時委員会よりもはるかに理解していた。

ペトログラード・ソビエトはそれ自体で「命令」を出し始めていた。物議をかもした「命令第一号」は、帝国議会の命令がペトログラード・ソビエトの命令と矛盾しなかった場合のみ、軍隊は議会の命令に服するという内容だった。権力闘争はすでに始まっていたのだ。

ノックス大佐は事態を深刻にとらえた。ペトログラード・ソビエトの行動は、革命が予測不可能な新しい局面に入ったことをはっきりと示していた。「将校殺害をそそのかすビラが配布された。十五日の夜には、この先どうなるのかまったくわからなかった」とノックスは記している。

旧体制の擁護者たちは、じきに大きな衝撃を受けることになる。ノックス大佐が報告書を送ったその日、皇帝ニコライ二世は退位を宣言した。「熟慮の末、ロシア帝国の皇帝の座を退き、最高権力を放棄する」と皇帝は国民に語った。

直ちに臨時政府が作られ、首相には立憲民主党（カデット）のゲオルギー・リヴォフ公が、法相にはカリスマ的な人気を誇る社会革命党（エスエル）のアレクサンドル・ケレンスキーが就任した。

「ほんの一週間前の状況を知る者だけが、奇跡を目の当たりにしたわれわれの熱狂を理解することができる……それはまるで世の中に公平さが戻ってきたかのようだ」とアーサー・ランサムは述べている。

臨時政府はすぐさま行動し、ペトログラード・ソビエトと八項目にわたる行動計画に同意した。その第一項は「テロリストを含む全政治犯の早急な大赦」だった。

遠いロンドンにいるマンスフィールド・カミングは以前から「ロシアは将来、われわれにとって最も懸念すべき国になるだろう」と発言していたが、その正しさはいずれ証明されることになる。ロシアの政治犯の大赦が、予期せぬ劇的な結果をもたらすことになるからだ。

第3章 サマセット・モーム

◉レーニンの帰国

ロシア国内におけるカミングのスパイ網は第一次世界大戦中に急速に拡大した。ペトログラード支局のほかにも、諜報員は多くの重要な国境警備駐屯地に勤務していた。彼らは国境警備隊将校として働き、同盟国ロシアの広大な国境警備の手伝いをしていた。しかし同時に、ロシアに出入国する人物の情報を密かに集めていた。

そうした将校のひとり、ハリー・グルナーは、スウェーデンと国境を接するフィンランドのトルニオという雪深い村の駐屯地に勤務していた。トルニオは、ヘルシングフォルス（ヘルシンキ）とペトログラードへ向かう列車の連絡駅でなければ、わざわざやってくる旅行者などまずいないような村である。ところが一か月前の革命以降、政治亡命者たちがこのルートを使って国境を越え、続々とロシアに戻っていった。

一九一七年四月十五日の日没直前、グルナーの耳に、この国境の小屋に近づいてくる馬ぞりのくぐもった音が聞こえた。その日はとくに寒い夕暮れで、まるで空気に氷が混ざっているようだった。この細長い寒帯地方に春が訪れるのはまだ先のことで、木造の小屋は雪にすっぽり覆われていた。

馬ぞりの旅行者を出迎えるために夕闇に出たグルナーは、彼らがロシア人だとすぐにわかった。書類の提示を要求したとき、彼らがびくびくしていることに彼は気がついた。然《さ》もありなん、旅行者の中に、かの悪名高き革命の煽動家ウラジーミル・イリイチ・レーニンがいた。レーニンは十年間に及ぶ亡命生活を送りながら、階級闘争と過激な社会変革思想を説いてまわっていた。また第一次世界大戦からのロシアの即時撤退も要求しており、ロシア国内にはレーニンを危険視する者が大勢いた。

グルナーが質問をしているあいだ、レーニンは「表面的には落ち着いている」ように見えた。一行の中にいた革命の同志グリゴリー・ジノヴィエフによれば、レーニンは「はるか彼方のサンクトペテルブルクで起きていることに、とりわけ関心があった」が、同時にこの若い国境警備隊員が自分たちの国境越えを阻止するのではないかと不安だったそうだ。

グルナーはできるものなら阻止したかった。レーニンは素晴らしい獲物であり、彼の国境越えを阻止すればロンドンで賞賛されることは確実だった。だが、グルナーはジレンマに陥っていた。ロシアの臨時政府は政治亡命者の帰国を許可していた。彼らがいずれ引き起こす脅威を考えもせずにだ。明らかにレーニンは誰よりも危険な人物だったが、グルナーには彼とその一行を阻止するだけの明白な理由が思いつかなかった。

自分の獲物にそうやすやすとロシアの土を踏ませたくなかったグルナーは、ペトログラードに電報を打つことにした。レーニンがトルニオに到着したことを臨時政府に伝え、「間違いなく、彼の帰国を許可してよいのか」と尋ねた。返事を待っているあいだ、レーニンら全員に衣服を脱ぐように命じ、屈辱的な身体検査を実施した。

「私たちは服を脱がされて裸になった」。ジノヴィエフの妻は憤慨した。「息子と私は膝までの靴下を無理やり脱がされ……あらゆる書類、そして息子が持ってきた子供向けの本やおもちゃまで取り上げられた」

レーニンも持ち物検査をされ、もう一度尋問された。グルナーはレーニンに、ロシアを離れた理由と、帰国の理由を尋ねた。レーニンは自分に不利なことは何も語らず、グルナーをひどくがっかりさせた。ロシア人一行をいつまでも引き留めておくわけにはいかなかった。グルナーは煽動的なビラはないかと、レーニンの荷物を徹底的に調べたが、何も出てこなかった。

一行のひとりは、荷物調べがやっと終わってレーニンが愉快そうに笑っているのに気がついた。「彼は楽しそうに笑い出し、私を抱きしめながら、『同志ミハイル、われわれの試練は終わったよ』と言った」。レーニンは、臨時政府が彼らの国境越えを許可すると確信していた。

まさにそのとおりになった。「ロシア新政府は民主主義を基盤にしている。レーニン一行の入国を許可する」という電報が臨時政府から届いた。

入国を拒むことはできない。グルナーは書類にスタンプを押した。のちに彼はこの一件を後悔することになる。レーニンを入国させたために彼はひどくからかわれたと、同僚のひとりは回想している。

「おまえは利口な若者だよ。馬が外にいたのに納屋の扉に錠を下ろすんだからな。いや、あのときは入れちゃいけない馬を入れて、錠を下ろしたんだ」と繰り返し言われた。

別の同僚からは、グルナーが日本人なら「切腹ものだ」とまで言われた。

グルナーはできるものならそうしたかった。数か月もしないうちに彼はレーニンの命令で逮捕され、死刑を言い渡された。

◉トロツキーの帰国

そこから六千キロ離れたカナダ、ノヴァスコシア州ハリファックスでは、イギリスの諜報機関からの極秘情報によりレフ・トロツキーが逮捕された。もうひとりの最も悪名高きロシアの亡命革命家だ。

トロツキーは一九一七年初頭からニューヨークで亡命生活を送り、ロシアの臨時新政府打倒を目指して、熱のこもった講演を行なっていた。また、マンハッタンの労働者をけしかけて有力政治家を失脚させ、暴力革命によりアメリカ政府を転覆させようとも説いた。「今こそ、そうした政府を永久に消滅させるべき時である」

こうしたトロツキーの政治活動が、マンスフィールド・カミングの目に留まらないわけがなかった。彼はニューヨーク支局長のウィリアム・ワイズマンから定期的に報告を受けていた。

ワイズマン準男爵は一匹狼タイプで、一年前からニューヨークに赴任していた。彼が開いたニューヨーク支局は、マンハッタン南端のホワイトホール・ストリート四十四番地にあるイギリス領事館内にあった。その主な仕事は、ニューヨークに住むインドとアイルランドの革命家の動向を探ることだった。だがワイズマンはトロツキーの行動も監視し、彼の集会に諜報員を潜入させ、協力者たちを監視させた。

一九一七年三月の最終週に、ワイズマンはトロツキーが仲間の活動家とともにロシアに帰国するという内部情報を得た。彼らは一万ドル以上もの大金をロシアに持ち込もうとしていた。それは、皇帝を退位させた三月革命とは比較にならぬほど過激な、新しい革命運動の資金として使われる予定だ。

ワイズマンの部下に尾行されているとも知らず、ロシアの革命家たちはノルウェー行きのＳＳクリスティアニアフォルト号に乗船した。トロツキーは、何ごともなく航海は続くと思っていた。だからハリファックス港で給油のためにしばらく停泊すると聞かされたときは、きっと腹立たしく思っただろう。カナダはまだ大英帝国の自治領だったので、ハリファックスはイギリス海軍の管轄下にあった。将校たちはトロツキー一行を逮捕するように命じられていた。「彼らはロシア人社会主義者で、ロシア新政府に対して革命を起こすために祖国に向かっている」という電報がハリファックスに送られてきたのだ。

拘留を告げられると、トロツキーは威厳も何もかもかなぐり捨てた。その場にいた人によれば、彼は「恐ろしさのあまり、しゃがみこんですすり泣いたり、泣きわめいたりした」という。イギリス人将校に殺されると思ったのだろう。ところが処刑はなさそうだとわかると、「再び虚勢を張り、激しく抗議した」

トロツキーはそれから四週間拘留されていたが、かなり厄介な囚人だった。起きているあいだはずっと、ノヴァスコシアに収容されているドイツ人捕虜を相手に革命思想を説いたのだ。「(トロツキーは)揺るぎない信念を持った、強烈な個性の持ち主である。数日収容されていただけで、捕虜収容所一の人気者になってしまった」とイギリス人の収容所長は述べている。

一方、遠いペトログラードの臨時政府の閣僚たちは、ロシアに次々と帰国する危険な政治亡命者たちをますます警戒するようになった。そしてトロツキーの逮捕を知ると、そのまま拘留しておいてほしいとイギリス政府に頼み込んだ。

ところがトロツキーの逮捕を知って激昂したペトログラードの革命家たちは、これを逆手に取って利用した。直ちにトロツキーを釈放しないと、ロシア在住のイギリス人を襲撃するとほのめかしたのだ。

一九一七年春に、イギリスの諜報機関は未来のボリシェヴィキ革命の立役者であるレーニンをフィンランドの国境で数時間拘束し、トロツキーをカナダで数週間拘留するという快挙を成し遂げていたのだ。

しかしレーニンの身に起こったことは、トロツキーの身にも起こった。四月の第三週にはトロツキーは釈放され、旅を続けることを許された。そして数日後には北欧行きの新しい船へリグ・オラフ号に乗船し、ペトログラードへと向かった。

◉スパイに不可欠な能力

ペトログラードに戻ってくる革命家の数が増えるにつれて、マンスフィールド・カミングはロシアでの今後の諜報活動の在り方について模索し始めた。部下の諜報員たちは、もはや同盟国ではなくなった国で活動をすることになるだろう。そうなった場合に備え、将来の準備をしなければならない。

彼は「完璧なスパイ」に必要と思われる条件をメモに書き留めていた。それは、偽の身分証明書で入国し、何か月も人目を避けて暮らせるような人物だ。この人物像に当てはまるのが、類まれな才能の持ち主であるイギリス人将校ジョージ・ヒルだった。

イギリス陸軍航空隊に所属していたヒルは、東部戦線のパイロットを訓練するためにロシアに派遣されていた。と同時に、イギリス陸軍情報部のために働き、「エージェントＩＫ８」というコードネームを持っていた。彼は秘密集会に潜り込むのがうまかったので、じきにカミングから声がかかり、諜報員として採用されることになる。

ヒルはロンドン、ハンブルグ、リガ〔当時はロシア領〕、サンクトペテルブルク、テヘラン、クラスノボツク〔現在のトルクメニスタンのトルクメンバシ市〕などのさまざまな都市で暮らしたことがあった。ジャガイモのメークインのような形の顔をした、肩幅の広い男で、いかにも軍人らしい歩き方をする、パブリックスクール出の道化者なので、彼がイギリス人であることを疑う者は誰もいなかった。にもかかわらず、外国文化に溶け込む才能は目を見張るものがあった。

カミングの眼鏡にかなったのは語学が堪能なことがその一因なのだろう。「私は六か国語を話すことができ、十か国以上の国民の特徴的な美点と弱点をひと言で言い表すことができる」とヒルは述べている。

ヒルに言わせれば、流暢に外国語を話せることはスパイになるための第一歩に過ぎない。スパイは「活動地域の人たちの習慣や思考方法」まで自分のものにできれば、偽名を使って長期間生活することができる。また「瞬時に推論し、即座に重大な決定ができるような、最高の働きをする脳」も必要だ。

諜報活動のプロであるヘクター・バイウォーターによれば、どんなに仕事のプレッシャーがあっても超然としていられれば、完璧なスパイとして重大な決定ができるという。

「精神状態が安定していることは、言うまでもなく重要な資質だ。いつの間にか厄介な状況に追い込まれることがある秘密諜報員には、完璧な冷静さと平常心が要求される」

また、映像として記憶する能力もスパイには不可欠だ。この能力はロシアにおける今後の諜報活動で必要になるだろう。ほんの数分で、重要な書類や地図や軍事計画を記憶しなければならないことがよくあるからだ。

とりわけ組織力――ヒルは「諜報活動の事務作業」と呼んでいた――は絶対に必要だ。「逮捕されるスパイの十人のうち九人は、問題のある組織や連絡方法が原因だ」とヒルは述べている。今後数か月のうちにカミングの部下が逮捕されたら、それは確実に死を意味する。諜報活動が死と隣り合わせであることを、ヒルほど痛感している者はいなかった。ヒルはモナスティルというバルカン半島の町で、ふたりのブルガリア人スパイが処刑される場面を目撃したことがある。ふたりが壁の前に立たされて銃殺隊に殺されたときのことを、彼は生々しく書き残している。

「先ほどまで白かった壁が、無数の銃弾と飛び散った血にまみれた。赤のペンキ缶に浸した刷毛をさっと振ったかのようだった」

グロテスクな見世物を目撃して、ヒルは打ちのめされた。「私は急いでその場を立ち去り、人目につかない場所で吐いた」

マンスフィールド・カミングは一九一五年頃から諜報員の訓練プログラムを始めた。サミュエル・ホアは採用されたとき、諜報活動に関する四週間集中講義を受けたが、極秘だったのでその具体的な内容をほんのわずかでも書き残すことはできなかった。

「諜報あるいは防諜活動の講義もあれば、暗号文を作成したり解読したりする講義もあった。

ほかには戦時貿易や戦時禁制品の講義、郵便や電報の検閲の仕方の講義もあった」

カミング自身がスパイの小道具について週に二回講義したと述べている諜報員もいるが、残念ながらその講義内容は残されていない。

ジョージ・ヒルも、ロンドンを発つ前の数週間、諜報活動に関する初歩的な訓練を受けた。「私はスコットランドヤード（ロンドン警視庁）のベテラン刑事から尾行の仕方、尾行されているかどうかの見分け方を教わった。また見えないインクの使い方も習った。暗号の仕組みを習い、スパイに役立つ言い逃れの仕方も山ほど習った」

暗号、見えないインク、スパイの小道具は、カミングの十八番だった。もしカミングが執務室にいなければ――めったにないことだが――ホワイトホール・コートに設けた作業場の旋盤に向かっているのが常だった。作業場にあるドリル、のみなどの道具は、バースルドンの屋敷からわざわざ運んできたものだ。

夜になって職員が帰宅したあともずっと作業場にいることがカミングにはあった。現場の諜報員のために工夫した特製の装置を急ごしらえで作っていたのだ。

手はごつく、指は太かったが、器用だったに違いない。精密器械を、たとえば燐青銅《りんせいどう》とクロム鋼でできた振り子時計を作ることができたからだ。それは今でもＭＩ６の本部に飾られている。

「彼はあらゆる種類の発明に夢中だった。金に糸目をつけず、奇妙な望遠鏡、暗闇で信号を送るための不思議な装置……ロケット、爆弾などをたびたび購入していた」とカミングの諜報員だった作家のエドワード・ノブロックは回想している。

見えないインクはカミングがとくに夢中になった小道具だが、それには理由があった。やがて消えてしまうインクを使って通信文を送ることは、戦時下ではきわめて重要であり、革命下のロシアで活動中の諜報員にとってはなおさらだった。

カミングはイギリス海軍予備員の将校で著名な物理学者のトマス・ラルフ・マートンを採用した。マートンは多種多様な化学溶液、たとえば過マンガン酸カリウム、アンチピリン、硝酸ナトリウムを使ってインクの実験をした。チオ硝酸ナトリウムとアンモニア溶液の混合物で作ったインクはうまくいきそうだったが、やがて塩化金で作られるようになる。

「秘密のインクはわれわれの商売道具だった。誰もが簡単に手に入れられるものを欲しがった」。そう述べたのはフランク・スタッグで、彼は第一次大戦が始まってからカミングの本部の職員になった。「私はあのときのCの喜びようを忘れることはないだろう。ある日検閲課チーフのワージントンがやってきて、精液で書いた文字はヨード蒸気にあてても可視化しないことを部下が発見したと告げた」

カミングが嬉しそうに笑ったので、スタッグは「この発見者をすぐに移動させせなければなりません。同僚たちが自慰をしたと言ってからかうでしょうから」とすかさず言った。

カミングは、女スパイの場合は精液をすぐには入手できないだろうと不安を口にした。彼は「コーニーハッチ〔精神病院〕に、女性の体液〔のサンプル〕を実験用に送ってくれるように頼んだ」。

彼らがそれを入手できたのかどうかは、残念ながら記録に残されていない。

実際にカミングの諜報員の中に、精液を使って報告書を書いた者がいた。その報告書を受け取った者はどれほど不快な思いをしたことか……。「コペンハーゲン支局のホルム少佐は、どうやらそれを瓶に蓄えていたようだ。彼の報告書は悪臭を放っていたので、書くたびに新鮮なものを使うように指示しなければならなかった」とスタッグは記している。

違法に入手した情報は、見えないインク以外では暗号を使って送った。カミングはロンドンに高度な専門知識を持つ暗号担当チームを作った。彼らは絶えず暗号を変更し、解読される危険性を最小限に抑えた。ジョージ・ヒルは、ロシアで活動中に使った暗号表についてのちに述べている。「それはロンドンの諜報機関の本部にいた、ある天才によって考案された。私がこれまで見た多くの暗号表の中で、最も簡潔かつ安全なものだった」

それ以上詳述することは許されなかったようだが、ポケット辞書と暗号を解く鍵――「小さなカードに書いてあり、簡単に隠せるもの」――さえあれば事足りると記している。

ジョージ・ヒルはロシアで活動中、ほかにもたくさんの物を持ち歩いていたが、おかげで危険なときに大いに役立った。「私は荷物の中においしいプレーンチョコレートを少々、ご婦人用の絹のストッキングを六足、高めのパリの化粧石鹸二、三箱を詰めておいた。これらは本当に役に立つ。何度も経験したことだが、ここぞというときにこうした贈り物を差し出せば、ワインや金貨でも開けなかった心の扉を開けることができた」

ヒルは、さまざまなスパイの小道具についてもほのめかしている。「秘密のインク。半クラウン銀貨ほどの大きさで、それよりわずかに厚みがある小型カメラ。一本のタバコの中にフィルムを隠せるほど小さく撮れる写真……」

しかしヒルは「スパイに絶対不可欠なもの、つまり任務遂行に必要な意志と機知と決断力がなければ」、そうした小道具は何の役にも立たないと著書の中で読者に警告している。

ヒルが三月革命後にペトログラードにやってきたとき、諜報活動の経験はほとんどなかった。そしてイギリスにとってこの時期の主な脅威は、レーニンのボリシェヴィキではなくドイツ帝国だった。ドイツはロシア国内に大勢のスパイを潜入させていた。彼らは臨時政府を弱体化させ、戦争からロシアを撤退させようと画策していた。

ヒルはマダムBと呼ばれる女性と知り合いになった。彼女は密かにドイツのために働いているロシア人スパイのネットワークを運営していた。しかし彼らのうち誰ひとり知らなかったことだが、マダムB自身はイギリスの潜入スパイで、彼らの活動を暴くのが仕事だった。

ある日、ヒルはロシア人スパイの会話を立ち聞きするためにマダムBの集会に参加した。集会が終わり建物を出ると、先ほどの集会場にいたふたりの男に尾行された。

「男たちが近づいてきたまさにそのとき、私は振り向いてステッキを振りまわした。案の定、男のひとりがステッキをぎゅっとつかんだ」

その瞬間予想外のことが起きて、襲撃者は驚いた。「それは仕込み杖になっていた。イギリス陸軍省指定の剣製造業社ウィルキンソン・ソードに特注したものだ。男がステッキのさやを握った瞬間、私は細身の長剣を引き抜いて、突きで男の脇を刺した」

男は悲鳴をあげて歩道に倒れ、あたりは血の海になった。もうひとりの男が走って逃げようとしたので、ヒルは拳銃を取り出したが、すでに男の姿は消えていた。

ヒルは宿泊中のブリストル・ホテルに戻るとまっすぐ部屋に向かい、「途中の階段で刃を調べた。あんな出来事のあとで剣がどうなったのかを知りたかったのだ。人を突き刺したのは生まれて初めてだ」

刃がきれいなことに彼は驚いた。「血糊がべっとりついていると思っていたが、違った。刃の上半分にうっすらと血がつき、先端に黒い染みができているだけだった」

◉ケレンスキー臨時政府

当時レーニン率いるボリシェヴィキは、ペトログラードで誕生した数多くの政治グループの中では弱小グループだったが、たちまち頭角を現した。レーニンがフィンランド駅に到着した次の日の朝、有名なバレリーナのマチルダ・クシェシンスカヤ所有の屋敷に、ボリシェヴィキは不法侵入した。いくら空き家とはいえ、個人の財産への敬意などみじんもなかったのだ。

イギリス大使の娘ミュリエル・ブキャナンが自室のカーテンを開け、通りの向こうを眺めると、

「塀の上に緋色の旗が数えきれないほどはためいていた」。革命家たちがマダム・クシェシンスカヤの屋敷を占拠したことに驚きはしたが、彼らの存在を必要以上に警戒したりはしなかった。「誰も彼らのことを真剣には受け止めていなかった。山ほどいる狂信者のグループのひとつに過ぎなかったからだ」と彼女は記している。

ボリシェヴィキは、ペトログラードの労働者を代表する革命的評議会である「ペトログラード・ソビエト」の中で、最も手に負えない存在だった。一九一七年五月三日、レーニンは「すべての権限をソビエトに」――当時、ロシア中にソビエトという名の評議会や会合が誕生していた――と要求し、臨時政府はあまりにも多くの権限を持ち過ぎていると言い立てた。しかしレーニンの訴えは聞き流されてしまった。その時点では、臨時政府はボリシェヴィキを無視できるほど揺るぎない存在だったのだ。

さらに約二週間後に、ボリシェヴィキは手痛い打撃を受けることになる。臨時政府の切れ者、アレクサンドル・ケレンスキーが軍事大臣に就任したのだ。

ケレンスキー軍事大臣の誕生は、三国協商国のイギリスとフランスを喜ばせた。天性の演説家で強い目的意識を持ったケレンスキーは、信頼に足る人物だった。彼が舵を取っている限り、ロシアが内部崩壊して暴動が起きることはないだろう。

またケレンスキーはドイツとの戦争継続を強く主張していた。大々的に報じられたある演説では「ロシア戦線などない。あるのは同盟国戦線だけだ」と語った。

レーニンとケレンスキーは、それぞれの支持者から名演説家と思われていた。しかしある公平な観察者によれば、ケレンスキーのほうが政治的ライバルであるレーニンよりもはるかに優れていたそうである。ジャーナリストのモーガン・フィリプス・プライスは、臨時政府への信任案をめぐるふたりの論争を聞いた。まずレーニンが気に入らない大臣たちを罵倒し、彼らはロシアの労働者と農民を恐れているとあざけった。

「人々は言葉を巧みに操り、激しく糾弾している彼にうっとりしていたが、演説が終わるとわれに返り、頭をかきながらいったいこれは何だったんだと自問した」とプライスは書いている。大多数の人と同じように、プライスもまたレーニンの魅力を過小評価した（気づいたときにはもう手遅れだった）。

次に演壇に立ったのはケレンスキーだった。彼は公の場でレーニンを貶《おとし》めるつもりだった。「髪を短く刈りこんだ四角い顔……のずんぐりした男が立ち上がると、会議場は静まり返った。神経が高ぶっているのか男の顔は青ざめ、目は爛々としていた」

ケレンスキーは落ち着いたゆっくりした口調で演説を始め、レーニンの主張を冷静に分析していった。そしてレーニンの第二革命の夢を冷ややかに攻撃し始めた。「きみは、新しく手に入れたわれわれの自由をより堅固なものにしたいと語った」とケレンスキーはレーニンを指さしながら言った。「にもかかわらず、きみは一七九二年にフランスがたどった道［フランス革命でジャコバン党が主導権を握り、恐怖政治が始まった］へとわれわれを導こうとしている。きみは再建を訴えるのではなく、さらなる破壊を求めている。きみが夢見る、燃え盛る大混乱の中からは、不死鳥のように独裁者が誕生するだろう」

プライスはケレンスキーの演説を聞きながら、レーニンのほうを見た。「〔彼は〕静かにあごをなでながら、ケレンスキーの言う通りになるのだろうか、なるとすれば独裁者のマントを羽織るのは誰なのかと考えているようだった」

臨時政府への信任案は可決され、レーニンの革命的ボリシェヴィキは大敗北した。しかし彼らはそれくらいではへこたれなかった。挫折する度に力強くなっていくように見えた。そして彼らの自信は肥大していき、カミングのロシア支局の諜報員たちは警戒をさらに強めた。

七月になるとケレンスキーが首相の座に就いた。今やケレンスキーをこのまま権力の座に就けておくことが、イギリスにとって急務となった。彼は軍隊を動かすことができる唯一の政治指導者と思われていたからだ。ところが彼の権力は弱体化しつつあり、失脚は避けがたいという懸念が広がり始めた。これはイギリスだけではなく、アメリカ合衆国にとっても災いとなる。アメリカは三月革命から一か月もしないうちに参戦していた。

そうした災いを防ぐために、ホワイトホールの大臣たちはカミングに、英米共同のスパイチームを立ち上げ、ロシアへ派遣するように命じた。その目的は、好戦派のケレンスキー政府に資金と予備の財源を与え、これまで以上に激しい反独プロパガンダを推し進めることだった。

カミングは直ちにニューヨーク支局長のウィリアム・ワイズマンと連絡を取った。ワイズマンはアメリカの諜報機関のメンバーと密接な関係を築いていた。彼は、ロシアの戦争継続は連合国［アメリカの参戦以降は「連合国」と呼ばれるようになった］にとって不可欠であると、アメリカも考えていることを知っていたので、説得には大して時間はかからなかった。

イギリス政府はワイズマンに七万五千ドルを託した。ロシアの臨時政府へ渡すその金は、ニューヨークのＪ・Ｐモルガンの彼の口座に電信で振り込まれ、同額がアメリカ政府からも託された。ワイズマンにさらに必要なものは、怪しまれずにケレンスキーに資金を渡すことができる、信頼の置ける諜報員だった。

秘密裏に事を運ばなければならなかった。このような英米によるロシアの政治へのあからさまな干渉が露見したら、ドイツもボリシェヴィキも大スキャンダルとして利用するのは目に見えている。

◉諜報員サマセット・モーム

ワイズマンは熟慮の末にサマヴィルという名の諜報員――作家サマセット・モームと言ったほうがわかりやすい――を選んだ。モームは二年前のスイスでの諜報活動で、ドイツ国内で活動しているカミングの諜報員たちとの連絡係として活躍し、すでにスパイとしての能力を発揮していた。このときモームは、「仕事が成功しても誰からも労いの言葉はない。トラブルに巻き込まれても誰も助けにきてはくれない」とイギリスを発つときに言われた。

一九一七年七月初旬にワイズマンから思いがけず呼び出しを受けたとき、モームはアメリカのロングアイランドで休暇中だった。何事かと興味をそそられたモームは、マンハッタン南端にあるワイズマンのオフィスに向かった。

ワイズマンは、ケレンスキーにロシア政府の舵取りをさせておく必要があることを簡単に説明したのち、東部戦線にドイツを釘付けにしておくためにロシアに戦争を継続させなければならないと語った。

「手短に言えば、ロシアまで私が出かけて、ロシア人に戦争を続けさせるということだ」とモームは述べている。

だがこのような任務を引き受けたその後を考えると、モームは怖じ気づいた。英米の政府は作戦の成功に躍起になっていると聞かされ、なおさらひるんだ。

「私はその任務に二の足を踏んだ」とモームはのちに認めている。「期待されているようなことを私がやり遂げられるとは思えないと、ワイズマンに正直に話した」

よく考えたいから返事は二日待ってくれと、モームはワイズマンに答えている。実はモームは結核の初期段階にあり、高熱が出て、喀血もしていた。結局、イギリスの諜報機関のために再び働けると血が騒いだモームは、仕事を引き受けることにした。

それからの数週間は、綿密な計画作りに費やされた。急速に大混乱へ向かっている国を横断するのだ。危険な旅をサポートしてくれる重要な協力者たちが紹介された。そのうちのひとりがアメリカの諜報員エマヌエル・ヴォスカで、ペトログラードまでモームに同行することになった。ヴォスカも任務の内容については、簡単な説明を受けていた。モームと同じ指示だった。「ロシアに戦争を継続させろ。費用はいくらかかってもかまわない。きみたちには最大限の行動の自由が与えられるだろう」

七月末にモームは準備をすっかり整え、ニューヨークを発つ前に最後の質問をワイズマンにした。任務の報酬についてだった。スイスでの任務を引き受けたとき、自分は無知な素人だったとモームは言っている。「あとで知ったのだが、自分だけが組織のためにただ働きをし、愛国者でも高潔な人間でもなく、ただの愚か者だと思われていた」。ワイズマンはモームの気持ちを察し、報酬と必要経費の両方を支払うと答えた。

モームは、ケレンスキーに手渡す現金二万一千ドルをワイシャツの下に身に着けたベルトの中に隠し持ち、サンフランシスコに向かった。彼に同行するのは、アメリカの諜報員エマヌエル・ヴォスカ、三人のアメリカ人外交官、三人のチェコ人特使。ロシア国内に入ったら、モームは単独で隠密行動を取ることになる。

「チェコ人たちと私はお互いにまったく面識がないふりをし、連絡を取り合う必要があるときは十分に警戒して行なうことにした」とモームは述べている。職業を聞かれたらジャーナリストだと言い、革命の今後の展開を報道するためにペトログラードに派遣されることになったと答えることにした。

のちにモームはロシアの任務を題材にして何作か書き、その中でアメリカのために働く無名の諜報員についてくわしく描いている。そのモデルは、まず間違いなくずる賢いエマヌエル・ヴォスカだろう。彼は完璧なスパイに必要な、多くの資質を備えていた。

「狡猾で用心深く、非情。目的達成のためには手段を選ばず。彼にはどことなく恐ろしい〔ところがある〕……敵意すら抱くことなく、人を殺すことができそうだ」

モーム一行はサンフランシスコから船でウラジオストクに向かい、そこからペトログラード行きのシベリア鉄道に乗った。だが一九一七年八月に彼らがペトログラードに近づく頃には、ケレンスキーの立場はかなりあやうくなっていた。

実は六月半ばに、ロシア臨時政府はドイツ軍に大攻撃をかけた。緒戦は優勢だったが、やがて大反撃を受け、五十万人の兵士を失ってしまった。戦場での敗退をきっかけに、政情不安はさらに激化した。大臣たちは責任のなすりあいをし、政府を崩壊へと導いた。それに続く政治的空白期間に、レーニン率いる革命家たちは街頭デモを繰り広げた。

「ネフスキー大通りで十時頃に銃声が上がった」とジャーナリストのハロルド・ウィリアムズは記している。「誰が撃ったのかはわからないが、トラックに乗った、機関銃を持った男たちが群衆に向かって無差別に発砲し始めた」

状況は切迫していたが、ケレンスキーは最後には何とか秩序を回復した。レーニンはすっかり変装して密かにフィンランド〔ロシア革命の混乱期に独立〕へ脱出し、トロツキーは主要な革命家とともに一時逮捕された。政情不安がこのまま続くと考える人はほとんどいなかった。「ペトログラードのようすは、強盗にあったのか、はたまた悪い夢を見ただけなのか判然としない、夢うつつの人の気持ちのようだった」とジャーナリストのアーサー・ランサムは述べている。

サマセット・モームはそんな状態の町に一九一七年八月に到着した。彼は連合国の諜報員が溜まり場にしているホテル・ヨーロッパにチェックインしてから散歩に出かけ、ネフスキー大通りをぶらぶらした。「薄汚れていてみすぼらしく、荒れ果てている」ようすを目の当たりにして、かつてはロシアの帝都だった町に失望した。

翌朝モームはイギリス大使館に赴き、サー・ジョージ・ブキャナン大使と面会した。ブキャナンがケレンスキーと会う段取りをつけてくれることを期待したが、考えが甘かったことにすぐに気づいた。

ブキャナンはモームをさんざん待たせ、やっと現れたときには冷ややかな、蔑むような態度で接し、エドワード朝時代の校長が問題児の生徒に言い聞かせるような口調で話した。

ブキャナンはマンスフィールド・カミングの下で働いている人間にいつも冷淡だった。自分の縄張りでイギリスの諜報員が勝手に動きまわることに憤激しており、自分に何も知らされていないことがさらに腹立たしかった。

奇しくも数か月前にブキャナンはロンドンに電報を打ち、ロシアにいるカミングの諜報員全員を自分の監督下に置くように要請したが、陸軍省からは速やかに(かつ内密に)峻拒されていた。

省内の覚書には「諜報活動は素人に任せられるような事柄ではない」と書かれていた。さらにそこには、カミングがロシア支局に資金提供していることから、彼が活動を完全にコントロールするのは当然だと添えられていた。

ブキャナンはモームと面会して、彼が「極秘任務」を負い、自分は蚊帳の外に追いやられていることを知って憤然とした。一方モームは過度の緊張から事態を悪化させてしまった。「印象を悪くしているのはわかっていた。私は緊張のあまり、ひどくどもっていたのだ」

モームが、大使館の送信機を自由に使えるように手配してほしいと頼み、しかしロンドンに送る電報の内容をブキャナンは知ることはできないと告げたとき、ブキャナンの怒りはさらに増した。電報はモームだけが知る秘密の暗号を使って書かれることになっていた。

「彼はそのことを大いなる侮辱ととらえた。大使館は協力しないと私は悟った」とモームは記している。

モームはペトログラードにいる知り合いを頼った。彼らのほうが進んで協力してくれた。その中には、モームとしばらく恋愛関係にあったアレクサンドラ・レベデワ（旧姓クロポトキナ）がいた。ケレンスキーの友人である彼女は、モームにケレンスキーを紹介することを約束し、さらに政府の閣僚たちとの会談の場も設けてくれると言った。

◉ケレンスキー内閣の崩壊

ついにケレンスキーと面会したとき、モームは衝撃を受けた。「私が最も驚いたのは、彼の顔色だった。恐怖で青ざめた顔という表現を目にしたことはあるが、それは小説家の誇張だとばかり思っていた。だが、彼がまさにそうだった」

西欧の民主国家が望みを託したその男は病人のように見え、優柔不断で神経質だった。「彼はひどく苛立っていた。挨拶が終わって腰をおろしても、ひっきりなしに話してはシガレットケースを絶えずいじくりまわした。留め金を留めたりはずしたり、ふたを開けたり閉じたり、何度もひっくり返したりしていた」

モームはこのロシアの指導者がいかにタフで、いかに優秀であるかを山ほど聞いていた。今こうしてその人物と向かい合って座っているのだが、存在感が薄く、影を相手に話しているような気分だった。「彼の性格のどこにも人を引きつける力はなかった。知性も活力も感じられなかった」

しかしモームの役目はケレンスキーを評価することではなく、彼と仕事をすることだった。モームはケレンスキーと彼の閣僚を町一番のレストラン「メドヴェージ（熊）」に招待し、会合を重ねた。「私をペトログラードに送り込んだふたつの政府の金を使って、大量のキャビアで客をもてなした。彼らは舌鼓を打ちながら食べていた」

会合では、モームの友人のアレクサンドラ・レベデワが通訳となり、どうすれば英米仏の三国が臨時政府を最も効果的に支援できるかについて話し合った。

モームは精力的な陸軍大臣ボリス・サヴィンコフ［社会革命党（エスエル）の革命家。テロリスト。作家］とも数回会った。とうとうモームは、取り引きできる相手を見つけたようだ。彼はサヴィンコフのことを「彼らの中で最も卓越した人物」と述べている。

モームがサヴィンコフに惹かれたのは、彼が大戦前にロシア帝国の要人暗殺に直接関与していたことが一因のようだ。これほど穏やかな人間が冷酷に殺人を犯す姿を、モームは想像できなかった。「彼は成功した弁護士のように見えた」

シャンパンを飲んでますます陽気な雰囲気になったので、モームは思い切って要人暗殺についてサヴィンコフに質問してみた。「それは神経をすり減らす仕事じゃありませんでしたかと尋ねると、『ああ、仕事に変わりはありません。どれも同じです』と彼は笑って答えた」

サヴィンコフはボリシェヴィキ革命がもたらす危険性について、驚くほどざっくばらんにモームに語った。ボリシェヴィキは自分たちの過激な思想を受け入れない者は全員抹殺するつもりだと警告した。「彼はさりげなくこう言った。『レーニンが私を壁の前に立たせて銃殺するか、私がレーニンを壁の前に立たせて銃殺するか、どちらかです』」

モームはこれらの会話をアメリカのワイズマンに逐一報告し、ワイズマンはロンドンのカミングに転送した。ドイツ軍に傍受されるのを警戒して、特別な意味を持つアルファベットの各文字と、予め決めておいた主要登場人物の仮名を使って暗号文を書いた。

たとえばケレンスキーは「レーン」、レーニンは「デイヴィス」、トロツキーは「コール」。三つの政府は、イギリスが「エア株式会社」、アメリカが「カーティス株式会社」、ロシアが「ウェアリング株式会社」といった具合だ。

のちにモームは自分の実体験を半ば小説化したスパイ小説『アシェンデン』を上梓したが、主人公アシェンデンが電文を書くための時間と労力についてこう述べている。「〔暗号表は〕ふたつの部分から成る。ひとつは薄い本にはさんであるが、もうひとつは彼の頭の中にある。同盟国を出る前に渡された紙は、内容をすべて暗記してから破棄した」

暗号解読はもっと大変だった。「アシェンデンは数字のグループをひとつひとつ解読した……だが解読が終わるまで意味を考えないことにしていた。なぜなら出来上がった単語に気を取られていると、結論に飛びついてしまい、誤りを犯すことを知っていたからだ」

モームの電報はロンドンとワシントンで重々しく受け止められた。臨時政府は絶望的な状態にあり、深刻な政情不安に陥るのは避けがたいというのがモームの結論だった。

「私が半年早くロシアに派遣されていれば、何かできたかもしれない。表面に現れているのは氷山の一角に過ぎず、事態ははるかに深刻だ……もはやなす術はない」

重苦しい雰囲気の中、モームは自分の任務を遂行するために最善を尽くした。英米の政府がケレンスキー政権を効果的に支援する方法を考え出すのが、彼の主な仕事だ。彼は反独プロパガンダを派手に推し進めることを思いついた。ドイツはプロパガンダに長けており、「大規模で、よく組織された諜報機関がロシアの主要都市で暗躍していた」

モームは、ケレンスキー内閣を強く支持する宣伝活動局を設立してはどうかと考えた。それには年間五十万ドルの予算が必要だとモームは報告したが、驚いたことに、その莫大な額を聞いても眉をひそめる者はイギリスの閣僚の中にほとんどいなかった。それどころか、宣伝活動局が効果を上げたらさらに予算を追加する用意があるとまで言われた。しかしこの案は相次ぐ事件で立ち消えになり、予算が使われることはなかった。

彼の秘密報告書は、まずニューヨークのウィリアム・ワイズマンによって慎重に検討されてから、ロンドンのカミングに報告された。「私はモームからとても興味深い電報を受け取った。彼はペトログラードにいるイギリスの諜報員と協力できないかと尋ねてきた。そうすれば双方にとって有益なうえ、混乱を避けることができるというのだ。私には反対する理由がない……彼はとても慎重だ」

モームはイギリス大使館で「自分が感じた陰鬱な印象を暗号文にして」夜を過ごした。書き終えるとホテル・ヨーロッパに出かけ、イギリス人やアメリカ人のジャーナリストと一緒にブランデーをがぶ飲みした。

「〔われわれは〕ロシア人の気質を『ニチェボー（気にしない）！』という言葉で表していた。そこで〔われわれも〕楽しく過ごすことにして、革命を忘れた」とジャーナリストのひとりが書いている。

あるとき、モームはルイーズ・ブライアントと昼食をともにした。彼女は、ロシア革命を描いた名著『世界をゆるがした十日間』を上梓することになるジョン・リードの妻だ。「イギリスの諜報員と昼食を食べたと、人に喋ったりしないでください」とほろ酔い気分のモームが食事の最後に言うと、ルイーズは声を立てて笑い出した。「ローマ教皇庁の大使だと言われたほうが、もっと笑えたでしょうに」と彼女はそのときのことを記している。

ペトログラードは今や騒然としていたので、ケレンスキー政権に未来はないとモームは判断した。「ドイツ軍は進軍し、前線のロシア兵は大挙して逃亡。海軍はそわそわして落ち着きがなく、将校が部下に虐殺されたという噂が流れていた」

この噂は本当だった――ボリシェヴィキはこの混乱に乗じて殺人と略奪を企てていた。

十月の第一週、崖っ縁に立たされたケレンスキーは密かにモームを呼び出した。彼には、できるだけ早くイギリスの首相に伝えてほしいメッセージがあった。「極秘事項だったので、文書にしたくなかったのだろう」

モームは首相のロイド・ジョージに直接伝えることを約束し、その日のうちにペトログラードを発った。しかし、その内容を書き留めないわけにはいかなかった。首相に会う緊張で吃音がひどくなり、きちんと伝えられないのではないかと不安になったからだ。

ケレンスキーの極秘の提案とは、ロシアの戦争継続とボリシェヴィキの弱体化という二大目標を同時に達成するための大胆な政治戦略だった。イギリスがドイツとの即時停戦を、それもドイツが拒否せざるを得ないような厳しい条件付きの停戦を申し出てほしいと言うのだ。

ドイツが停戦拒否をすれば、ロシア軍の士気が再び上がる。軍隊に新たな目的意識を吹き込むことができるとケレンスキーは考えたのだ。「私は兵士のもとに行って、こう言おう。『いいか、彼らは平和を望んでいない』と。そうすれば兵士たちは戦うだろう」

ケレンスキーの提案は大胆ではあったが、まったく非現実的だった。イギリス政府は彼の提案を決してのまないだろうと、モームにはわかっていた。また、自分は破産した男を相手に取り引きをしているようなものだということも承知していた。ケレンスキーの最後の言葉は、彼が政治指導者として失格であることを証明していた。

「寒い季節になったら、兵士を塹壕に留めておくことはできない。どうやって戦争を続ければいいのかわからない」

モームはこうしたことすべてが、ひどく悲しかった。「疲労困憊した男、というのが彼の最後の印象だった。彼は権力の重圧に押しつぶされてしまったようだ」

モームはその日のうちにロンドンに向かった。ノルウェーのオスロまで列車で行き、そこから船に乗ってイギリスを目指した。ロンドンに着くや首相に面会し、自分のロシアでの任務について簡単に説明した。そしてケレンスキーからの伝言――イギリスがドイツに停戦を申し出るという提案を伝えようとした。ところが伝えようとするたびに、ロイド・ジョージはそれを遮った。

「私の伝言の内容を彼は薄々わかっていて、私に話させないようにしているという印象を――

理由ははっきりとはわからないが――受けた」

　モームはとうとうこの状況に耐えられなくなり、ケレンスキーの提案を書き留めたメモを首相の手の中に押し込んだ。

「首相はそれに目を通してから、私に返してよこした。『無理だ』と彼は答えた。私が反論できるような事柄ではなかった。『ケレンスキーへの返事はどうしますか?』と私は尋ねた。『できないとだけ伝えてくれ』」

　ケレンスキーにどう伝えるべきかを考えながら、モームは首相執務室を辞した。ロシアへ戻る気がどうしてもしなかった。加えて、小康状態だった結核が再び悪化していた。ところがロシアへ戻る支度を始めたとたん、いきなり旅は取り止めになった。

「ボリシェヴィキが政権を掌握し、ケレンスキーの臨時政府は崩壊したというニュースが飛び込んできた」

　ロシアが友好的な協力関係にあった時代は終わった。敵国になったのだ。

第4章

敵を知れ

◉十一月革命

マンスフィールド・カミングのロシア支局は、ボリシェヴィキが権力を奪取した一九一七年の第二革命のときには、まだペトログラードのロシア陸軍省内にあった。

サミュエル・ホアの下で働いていた諜報員たちは引き続きカミングに情報を送り続けていたが、そうした混乱期に、進行中の出来事を明確に把握するのはますます困難になった。

革命のニュースは通常の外交ルートからもロンドンに届いていた。駐露イギリス大使ジョージ・ブキャナンはまだその任にあったが、ロシアでの任期は急速に終わりに近づいていた。昔ながらの外交のやり方では、時代にそぐわなくなってきたのである。

十一月七日の夕方。建物の窓から何気なく外を眺めていたブキャナンは、自分の目を疑った。「武装した車が、冬宮《とうきゅう》［臨時政府が置かれていた王宮。現在のエルミタージュ美術館本館］の警備地点すべてに配備されていた」と彼は日誌に記している。

ブキャナンは冬宮の中にいるケレンスキー政権の閣僚たちの身を案じた。冬宮を警護していた二千人の屈強な部隊はここ数日間で縮小され、今やコサック騎兵の三部隊、一握りの義勇兵、女性愛国者から成る第一ペトログラード婦人大隊の一中隊だけで警護していた。だがその数はあまりにも少なく、たくさんの門のほんの一部を警備することしかできなかった。

その日の午後九時四十五分、ブキャナン大使は再び不快な出来事に驚かされた。停泊中の巡洋艦アヴローラ（オーロラ）号があの有名な空砲を撃ったのだ。それが十一月革命開始の合図だった。ブキャナンはその直後に、ネヴァ川の対岸にあるペトロパヴロフスク要塞から冬宮に向けて実弾が発射されるのを目撃した。深夜には暴徒と化したボリシェヴィキの革命家が冬宮を囲み、旧体制のシンボルを略奪しようとした。

日付が変わって十一月八日の午前一時頃。彼らはとうとう冬宮になだれ込んだが、抵抗らしい抵抗はなかった。冬宮への突入というのは、のちに作られたプロパガンダ用の映像である。

「三発の銃声が静けさを破った」とその場にいたアメリカ人女性ジャーナリスト、ベッシー・ビーティは書き残している。「私たちは呆然と立ちすくみ、反撃の一斉射撃が始まるのを待った。ところが聞こえてきたのは、窓ガラスが音を立てて石畳の道一面に砕け散る音だけだった。冬宮の窓が粉々に割れる音だった」

次に何が起こるのかとビーティが待ち構えていると、大声があがった。「終わったぞ。やつらは降伏した」とボリシェヴィキの水兵が叫んでいた。

冬宮にいたケレンスキーの閣僚は、あの有名な孔雀の間に避難していた。イギリス大使館付武官だったサー・アルフレッド・ノックス大佐がのちに書き記した文書によれば、彼らは暴徒が押し寄せてくるまで、緊張の数時間を過ごしていたという。床に唾を吐き続ける大臣もいれば、「檻に入れられたトラ」のように歩きまわる大臣もいた。ソファーに座り、「自分のズボンを神経質に引っ張り、とうとう膝の上まで引っ張り上げてしまった」大臣もいた。事態は大詰めを迎え、ロシアは不確かな未来に足を踏み入れようとしていることを全員がわかっていたのだ。

ボリシェヴィキの革命家が冬宮になだれ込み、孔雀の間に身をひそめていた閣僚たちを捕らえた。彼らは敵意むきだしの群衆の中を歩かされ、ペトロパヴロフスク要塞へと連行された。ただし、ケレンスキーはペトログラードを脱出していた。そのため、ケレンスキーは反革命軍を率いてじきに戻ってくるという噂が流れた。

午前三時。冬宮の廊下は、暴徒と化した革命家たちであふれ返っていた。アメリカ人ジャーナリスト、ジョン・リードは彼らが狼藉を働き、略奪の限りを尽くしたようすを目撃している。「青銅の置き時計を肩にかついで気取って歩きまわっている男がいるかと思えば、ダチョウの羽飾りを自分の帽子に差している男もいた。皮肉なことに、『同志諸君！　何も取るな。これは人民のものだ』と誰かが叫んだとたん、この略奪は始まったのだった」

リード自身も宝石が散りばめられた剣を盗み、冬物のコートの中に隠した。ボリシェヴィキ革命への共感ゆえに、公共の財産を盗むのに何の躊躇もなかったのだろう。

翌朝になると、ブキャナン大使のもとに、在任期間中で最も不快なニュースが――レーニン率いるボリシェヴィキが権力を掌握したことを伝えるニュースが届いた。ケレンスキーの臨時政府は一掃され、法と秩序は跡形もなく消えてしまった。

事態は急転した。十一月八日のまさにその晩、レーニンはスモーリヌイ女学校で国民に向けて初めての演説を行なった。この学校はペトログラードの東端に位置し、古代ギリシャ・ローマふうのファサードのある壮大な建物である。貴族の娘たちが通う名門花嫁学校だったが、化粧をした貴族の娘たちやその女家庭教師たちは赤衛隊［主に工場労働者と農民から成る自発的な民兵組織。赤軍の前身］の一部隊によって追い出されており、今やそこが新しい革命政府の本部となっていた。

レーニンは、貴族や教会などが所有するすべての土地を農民ソビエト――ロシア中に雨後の竹の子のように誕生した地方評議会――へ移行することを要求する声明文を読み上げた。さらに第一次世界大戦からロシア軍を即時撤退させることを要求し、西欧民主主義国の革命を呼びかけた。どれもこれから起こることの前触れだった。

レーニンが演説を終えるとトロツキーが演壇に立ち、熱弁をふるった。「われわれにはふたつの選択肢しかない。ヨーロッパ列強がロシア革命をつぶすか、ロシア革命がヨーロッパで革命運動を巻き起こすかだ」

ふたりの男は、西欧の民主主義国家はドイツ皇帝よりもはるかに危険な存在だとすでに認識していた。

◉全ロシア・ソビエト大会

ボリシェヴィキの蜂起で町中が大混乱になったとき、ジョージ・ヒルはまだペトログラードにいた。マンスフィールド・カミングの下で働くのはもう少し先で、依然としてロシア軍の軍事顧問だった。

だが諜報活動にますます面白味を感じ、関連がありそうな情報はどんなことでも収集した。スモーリヌイ女学校が革命政府の臨時本部となったと知るとすぐにそこに向かい、レーニンに直接会うためにうまいことを言って中に入りこんだ。

レーニンは「平均よりも背の低い、がっしりした地味な男で、スラブふうの顔立ちに射抜くような目と広い額」が印象的だった。

ヒルはレーニンと握手するために一歩前に出た。ヒルらしい大胆な行動だ。「彼の態度は好意的ではなかったが、敵対的とも言えなかった。まったく超然としていた」

レーニンにはどこか恐ろしいところ——そのときは正確に指摘できなかった——があることに、ヒルは気づいた。彼は人の血がどれほど流されようとも、自分の理想の革命を推し進める覚悟ができているようだった。

ヒルは、ボリシェヴィキの指導者たちが戦争を継続することを願っていたし、彼や彼の同僚をロシア軍の軍事顧問としてペトログラードに残してくれることも望んでいた。しかしスモーリヌイ女学校でレーニンに会うと、その望みは薄いことを実感した。ロシアの新政府は三国協商国とのつながりをすべて断ち切るつもりのようだった。ボリシェヴィキの連中は「無慈悲で、無知で、頑固だ。彼らは受け売りの二、三の原理原則に従って国務を遂行しようとしている」

ボリシェヴィキ革命はあっという間に盤石なものになった——と外部の者には見えた。革命的評議会（ソビエト）はここ数か月でロシアの至るところに誕生した。そして今、ソビエトの代議員たちはペトログラードに集結していた。かねてより予定されていた第二回全ロシア・ソビエト大会が十一月八日にスモーリヌイ女学校で開催され、彼らはこの大会で一堂に会した。この第二回大会で権力のボリシェヴィキへの革命的移行を採決し、レーニンがその最高権力者となった。その後、多くの政治闘争があったが、政治体制が元に戻ることはなかった。

新しい外務人民委員（外務大臣）となったトロツキーは、欧米列強の大使との会見を強く希望した。もちろん、イギリス大使サー・ジョージ・ブキャナンはその筆頭だ。トロツキーは大使たちがスモーリヌイ女学校に彼を表敬訪問するよう求めた。

だがしきたりを重んじる大使たちは、いきなり呼び出されたことに憤慨した。彼らは、表敬訪問は厳格な外交儀礼に則って行なわれることをトロツキーに——侮蔑するような方法で——気づかせようとした。慣例による手続きでは、新任大使のほうから就任挨拶の手紙を送って、各国大使に知らせることになっていた。

その堅苦しさがトロツキーを苛立たせた。「旧体制ではそうした手続きをふんでいただろうが、現体制にはまったく不向きだと彼は言い放った」。もし諸外国の大使が新しい方法に従わないのなら彼らに会うつもりはない、とさえ言った。

ブキャナン大使は歯に衣着せぬ報告書を次々とロンドンに送り、レーニンは世界にとって新たな手強い脅威だと警告した。レーニンが激しい口調で西洋の民主主義国家を壊滅させると演説したと聞き、愕然としたブキャナンはそう確信するに至ったのだ。

レーニンが一九〇七年に締結された英露協商を破棄すると宣言すると、ブキャナンはイギリス領インド帝国の将来をとくに案じるようになった。この条約破棄は単なる象徴的な出来事以上のことを表していた。インドの北西辺境州の国境警備が手薄であることが明らかになり、攻撃されやすくなってしまう。

ブキャナンの一連の警告は大使としての最後の仕事となり、この直後に彼は大勢の大使館職員とともにロシアを去った。心残りなことは何もなかった。ここ二週間、神経衰弱のような症状で苦しんでいた彼は、自分が新生ロシアにおける遺物のように感じていた。

彼の親しい知人、大公や大公妃は運命が一変してしまったことを思い知り、ペトログラードから脱出しようとしていた。ブキャナンは友人のミハイル大公に暇乞いをしたとき、二度と会うことはないだろうと思った。

◉陸軍省の横槍

マンスフィールド・カミング率いる組織は、第一次世界大戦中に着実に拡大していった。千名以上の諜報員が現場に出ていたが、その大半は西部戦線で情報収集にあたっていた。だが明らかにレーニンの革命が成就した今、カミングはロシアに注意を向けざるをえなかった。彼らはペトログラードとモスクワで進行中の出来事に一層注目するようになった。

十一月革命が起こる数か月前に、カミングは本部職員を大量に採用した。今やホワイトホール・コートには六十名以上の秘書、タイピスト、技術スタッフが働いており、彼らは世界中の諜報員から送られてくる報告書を整理してまとめる作業に追われていた。

仕事はきつかった。遅くまで残業があり、休みはほとんどなかったが、カミングの非公式の副官、フレディー・ブラウニング大佐――愛想のいい冗談好きの青年のおかげで、職場は明るく活気があった。

柔軟性があり、頭の切れるブラウニング大佐はカミングの目に留まり、直接面接を受けることになった。ふたりはすぐに意気投合し、カミングは本部の要職を彼に用意した。

彼が飛び抜けて有能であることはすぐにわかった。急速に拡大するカミングの組織の再編成を手伝い、さらにオフィスに陽気な、お祭り騒ぎ的な要素を取り入れた。彼は「快活で、機知に富み、鋭いユーモアの感覚があった。生まれながらにして『生きる喜び（ラ・ジョワ・ドゥ・ヴィーヴル）』を知っていた」と職員のひとりが回想している。

ブラウニング大佐は、人は気持ちよく仕事をしたときに最高の結果を出すことをよくわかっていた。だから本部で働いている女性たちに笑い話をして和ませ、仕事が終われば皆と――とくにカミングと夜を楽しんだ。「彼は舞台女優を呼び寄せて陽気なパーティーを開き、ボスが楽しい夕べを過ごせるようにした」

そう書き残したのは、カミングのもうひとりの重要な部下であるフランク・スタッグだ。ブラウニング大佐は「いかなる分野でもその道のプロ」を集めたと、スタッグは書き添えている。スタッグのいう「その道」がセックスなのか、諜報活動なのか、あるいはまったく別のことを指しているのかは不明だが。

カミングはあの時代の男だ。結婚はしていたが、「トップメイト」つまり本部職員と年中遊びまわって過ごした。そしてカミング夫人とは顔を合わせない時期も多かった。確かに美人秘書には目がなかった。そのうちのひとりがエジプトに派遣されると、カミングは衣装代を月額で支給したが、その額は彼女の給料をはるかに上まわっていた。

「タイピストたちをえこひいきしている」と非難されたこともあったが、それでも女性「運転手」を雇って自分のメルセデスを運転させるのを止めようとはしなかった。今風に言えば制服フェチのカミングは、彼女がおしゃれな制服を着て運転できるように自分で手配したのである。

ブラウニング大佐は女性秘書たちの要求にも応えようとした。思いやりのある彼は、「女性職員がランチに丸いパン〔しか〕食べていないことに心を悩ましていた」。そこで彼はホワイトホール・コートに高級食堂を作った。軍のシェフを雇い、サヴォイホテルに卸している業者から仕入れた食材でおいしい料理を作らせた。

だがこうしたホワイトホール・コートの楽しい雰囲気がときおり損なわれることがあった。それは陸軍省から横槍が入ったときだ。陸軍省の幹部たちは仕事上の対抗意識から、カミングの組織は自分たちの組織に吸収されるべきだとよくほのめかした。

そうした組織再編が最初に議題にのったとき、カミングは憤慨して反論している。陸軍省が扱うのは軍事情報に限定されているが、自分の組織が扱うのは政治、経済、技術情報を網羅する諜報活動全般であると主張したのだ。

「開戦以降、私の組織はずっと攻撃にさらされてきた。あるときは解体され、あやうく破壊されそうになったこともある」と彼は苛立ち紛れに備忘録に書き残している。陸軍省の近視眼的な横槍のせいで、ロシアを含む数か国で彼の仕事は支障をきたしていた。

カミングはほぼ二年間、陸軍省からの妨害をどうにか受け流してきたが、一九一七年になると、かつてないほど手強い相手が彼の前に現れた。つい最近、陸軍省の陸軍情報部長に任命されたジョージ・マクドノーである。この新しい地位のおかげで、彼は官庁街ホワイトホールの有力者のひとりになった。

冷ややかな眼差しの寡黙なスコットランド人であるマクドノー将軍は、自分の人生の唯一の関心事は仕事だとよく人に語っていた。この言葉を疑う者はまずいなかっただろう。彼は人付き合いの下手な野心家で、「ブリッツ（猛攻撃）」というあだ名で呼ばれていた。彼はすぐにカミングを目の敵にした。

マクドノーは一九一七年二月、まさにロシアの三月革命の直前に、カミングに最初の集中攻撃をかけてきた。彼は戦時中の諜報活動はすべて自分の管理下に置くと宣言し、カミングの「勢力拡大」を非難した。そしてカミングが「軍事情報全般において自分の指揮下にある」ことを受け入れるように要求した。

カミングがまず取った行動は、実に超然としたものだった――無視である。そしてカミングにとって幸運なことに、マクドノーは緊急な事柄に忙殺され、徹底的な攻撃をしかけることができなかった。しかしその要求は、次の攻撃への警鐘だった。

マクドノーの二度目の攻撃は一九一七年十月に始まった。ロシアの革命運動が今後どう展開するのか予測不能な時期だったから、カミングにとっては最悪のタイミングである。持てる力をすべてロシアに注がなければならないときに、身内の敵によってこれまでの努力が台無しにされてしまう。

マクドノーはカミングに簡潔な伝言を送り、「イギリスの諜報機関をすべて自分の支配下に置く予定である」と通知した。もしそのとおりになれば、カミングの組織は下部組織に降格させられてしまう。

今回、マクドノー将軍は真剣だった。自分自身が指揮を執って情報収集を組織化する方法を考案し、次にこの組織編成を実行に移すために参謀会議を招集した。カミングは会議への出席は許されたが、単なる出席者に過ぎず、議論に参加することは許されなかった。

カミングは自分の組織が飲み込まれないように迅速に行動した。まずはマクドノーからの差し迫った要求に対応するために、組織の再編成を大々的に始めた。次に外務省事務次官であるチャールズ・ハーディングに掛け合い、絶対的な支持を求めた。

ハーディングはカミングを全面的に支持した。彼はマクドノーに、カミングは何よりもまず外務省の意向に沿うべきであることを思い出させた。また「トップの座にいる人間の権限を縮小する」ような計画を耳にして失望したと言い添えた。カミングは自立した「一家の主《あるじ》」であるべきだとも述べた。

マクドノー将軍はカミングを追い落とそうとした最初の人間ではなかったし、最後の人間でもなかったはずだ。しかしカミングには、王座を狙う者が出てきても撃退できるという密かな自信があった。彼の諜報員のひとりが次のように回想している。「Cはいつも得意げにこう話していた。自分は三人の主人〔外務省、海軍本部、陸軍省〕に同時に仕えていたようなもので、主人がひとりだけということは決してなかった。三人のうちのひとりが自分に反感を抱いたら、残りのふたりをけしかけて対立させればいい」

◉外交官ロバート・ブルース・ロックハート

カミングはマクドノーの問題に決着をつけると、再びロシアに注意を向けた。一九一八年一月にサー・ジョージ・ブキャナン大使がイギリスに帰国し、イギリス大使館には最小限の職員だけが残された。これから彼らは、ほんの数日間で同盟国から敵国に変わってしまった国で暮らしていかなければならない。

だが残った数名の外交官はいずれ自分たちもイギリスに呼び戻され、大使館は正式に閉鎖されるだろうと考えていた。だから新しい外交官が赴任してくると聞いて心底驚いた。その人物は――まさに最初から――あいまいな、物議をかもす役割を担わされたのだ。

新任の外交官ロバート・ブルース・ロックハートがロシアに派遣されてきたのは、表向きはレーニンの革命政府との話し合いの道を残しておくためだった。イギリスの閣僚たちはロシアとのつながりがまったくなくなってしまうことを望んではいなかった――レーニンのイギリスへの敵意は火を見るよりも明らかではあったが。ロックハートの任務はロシアの新しい指導者たちと面会し、彼らと非公式な外交関係を結ぶことだった。

ロックハートには秘密の役割もあった。ロシア国内にいるカミングの諜報員たちの、今後の活動を調整することだ。かなり危険な仕事だ。

イギリス政府の非公式な代表という仕事は、見るからにロックハートが適任だった。ロシア語に堪能で、元モスクワ総領事。三十歳で人生の絶頂期にある彼は愛想がよく、派手で、どこまでも愉快な人物だった。

彼は自分のことを「肩幅の広い、鼻の曲がった、ずんぐりした男で、おかしな歩き方をする」と描写している。しかしペトログラードの上流階級の婦人たちのあいだでは大人気だった。彼女たちは容姿よりも、彼の機知に富んだ会話や、女性への細やかな気遣いに魅力を感じた。

彼には多くの欠点があったが、それを何のこだわりもなく正直に書いている。そのひとつ――思慮深さに欠ける点は、どんな職業でも不利なはずだが、外交官ともなるとなおさらそうだった。もっとも、後年ロンドンの夕刊紙『イヴニング・スタンダード』のゴシップ欄の記者になったことを考えれば、その欠点も役に立ったのだろう。

もうひとつの欠点は女好きなことだった。十年前にイギリス領マラヤ［現在のマレーシア西部］で暮らしていたとき、初めて女性絡みのトラブルに巻き込まれた。彼はマレー人の若き王女アマイと激しい恋に落ち、その地のスルタン（国王）の怒りを買ってしまった。

「極楽鳥とカラスが番《つが》うことはない」と繰り返し警告されたが、ロックハートの恋の炎がそんな言葉で消えるはずもなかった。彼はベランダに囲まれた植民地ふうの平屋の自宅にアマイを囲い、灼熱の恋に身を任せた。「この恋の結末は、ありがちな悲劇とも、喜劇とも言えた」。殺すと脅かされ、食べ物に毒を盛られ、さらには重篤なマラリアにかかり、ふたりの恋は突然終わった。命の危険にさらされたロックハートは、マラヤからひとり密かに船に乗った。恋人の運命は気になったが、天に任せるしかなかった。

次の若気の過ちは人妻と浮名を流したことだった。これは世間に広く知れ渡り、そのために一九一七年秋にモスクワ総領事を解任された。「私はその件について弁明したが、大使は名残惜しそうに、だがきっぱりと私のイギリスへの帰国を決定した」

こうしてロックハートは一九一八年初めに再びロシアに赴任したが、彼の生き方は変わらなかった。アホートヌイ・リャド通りの地下酒場で上演される退廃的なショーに足繁く通ったり、トロイカ（三頭立ての馬ぞり）に乗ってペトログラード郊外にあるストレリナ宮殿の敷地まで行ったりした。寒さで頬がヒリヒリし、髪の毛につららができても、マリア・ニコラエヴナのような有名なロマの歌手たちとそこで酒盛りをした。

「皮肉屋はこう言うだろう。彼女の仕事は、愚かで裕福な若者を集めて、彼らのために歌い、彼らに浴びるほどシャンパンを飲ませて、彼らの富、あるいは父親の富が自分の懐に入るようにすることだと」

ロックハートはこうした皮肉屋とは正反対の人間だった。彼はマリアの差し出すシャンパンをがぶ飲みし、酒と音楽に浸って至福の酩酊状態になった。

ロックハートがロシアに赴任して愉快になった者は大勢いたが、憂鬱になった者がひとりだけいた。オリバー・ウォードロップだ。彼は面白味のないキャリア外交官で、数年間イギリス領事として勤勉に勤め上げ、ブキャナン大使の離任後もロシアに留まっていた。ブキャナンの後任がロックハートと知ってがっかりしたウォードロップは、ロンドンの外務省に電報を送り、自分とロックハートの上下関係について質した。

回答は、あいまいなものだった。「ロックハート氏はモスクワに到着次第、ボリシェヴィキ政府に対するイギリス政府の非公式な代理人として行動し続けるだろう」

ウォードロップは納得がいかなかった。仕事を怠ることはなかったが、ロックハートには相変わらず心をかき乱された。ロックハートが外交上の慣例をまったく無視して行動したからだ。

「ロックハートの地位は独特なものである」とウォードロップはロンドンに送った手紙の中で不満をもらし、小ばかにしたような書き方をした。「彼は公式の御用新聞では『大使』『特命使節』『公式代表者』『総領事』などと呼ばれている」

ウォードロップを最も苛立たせたのは、ロックハートが秘密の仕事をしていることだった。「彼には六人ほどの部下がいるが、実際にどんな仕事をしているのか私にはわからない。しかし私が快諾してしまったため、私の部下も暗号の作成と解読に追われている」

ウォードロップは自分がのけ者にされているのではないかと不安になり、自分は「かつてロシアと呼ばれていた国のイギリスの高官」であるのか否かを明確にしてほしいと、外務省に再び電報を送った。

返事には、彼の「忠義」に対する感謝の言葉が書かれていただけだった。彼には受け入れがたいことだろうが、ロックハートには自らの判断で行動できる白紙委任状が与えられていた。

◉特派員アーサー・ランサム

この時期、ロシアにはロックハートと数名の大使館職員以外にもイギリス人がいた。ペトログラードに住むそうした少数のイギリス人の中では、ある人物が一番ロシア通と言われていた。アーサー・ランサムだ。彼はイギリスの全国紙『デイリー・ニューズ』のロシア特派員としてすでに数年間働いていたので、ロシアの有力政治家とロシア在住のイギリス人の両方をよく知っていた。

「ひょろりとした、痩せこけた長身の人物で、櫛を入れていないもじゃもじゃの灰色の髪に、知りたがりの、ややいたずら好きな少年のような瞳をしていた。彼をよく知ればわかることだが、誰からも好かれた」とジョージ・ヒルはランサムのことを述べている。

しかしランサムはボリシェヴィキ革命（十一月革命）の数か月前から怒りっぽくなっていた。栄養状態が悪かったことが一因と思われる。果物や野菜が手に入らないため健康を害し、持病の痔がひどい炎症を起こしてもはや働くのもままならぬ状態だった。

「部屋を横切るだけでも倒れそうになり、一昨日は通りで気絶してしまった」とランサムは母親宛ての手紙に書いている。

とうとう病院に運ばれ、手術を受けることになった。手術中の激痛を和らげるために使われたのは、コカの葉をペースト状にしたものだけで、麻酔なしで痔の切除と出血している血管の焼《しょう》灼《しゃく》が行なわれた。「強烈な、耐えがたい痛み」とランサムは手術の翌日に書き残している。それから二日半、あまりの激痛に眠ることができなかった。

ランサムは痔の手術後しばらくしてイギリスに帰国し、釣り三昧の休暇を楽しんだ。ストレスの多いロシアでの暮らしから遠く離れて、体力の回復に努められそうだった。彼はイギリス南部のウィルトシャーで、妻のアイヴィと幼い娘のタビサと一緒に過ごしたが、妻との関係はぎくしゃくしていた。

休暇は――彼にはもっと必要だったが――長くは続かなかった。ランサムの釣り三昧の日々は、ボリシェヴィキ革命のニュースによっていきなり中断されてしまった。十一月第二週にはもう『デイリー・ニューズ』で再び記事を書いていた。進行中の革命の目撃者としてではなく、革命の主役たちについて多くを知る、ロンドン在住の解説者としての記事だった。

この重大な局面を迎え、ランサムはマンスフィールド・カミングに呼び出されるだろうと思っていた。早い話、彼はロシア通として知られていたし、ロシア支局で働いているカミングの諜報員を多く知っていたからだ。ところが呼ばれた先は外務省だった。ランサムは外務省事務次官であるロバート・セシル卿に数回にわたって会った。

貴族出の政府高官との面会は居心地が悪く、ランサムはセシル卿に好感を抱くことはできなかった。「彼は暖炉の前に立っていた。非常に背が高く、ひどく痩せている。体と両脚が作り出す長い弧の先端で、タカのような頭が前に揺れていた」。彼には、セシル卿がエリートの傲慢さを体現しているように見えたのだろう。

しかしセシル卿のほうはランサムのことをロシア通と認め、革命政府の指導者たちの話に大いに関心を示した。反ボリシェヴィキ勢力についての情報も知りたがった。ようやく面会が終わろうとしたとき、セシル卿が驚くようなことをランサムは申し出た。非公式の特命使節としてロシアに戻り、ロバート・ブルース・ロックハートと同様の役割を演じたいと言ったのである。

セシル卿はその申し出を一笑に付すようなことはしなかった。何と言ってもランサムは、日々刻々と変化しているロシアの国内情勢を報告させるのに最適な人物だった。セシル卿は申し出を快諾し、ランサムが非公式の特命使節になったことをペトログラードのイギリス大使館に電報で伝えた。

ところが電報を送った数時間後に、セシル卿は前言撤回の電文を書いている。「ランサム氏に関するアテネ電文二一九一号を考慮した結果、彼への疑惑が真実ならば、諜報員として不適格であることは明らかである」

「アテネ電文二一九一号」の内容は不明なので、ランサムへの疑惑が何であったのかは謎のままだ。しかしほぼ間違いなく、彼は革命の支持者《シンパ》であり、その過激な思想から信頼に値せず、と書かれていたと思われる。

これにはいくばくかの真実があった。ランサムはボリシェヴィキ革命によって旧体制の不正が一掃され、明るい未来がロシアの虐げられた貧しい人々に訪れることを心から願っていたのは事実だ。彼の政治思想は、イギリスの閣僚たちのものとは相容れるものではなかった。最終的には、セシル卿はランサムを証拠不十分につき無罪とし、ペトログラードに戻れるように尽力してくれた。

「彼は私を認めてくれ、少なくともストックホルムまでは、すべて順調に行くように手配してくれた。外交通信文書入れの袋を公使館に届けるのを任せてくれたのだ」とほっとしたランサムは記している。

ストックホルム駐在のボリシェヴィキの代表者の助力でロシアに入国したランサムは、クリスマス当日にペトログラードに戻ることができた。重い荷物は彼より先にペトログラードの外務人民委員部に届けられ、ボリシェヴィキの幹部で西欧プロパガンダ担当のカール・ラデックの手に渡った。ボリシェヴィキの幹部の中で最も腹黒いと言われていた人物だ。

ラデックはすぐに荷物を開けて中身を調べた。種々雑多な、刺激的なものばかりだった。「シェークスピアの本、折りたたみ式のチェス盤と駒。さまざまな分野の本——船舶操縦法の入門書、釣りやチェスや民話に関する本」。興味をそそられたラデックは、「相容れないように見える事柄に興じる」人物に会ってみたくなった。

ランサムは外務人民委員部に呼ばれ、癇癪持ちのラデックに引き合わされた。すると最初からふたりは意気投合し、相手の知らなそうなゴシップや噂話に花を咲かせた。

ラデックはランサムとロシア語で話したが、「イギリスの書物の一節を口にするのが好きだった。

ときに私が理解するのに手間取り、彼を苛立たせることがあった」。ラデックの好きな文章はディケンズの『クリスマス・キャロル』の一節「マーリーはドア釘のように完全に死んでいた」だった。「彼はそれを、もたもたした政治家や遅きに失した政策を指すのに、好んで使った」

ランサムはラデックのブラックジョークを面白がり、彼のことを「卓越した知性と快活さを持つ小柄な、髪の色の薄い、眼鏡をかけた革命家のゴブリン」と描写した。

もっとも、ほかの人たちはランサムのような甘い評価はしなかった。ロバート・ブルース・ロックハートは彼のことを「奇怪な人物」と称し、「半ズボンに長靴下」のノーフォークジャケット（狩猟着）姿は、ヒキガエルのトード氏［イギリスの作家ケネス・グレアムの『たのしい川べ』の登場人物］の洋服ダンスから拝借してきたかのようだ、と述べた。「頭でっかちの小柄な男で、突き出た耳ときれいに剃った顔に……眼鏡をかけ、大きな口からタバコのヤニで染まった黄色い歯が覗いている。その口に、ばかでかいパイプかタバコがはさまれていないことはまずない」

しかし、ラデックは自分たちをボリシェヴィキの幹部へと導いてくれる強力なツテであるという点ではロックハートとランサムの意見は一致しており、ねんごろにもてなしている。

「ほとんど毎日のように、彼は私のオフィスに現れた」とロックハートは記している。「ハンチング帽を粋にかぶり、パイプを猛烈な勢いで吹かした。大量の本を脇に抱え、大きな拳銃を脇の下に吊るしていた。半ば大学教授、半ば強盗といった感じだ」

ラデックはランサムをとくに気に入り、トロツキーやレーニンなどの最高幹部と面会できるように手配してくれた。おかげでランサムはジャーナリストとしての立場から、革命の指導者たちをイギリスの読者に熱心に紹介することができた。ラデックやレーニンのような男たちの姿を活写し、記事に命を吹き込んだ。

大半の外国のジャーナリスト——そのうちのひとりはレーニンを「田舎の八百屋のおやじ」と呼んで相手にもしなかった——と違い、ランサムはレーニンの生き生きとした魅力を力説した。「〔レーニンは〕ロシアのタバコとロシアの農民の暮らしを彷彿させるような言葉を使って、冗談を言いながら議論を進めた。ヴォルガ川沿いの農民の言葉で世界革命の原理を語る姿に違和感はなかった。彼の話を聞いていると、政治理論は農民のことわざにぴたりと重なるように思われた」

ランサムは革命後の最初の数か月は主にジャーナリストとして働いていたが、同時にイギリス政府に情報を送っていた。ボリシェヴィキの指導者たちや彼らの政治目標に関する情報だ。こうした情報は非常に価値があったので、最終的にはマンスフィールド・カミングに雇われることになる。革命のシンパであるランサムが、ロシア国内で活躍する重要な諜報員になるのだ。

ランサムは隠れボリシェヴィキであると広く噂されていたことに加え、ラデックと親交があったことですっかり信用され、ボリシェヴィキの幹部が出席する会議に出られるようになった。彼は執行委員会と第三回全ロシア・ソビエト大会〔一九一八年一月〕——この大会で初めて労働者、兵士、農民の三つのソビエトが一堂に会した——の両方に出席することを許された。

「私の席は、幹部席のすぐ後ろ上方だったので、トロツキーのがっしりした肩や大きな頭、ときどき振りまわす不釣り合いに小さな手などを見下ろすことができた。彼の向こうには大勢の男たちがいた。緑と灰色のシャツを着た兵士。襟なしシャツあるいはセーター姿の労働者。イギリスの職人とよく似た格好の人たち。ベルト付きの赤いシャツにくるぶしまでのブーツをはいた農民」

ランサムはすぐにトロツキーに信頼された。彼がイギリス政府に情報を伝えているとは、トロツキーは夢にも思っていなかった。

「私は政治的な経歴が皆無だったが、それは助けにこそなり、邪魔にはならなかった。本国から派遣された正規のジャーナリストや政治家よりもかなり近くで、進行中の出来事を眺めることができた」

ペトログラードにいる欧米人の中で、彼ひとりだけがボリシェヴィキの幹部と親密だった。彼らに「毎日会い、出されたお茶を飲み、内輪の喧嘩を耳にし、私が持参した菓子を分け合って食べた」

ランサムは権力の中枢グループと親しくなるにしたがい、彼らの政治手腕について、同胞のイギリス人とはまったく異なった考えをするようになった。また反ボリシェヴィキによって大量に作られた政治的ビラの内容には強く反発した。

「生身の人間として彼らに接しているうちに、くだらないプロパガンダを信じる気にはなれなかった。そうしたプロパガンダは、ドイツ人スパイを装った反ボリシェヴィキのロシア人たちが、新政府を崩壊させようと世にあふれさせたものだ」

ランサムがかなり短時間で革命指導者たちと親密になったことから、彼には「情報を得る特別なコネ」があるのではないかと欧米の外交官は思い始めた。確かにそのとおりだった。ロンドンの人間は誰も知らないことだが、彼はトロツキーの私設秘書エフゲニア・シェレピナと恋仲で、毎日のように会っていた。

彼女の存在は、革命政府から得る情報のレベルを一変させた。トロツキーの手紙や文書をタイプし、打ち合わせをアレンジするのはシェレピナの仕事だったので、ランサムはいきなり極秘文書や電報の内容を知ることができたのである。

ランサムが初めてシェレピナに会ったのは、トロツキーを取材した一九一七年十二月二十八日だが、初めて口をきいたのは、その日の晩に外務人民委員部を訪ねたときだった。部屋をのぞくと見知らぬ顔の中に彼女がいた。ランサムはすぐに彼女だと気がついた。

「長身の愉快な女性、それがエフゲニアだった。のちに私は彼女と結婚し、彼女のおかげでとても幸せな日々を送ることになる」とやがて彼は記すことになる。

ランサムは自分の記事の至急便に判を押してもらうために検閲官を探していた。エフゲニアは「私に任せて」と言い、さらに検閲局でランサムと自分用の食料を何か探してみようと言い出した。「さあ、ついてきて。ひょっとしたら、その人のところにジャガイモがあるかもしれない。そうだったら本当に助かるわ。ついてきて」

ふたりは検閲官とジャガイモの両方を見つけたが、ジャガイモは検閲官がプリムス・ストーブ

［携帯型のストーブ］に載せた鍋の中で焦げる寸前だった。エフゲニアが慌てて鍋からジャガイモを取り出し、分け合って食べた。

妻のアイヴィとの結婚生活がうまくいっていなかったランサムは、エフゲニアに惹かれていった。彼女は美人ではなかった。長身でがっしりしていたし、あか抜けてもいなかった。「靴を脱いでも優に百八十センチはあったにちがいない」とジョージ・ヒルは記している。ヒルの好みは小柄で若く、性的魅力のある女性だったが、そのヒルでさえ、女性の魅力は表面的な美しさだけではないことを認めている。

「一見して、彼女のことを善良なロシアの農婦の見本として片づけてしまいがちだが、親しくなると彼女の思いもよらない人間的な深みに触れることになる」

ペトログラードにいたアメリカ人は、彼女のことを「ビッグ・ガール」と呼んだ。「彼女は実際に大物だった」からだと、あるアメリカ人が説明している。彼女は革命後の数か月間、トロツキーのところに陳情にくる訪問客をさばくという、重要な仕事を任されていた。彼女は秘書以上の存在で、ボリシェヴィキの幹部全員への面会を認めたり、拒んだりすることができた。

「彼女は几帳面で知的だった。働き者で、ユーモアのセンスは抜群だった。物事をすばやく判断し、政治状況を迅速かつ正確に分析することができた。まるでブリッジの名手がカードの持ち札を分析するときのようにだ」とヒルは述べている。

仕事ぶりは見事だった。「取るに足らない人間をトロツキーから遠ざけたわけではないだろうが、魅力のない人間がこの娘の前を通り抜けるのは容易なことではなかった」

ランサムはボリシェヴィキの新政府を重視していたので、彼らの活動に関する報告書——しばしば好意的だったが——は、ロンドンの役人たちのあいだで物議をかもし、彼の立場はますます難しくなっていった。エフゲニアとの関係も事態を悪化させた。ペトログラードのイギリス大使館では、彼はイギリス政府のために働いているのではなく、実はロシアのスパイとして働いているのではないかと密かに噂する者もいた。

ランサムはそうした噂を打ち消そうとはしなかった。この噂のおかげで、ボリシェヴィキの幹部のあいだでの彼への信頼が大きくなっていったからだ。また、噂を否定しなかったのは革命指導者たちの考えと一致する点もあり、レーニンとトロツキーがロシアを明るい未来に導いてくれることを心から願っていたからでもあった。

◉ストックホルム支局開設

マンスフィールド・カミングは、ロシアの新体制に合わせて諜報活動の取り組み方を一新しなければならないといち早く感じていた。部下の諜報員たちは、もはや友好国で活動しているわけではない。新政府は公然とイギリスに敵対しており、ロシア支局で働いていた人間をすべて国外追放することも大いにありうる。情報収集チームをロシア国内に残しておきたければ、これまでのやり方を改めなければならない。

ロシア革命後に作成されたイギリス諜報機関の小冊子には、諜報員が敵国で活動をする難しさについて明記されている。小冊子「諜報員の教育と採用に関する覚書」には多方面にわたる諜報活動の技術が網羅され、暗号文の書き方から変装の仕方にいたるまで詳述されていた。

変装はカミングの諜報員にとって必須である。「覚書」では、まったく新しい人物になりすますのはかなりの危険を伴うので、変装するからには完全に信じてもらえるようにしなければならないと注意を促している。諜報員には訪問販売員に変装することを勧めているが、「売り物の商品についてよく知り、かつ理解し、さらにそれで実際に取り引きできなければ、その変装が成功したとは言えない」と念を押している。

「覚書」は敵の組織、とくに諜報機関への潜入についても詳述し、「諜報活動の中で最も魅力的な仕事である」と認めている。「有能なスパイ」は潜入した敵の諜報機関に甚大な被害をもたらし、「完全な解体へと導く」ことができるとしている。

「覚書」の中の最重要事項は、諜報員は敵に捕まっても仲間の名をもらしてはならない――「捕まった場合は、秘密を守り、誰の名も明かさぬこと」だった。

ロシアに残っていたサミュエル・ホアの部下たちは、十一月革命後の数週間はペトログラードに留まることを許されたが、ロシア陸軍省に本部を置くことはもはやできなかった。そこでカミングは、ロシア国外にロシア対策本部を設置するという大胆な決断をした。レーニンのボリシェヴィキが本部を構えるペトログラードからそれほど遠くないストックホルムに支局を構えたのだ。

ストックホルム支局長にはジョン・スケールという元陸軍少佐が選ばれた。彼はラスプーチン殺害にも関与していた。

「長身の美男子。博識で知的なうえ、物腰が丁寧で誰からも好かれた」と彼をよく知る人物が述べている。支局設立から数か月後には、スケール少佐がやり手であることは誰の目にも明らかだった。

彼の表向きの肩書きはスウェーデン駐在のイギリス大使館員だったが、これはストックホルム支局長として活動するための隠れ蓑にすぎない。彼の仕事は、ロシア国内にいるカミングの諜報員たちに資金と情報を与え、後方支援をすることだった。

さらにカミングは、モスクワに連絡係を置きたかった。ストックホルムのスケール少佐と、ロシア国内にいる諜報員の両方と連絡を取れるような人物だ。この仕事は銀髪の中尉アーネスト・ボイスに任された。軍事的な破壊活動に多く携わってきた人物である。

ロシア国境の外側に支局を設置するというのはなかなか良いアイデアだった。ストックホルム支局は実にうまく機能したので、すぐにほかにも小規模な支局が作られた。ヘルシングフォルス（ヘルシンキ）、リガ、リーバウ［現在のラトビアのリエパーヤ］、カウナス［リトアニアの元首都］、レバル［現在のエストニアの首都タリン］などだ。

ロシアと国境を接するスカンディナヴィア諸国の辺境の駐屯地にも、さらに分局を設置した。そうした分局で働く者たちはその土地にくわしく、イギリスの諜報員が密かにロシアに出入国する手助けをした。彼らが偽の証明書や公印（官公署の印）を用意してくれたおかげで、カミングの諜報員は逮捕されずにペトログラードやモスクワにたどり着けるようになった。

◉チェカー（ロシア秘密警察）

カミングがロシアの諜報活動システムを再構築していた頃、レーニンは独自の諜報機関を創設しようとしていた。

「チェカー」――正式名称は「反革命・サボタージュ取締全ロシア非常委員会」――と呼ばれるその機関は、ボリシェヴィキが権力を掌握してから六週間もしないうちに設立された。そもそも創設当初から、チェカーは反革命勢力を完膚なきまでに叩き潰すための手段とみなされていた。ロシア市民であろうが、外国のスパイであろうが容赦なかった。

すぐにチェカーはロシアにいるカミングの諜報員の強敵となり、彼らを見つけ出して正体を暴くことに多くの時間をさいた。チェカーは国の予算を自由に使えるので、手強い敵になることは間違いなかった。

チェカーの初代議長（長官）であるフェリックス・ジェルジンスキーは、「今や戦争であり、四つに組んで、勝負がつくまで戦う」と語っている。彼は「鉄のフェリックス」として同志たちに知られていたが、そう呼ばれるだけの理由があった。レーニンの腹心の部下であるこの人物はきわめて冷酷かつ無慈悲だったからだが、そもそも感情というものを持ち合わせていないかのようでもあった。

「礼儀正しく、静かな話し方をする。しかしユーモアのかけらもなかった」とロックハートは述べている。ジェルジンスキーは血色の悪い顔に濃い黒い口ひげを生やし、黒々とした髪を短く刈り込んでいた。

「最も目立つのは、彼の目だった。深く落ち窪んだ目は熱狂的な炎で輝いていた。まったく瞬《まばた》きをしないので、まぶたが麻痺しているのかと思った」

ジェルジンスキーに会った人は誰でも、そのぞっとするような風貌に恐怖を覚えた。何事につけ、おじのような存在であったカミングとは、物腰や気質という点で正反対のタイプだったと思われる。

ジェルジンスキーの名前はのちに恐怖の代名詞となり、ロシアの町をおびただしい血で染めることになる。不思議なことに、彼の前半生にはその後の人生につながるようなものはまったく見つからない。彼はロシア人でもなければ、レーニンが大絶賛するプロレタリアート出身でもなかった。それどころかポーランド貴族の息子であり、敬虔なカトリック教徒の家庭で育っているのだった。

信仰は熱烈で、幼い頃の夢はカトリックの司祭になることだった。しかし自らの生い立ちに反発を覚えるようになると厚い信仰心をすべて反体制運動へ向け、シベリアに流刑されて十年が過ぎた頃、ボリシェヴィキが権力の座に就いた。自由の身となった彼の復讐の時が来たのだ。やがて彼は、ボリシェヴィキ一の死刑執行人となる。

チェカーの綱領には、ボリシェヴィキの敵であればいかなる者にも——たとえ外国からやってきた敵でも——攻撃を加えるべしと明記されていた。「地域のいかんを問わず、ロシア全土の反革命およびサボタージュの陰謀や行動をすべて抑圧し、一掃すること」がチェカーの目的だったからだ。

チェカーは軍事組織を持つ諜報機関として機能することになり、ボリシェヴィキの敵が増えるにつれて急速に拡大していった。創設後の最初の数週間は部員が五名程度しかおらず、彼らのくわしい履歴書はジェルジンスキーの書類カバンに十分に収まった。ところが一九一八年一月半ばには百名を超え、その権限は拡大し、反革命勢力の容疑者を即決裁判にかけて処刑する権限まで持つようになった。

さらに敵を一掃するために、赤衛隊（赤軍の前身）の一部隊も与えられた。[*] やがて一九一八年三月にモスクワがボリシェヴィキの新しい首都になり、チェカーの本部がモスクワに移転する頃には、六百名を擁する組織になっていた。

＊　十一月革命後の赤衛隊の役割は主に治安維持だったので、必然的に反革命勢力の取り締まりをした。その結果、最大規模のペトログラード赤衛隊のリーダーたちの中にはチェカー創設に参加した者もいた。また隊員の一部もチェカーに加わった。（訳者注）

一九一八年四月十一日、夜。チェカーはその残忍ぶりをいかんなく発揮した。ジェルジンスキーはモスクワのアナーキストを叩き潰したいと前々から思っていた。アナーキストたちは主要なモスクワの建物を占拠し、あたりを恐怖に陥れていた。ジェルジンスキーは彼らの二十六か所の拠点を慎重に監視したのちにチェカーを派遣し、武装した護衛兵を援軍としてつけた。武力行使を許可された彼らは、己の有能さをいかんなく発揮し、任務が完了する頃には四十名のアナーキストを殺害、五百名以上を逮捕した。

ジェルジンスキーは、その現場をロックハートに見せた。自分は本気だと警告しようとしたのだろう。「そのおぞましさは筆舌に尽くし難かった」とロックハートは襲撃された建物をつぶさに見てまわったときのことを記している。「オービュソン［絨毯やタペストリーの製造で有名なフランス中部の町］の絨毯はワインの染みと人間の排泄物で汚れ……死体はその場に放置されていた」

ある屋敷では、チェカーが乗り込んだときは酒宴の最中だったようだ。「ご馳走が並んだ長いテーブルはひっくり返され、割れた皿やコップやシャンパンの瓶が、血の海とこぼれたワインの中に浮かんでいた」

床に倒れていた女性の首には銃弾の跡がひとつ残っていた。「プロスティトゥートカ（売春婦）です。ひょっとしたら、このほうが彼女にとって良かったのかもしれない」とロックハートを案内しているジェルジンスキーの部下が言い放った。

ロックハートは惨劇の跡を見て言葉を失った。「それは忘れがたい光景だった。ボリシェヴィキは規律を確立するために第一歩を踏み出したのだ」

とはいえ、チェカーは殺害すべき相手をすべて、そうやすやすと見つけられたわけではないだろう。ジェルジンスキーがモスクワで取り締まりを強化していたちょうど同じ頃、カミングはロシアに送りこむ新しい諜報員の面接をしていた。その中には、やがてスパイの世界で伝説となる人物がいた。

彼の名前はシドニー・ライリー。味方と敵の両方から「最強のスパイ――ライリー」として知られるようになる。

第2部

一流のスパイたち

第5章 シドニー・ライリー

◉シドニー・ライリー登場

シドニー・ライリーはサヴォイホテルから、明るい春の日差しの通りに出た。彼はロンドン滞在中はサヴォイホテルのダイニングルームで昼食を取ることにしている。会員制クラブのような雰囲気があり、彼がなりすましている人物に相応しい場所だった。彼は育ちの良いイギリス紳士を演じるのが好きだった。

ライリーはストランド通りをゆく人々に目を配ったりせず、ただタクシーが来るのを待っていた。一九一八年のこの美しい三月の午後に、不審なことや面倒なことが起こるなどとは考えてもいなかった。

だがもし肩越しに後ろを見たら、尾行されていることに気づいただろう。何者かが数時間も前から彼を尾行して行動を記録し、サヴォイホテルの従業員に彼のようすについて尋ねていた。

ライリーを尾行している男はＭＩ５――国内防諜担当の軍情報部第五課の諜報員で、ライリーがよく出入りする場所の情報を集めていた。

ライリーの尾行を依頼したのは、マンスフィールド・カミング。ライリーをロシア担当の諜報員として採用しようと考えていたカミングは、彼は信頼に足る人物であるという絶対的な確信が欲しかった。また、諜報活動に向いているかどうかも知りたかった。ロシアの新政権の中枢から情報を入手するという仕事は、困難で危険きわまりなかった。

カミングは過去四年間、新人の採用に難儀したことはなかった。一進一退の戦争にうんざりした優秀な青年将校にとって、諜報活動は歓迎すべき気晴らしになったからだ。

「外から見ると、諜報活動そのものに魅力――ロマンスや冒険といったうっとりするような雰囲気――があるのだろう。だから何十人もの若者が志願してみたくなるのだ」と諜報活動のプロであるヘクター・バイウォーターは述べている。

だがカミングは、ロシアに送り込む諜報員の採用には以前にもまして慎重になった。ロシアに残ったサミュエル・ホアの部下がいずれ追放される日が来ることは火を見るよりも明らかだ。ジャーナリストのアーサー・ランサムや、ロシアに軍事顧問として派遣されているジョージ・ヒルなどのイギリス軍将校も同様だろう。だからこそ、そんなロシアで熱心にスパイ活動ができそうな新人を採用する必要があった。

まずペトログラードに住むイギリス人コミュニティーの中から探すのが手っ取り早かった。その町で事業を起こしたイギリス人一族は、ロシア語が堪能なうえ幅広い人脈を持っていた。実際、諜報活動に積極的に関与している者もいた。しかしカミングは対象を広げ、完璧なロシア語を話せ、さらに人混みの中に自然に紛れ込めるような人間を探すうちにシドニー・ライリーにたどり着いた。派手な実業家で、数か国語を話せ、女性にもてる男だった。

ライリーは第一次大戦中はほとんどニューヨークで暮らした。武器の輸出を手掛け、少なくとも二百万ドルの財を成した。武器商人としてロシア帝国陸軍にも軍需品を売っていた。

しかしながら金儲けをしているうちに良心の呵責を覚えるようになり――と本人は主張している――前線勤務を決意するようになった。ニューヨーク支局の諜報員ノーマン・スウェーツによれば、一九一七年秋にライリーのほうからスウェーツに近づいてきて、「戦争で己の本分を尽くしたい」と語ったそうだ。

スウェーツはのちに正直に述べているが、ライリーの堂々とした人柄やはっとするような美男子ぶりに圧倒されたそうだ。「彼の容貌には目を奪われた。浅黒い肌、高いまっすぐな鼻、射抜くような目、オールバックにした黒い髪、聡明さを物語る額」。スウェーツには、ライリーが「圧倒的な力を持った男」に映った。

ライリーの語学の才には会った人の誰もが驚いたが、彼が瞬時にキャラクターを変えられることにも仰天した。彼は生粋のロシア人にも生粋のドイツ人にもなりすますことができ、人混みに完璧に紛れ込むことができた。「立ち居振る舞いが魅力的なだけでなく、話題豊富で非常に人付き合いのよい人物だった」とスウェーツは記している。

実はライリーはすでにカミングのストックホルム支局長ジョン・スケール少佐の目にとまっており、諜報員の有力候補としてその名が挙がっていた。スケールもカミングにライリーを推薦し、ロシア国内の諜報活動に打ってつけの人物かもしれないと言い添えた。

カミングはふたりの話を聞いて大喜びしたものの、あくまで慎重だった。ライリーに仕事の打診をする前に、ニューヨーク支局のほかの諜報員に彼の身辺調査を依頼した。すぐにライリーの別の顔が明らかになったが、スウェーツの描いた人物像とはかなり違っていた。第一次世界大戦が始まった頃の彼を知る者は、破廉恥で貪欲で不実な人間と評していたのだ。

「〔彼は〕ロシア帝国陸軍の装備調達部の人間を買収し、そのコネを利用して戦争開始直後から金儲けをしてきた。本件の仕事を任せるには、彼は信頼性も適性も欠ける」とある報告書は結論づけている。

ニューヨークからの別の電文では、ライリーは「並はずれた能力を持つ抜け目のない商売人だが、愛国心も節操もない。ゆえに忠誠心を要求される仕事はいかなるものも、候補者として推薦することはできない。彼ならば自分自身の金儲けのために、その仕事を躊躇なく利用することだろう」と書かれていた。

こうした情報を得てライリー採用の決心がつきかねていたカミングは、ホワイトホール・コートでのライリーとの面接の数日前から、ＭＩ５にライリーを尾行させることにしたが、とくに目新しい情報を得ることはできなかった。ライリーはいつもタクシーで移動していたので、尾行の名人の彼らも交通渋滞に巻き込まれ、ライリーを見失ってばかりいた。

しかし、たとえ彼らがライリーを見失わなかったとしても、興味を引くようなことは発見できなかっただろう。ライリーはザ・サヴォイやザ・リッツ・ロンドンなどの高級ホテルや、セント・ジェームズ・ストリートにあるソロモンズ――ここでスーツのボタンホールに差す飾り花を購入――以外の場所を訪れることはめったになかったのである。

ライリーは毀誉褒貶がはなはだしい。それは現存するＭＩ５の報告書でも散見できる。「非常に立派な人物。請求されたものはきちんと支払い、サヴォイホテルやバークリーホテルで食事をする」と書かれた報告書もあれば、「国際的に暗躍する詐欺師グループのひとりである」と書かれ、「ロシア領ポーランド生まれと思われる」と追記された報告書もあった。

ライリーの出生地については多くの説がある。ライリー自身が自分の出生について、いくつものストーリーを作り上げているからだ。自分の父親はアイルランド人船長、アイルランド人聖職者、ロシア人貴族と、毎回違う答えをした。だが彼の最初の妻が聞いた話は、そのどれにも該当しなかった。ライリーはロシア領ポーランドの裕福な地主の家に生まれたと、彼女は信じていた。

実はライリーはロシア領ポーランドの出身でもなければ、そもそもの姓もライリーではなかった。彼は一八七四年にロシア南部のオデッサで生まれ、ジグムンド・ゲオルギエヴィチ・ローゼンブリュムという名前だった。両親ともにユダヤ人だったが、カトリックに改宗していた。

ローゼンブリュムは何らかの理由で十代後半にオデッサを逃げ出した。その後の二十年間の詳細は不明である。インドでコックや港湾労働者や鉄道技師をしていた、ブラジルでポン引きをしていたといった作り話をしているが、確かな証拠はない。また日本政府のスパイとして働いていたとも言われている〔一九〇〇年代にロシア公使館付陸軍武官であった明石元二郎のために働いていたという説があるが、否定する者も多い〕。このように若いうちから諜報活動に従事していたという話が多く残っているが、どれも立証されていない。

ライリーは友人のディナーパーティーで、イギリス陸軍の探検隊を案内してアマゾン熱帯雨林に分け入ったときの武勇伝を語って、宴を盛り上げることがよくあったそうだ。探検隊が現地人に襲われたとき、彼はひとりで敵を追い払い、将校全員の命を救ったという。ライリーの話の多くがそうであるように、きっとこれもまた誇張された、真実とは程遠い話なのだろう。

一八九九年の夏にロンドンにやってきたライリーは、最初の妻マーガレットとホルボーン結婚登記所で式を挙げた。ライリーという名は彼女の姓から取ったもので、それ以後、本名のローゼンブリュムが使われることは一切なかった。

第一次世界大戦が始まるとライリーはニューヨークへ向かい、妻がいるにもかかわらずナディーン・マシーノと結婚、一緒に暮らし始めた（アルコール中毒気味のマーガレットはイギリスに船で送り返された）。

どの報告書にも、彼には性的魅力があり、女好きで、ナルシシストであると記されている。実際、次々と美女が現れ、彼の魅力の虜になっていった。一夫一婦制は彼には向かなかったようだ。女性の好みはうるさかったにもかかわらず、プラガーという名の、どこにでもいるような尻軽女とロンドン中を遊びまわったりもした。

ライリーの三番目の妻はペピータ・バートンというボードヴィルの女優だ。ベルリンのホテル・アドロンでライリーに初めて会ったとき、彼の物憂げな栗色の瞳に心を奪われた。「あの日に見つめられた瞬間、私の体に快い戦慄が走った」。御多分にもれず、彼女もまたライリーに夢中になった。

しかしライリーは問題を抱えており、マンスフィールド・カミングをずっと悩ますことになる。実はライリーはギャンブル狂で、しかも無謀と言ってよいほどであった。自分の持ち札に有り金をすべて賭けるような見栄っ張りな賭け方をするタイプだった。

またライリーが豪語する野望には、誰もが驚かされた。彼はボリシェヴィキを唾棄し、レーニン政府の転覆をすでに夢見ていた。そして、レーニンを倒したあとに誰を立てるべきかという点については、鏡さえ見れば答えは出ているのだった。

「ライリーのあらゆる努力の裏には、いつか自分が共産主義というぬかるみと混沌からロシアを救い出すという信念があった。ナポレオンがフランスのためにしたことを、自分はロシアのためにするのだと信じていた」とノーマン・スウェーツは述べている。

ライリーは昔からナポレオンに自分を重ね合わせていた。夢想《ファンタジー》を現実にすることに心を奪われた人間特有の、危険な類似だ。彼はこの英雄に夢中になるあまり、彼にまつわる品々を集め、尨大なコレクションを誇っていた（とうとう手放すことになったとき、それは十万ドルという驚くべき金額で売れた）。

カミングは一九一八年三月十五日にライリーを面接したが、そのときにはライリーの怪しげな経歴の概要はすっかり頭の中に入っていた。候補者の面接では、カミングはたいてい友好的ではあるが形式的な応対をしたので、ライリーだからと言って特別な応対をしたとは考えにくい。カミングはライリーにロシアでのコネや政治的なつながりついて質問したに違いないが、会話の内容は不明だ。カミングはライリーの面接を日記で簡単に触れている。ライリーが魅力的な人物だということはわかったが、不安も感じていたのは間違いない。「きわめて聡明だが、かなり疑わしい――この男はあらゆる場所を放浪し、あらゆることに手を染めてきた」

ライリーの問題解決能力の高さは、彼を押すうえで重要なポイントだった。彼は不慣れな環境でも、周囲に溶け込むのがとてもうまかった。「優秀な諜報員は自分の居場所を確保し、そこに留まり続けなければならない。そして孤独や恐怖に耐え、興奮した態度や得意げなようすをみじんも見せない」とヘクター・バイウォーターは述べている。

ライリーはまさにこのタイプの人間だったので、カミングは彼の欠点には目をつぶり、ロシアに送り込もうと決意した。とはいえ、彼を雇うのは「大ばくちだ」とも認めている。

「〔彼は〕五百ポンドの紙幣と、なかなか手に入らない七百五十ポンド相当のダイヤを持っていくことになる」とカミングは日記に記している。

イギリス政府は一か八かの賭けに出ようとしていた。現在なら五万ポンド相当の金をライリーに持たせることになるのだから。

◉ライリー、ロシアへ潜入

マンスフィールド・カミングと面接して十日後、今や「ST1」——「ST」はストックホルム支局を表す——というコードネームを持つライリーは、ボリシェヴィキが支配するロシアへと旅立った。計画では、白海に面するアルハンゲリスク港からロシアに入国し、陸路で新しい首都モスクワに向かう予定だった。

一方、カミングは古都ヴォログダ（アルハンゲリスクから南へ五百キロ）にいる諜報員と連絡を取り、ライリーがじきに到着することを伝えた。「ユダヤ系日本人といったタイプ。茶色の目は飛び出ていて、深いしわのある顔は黄ばんでいる。ひげを生やしているかもしれない。身長は百七十五センチ」とライリーのことを描写している。

「身分を証明する暗号文を携帯している……職業を問えば、『ダイヤモンド買付け業』と答えるだろう」。偽の職業をかたっても、大きなダイヤを十六個も持っていれば信じてもらえる。

ライリーは旅の前半は本名で通した。ロンドンを発つ直前に、マクシム・リトヴィノフ——ロンドン駐在のボリシェヴィキ政府の唯一の代表者——が発行する正式な就労ビザを得ていた。リトヴィノフは一九一七年に起きたふたつのロシア革命の後もイギリスに残ったロシア人グループのひとりで、ロバート・ブルース・ロックハートと似たような役割を演じていた。

彼は、ライリーがスパイとしてロシアに送られることに気づきもしなかったし、ましてや彼がボリシェヴィキを毛嫌いしていることなど知る由もなかった。リトヴィノフはライリーの言葉を真に受け、ロシアの新政府の役に立ちたいと考えている本物のビジネスマンと思い込んでいた。

ライリーの旺盛な独立心がむくむくと頭をもたげたのは、最終目的地であるモスクワに着くかなり前のことだった。彼はカミングの指示どおりにアルハンゲリスクで下船せず、その手前のムルマンスク港で下船してしまった。そこからペトログラードまで直行列車が出ていることを知っていたからかもしれないが、彼の姿はすぐに人目を引いた。ムルマンスク港にはイギリス海兵隊の小隊が派遣され、協商国側の大量の軍需品がドイツ軍の手に渡らないように警備していた。彼らはライリーを直ちに逮捕し、取り調べが終わるまでイギリス海軍艦船グローリー号に拘留した。

幸運なことに、カミングの諜報員のひとりであるスティーヴン・アリーがたまたまムルマンスクにいた。海兵隊の兵士はアリーをグローリー号に呼び出し、到着したばかりのこの怪しげな男について意見を求めた。「彼のパスポートは疑わしく、名前の綴りがＲＥＩＬＬＩ［正しい綴りはＲＥＩＬＬＹ］になっている。さらにどう見てもアイルランド人には見えないために逮捕された」とアリーは記している。

ところがライリーは自分の身分を証明することに成功する。薬瓶の栓を開け、極小文字の暗号文を取り出したのである。それが自分たちの組織の暗号文だとすぐにわかったアリーは、ライリーの身分を保証した。ライリーは釈放され、自由に旅を続けることができるようになった。

一方アリーはライリーとは逆方向のロンドンに戻ったが、このときはちょっとした嫌疑をかけられていた。理由は不明だが、彼はカミングからすでに解雇されていた。後年のことだが、すでにレーニンの最高幹部だったヨシフ・スターリン暗殺命令を受けていたが、遂行しなかったために解雇されたとアリーは主張して、一大センセーションを巻き起こした。

「私はいつも命令に従ったわけではない」とアリーは認めている。「かつて私はスターリンの暗殺を命令された。あの男のことはあまり好きではなかった……〔だが〕彼のオフィスに入り、彼を殺すと考えると不快な気分になった」

ライリーはまっすぐモスクワに向かうはずだったのだろうが、仕事に役立ちそうな多くの旧友に会うため、ペトログラード行きの列車に乗りこんだ。一九一五年以来、数年ぶりにペトログラードを訪れたライリーは、町が様変わりしたことに驚いた。町には戦争と革命の深い傷跡が残り、かつての帝都の大通りには、腐敗した空気が悪臭を放つ布のように覆いかぶさっていた。

「通りは汚らしく、酒臭くてごみごみし、屋敷はどれも荒れ果てていた。通りをきれいにしようという気がないのか、ゴミと残飯が散らばっていた」

ライリーが三年前に訪れたときは、パンを買う人々の行列をよく見かけたが、「今や……パンの行列はあるものの、食べ物そのものがまったくなかった」

しかし何よりも気がかりなのは、創設されたチェカー（秘密警察）の存在だった。彼らはどの街角にも潜んでいるように思えた。「警官はいないくせに秘密警察の人間はいた。ロシアは秘密警察に完全に支配されていた」とライリーは述べている。チェカーのトップであるジェルジンスキーの有能さは証明済みで、ほんの数か月前に創設されたばかりだというのに、すでにチェカーは市民生活に災いをもたらす存在になっていた。

ライリーは人の注意を引かないように気を配った。なぜなら彼が最も避けたいのは、自分の存在がレーニンの秘密警察に知られることだったからだ。彼は尾行されていないことを祈りながら、旧友のエレナ・ボユゾフスカヤの家へと向かった。やっと彼女のアパートに着いたときには、「全身に冷や汗」をかいていた。

「尾行されていないことを確かめてから、屋敷の中に入った。私が足を踏み入れたのは古代の壮大な共同墓地だったのかもしれない。というのは私の足音が何度も反響したからだ」。エレナが在宅していてライリーは心底ほっとした。彼女は温かく迎えてくれた。

ライリーはロシアに入国してからは、あらゆる事態に備えて準備をしていた。本物のパスポートを使って入国した彼は、できるだけ長いあいだ、シドニー・ライリーのままでいるつもりだ。だがもし必要なときが来れば、名前を変え、変装して暮らす準備もできている。

彼はペトログラードにいるあいだはエレナのアパートに居候し、その間にいくつかの異なった人物になりすます準備を始めた。モスクワ用とペトログラード用にひとりずつ、しめてふたりの主要な人物になりすまそうとした。ペトログラードでは、コンスタンチン・マルコヴィチ・マシーノという名のレヴァント［トルコ、シリア、レバノン、イスラエル、エジプトを含む東部地中海沿岸地方］商人を装うことになるだろう。マシーノという名は二番目の妻ナディーンの姓だ。彼がなりすまそうとしている数か国語を操る商人にぴったりの名前だった。

このマシーノというレヴァント商人の変装が誇らしくてたまらなかったのか、ライリーは記念写真を撮った。そこにはポマードでなでつけた髪に、豊かなあごひげの裕福なレヴァント商人が写っている。

モスクワでは、ライリーは別の人物になりすますことにした。成功したギリシャ人実業家のミスター・コンスタンチンだ。住まいはチェレメテフ通り三番地。ここは昔からの友人の姪、女優のダグマラ・カロズスの家だ。

もっとも、ある人物から別の人物に成り変わるのはこのうえない危険が迫ったときだけだ。チェカーに、ミスター・コンスタンチンとマシーノとライリーが同一人物だと思わせないようにしなければならない。

変装するのに最も安全な場所は、ペトログラードからモスクワまでの列車の中だとライリーは判断した。彼はレヴァント商人の服を着たムッシュ・マシーノとしてペトログラードを発ち、ギリシャ人実業家のミスター・コンスタンチンとしてモスクワに降り立った。

のちにイギリスの諜報員たちはこの手法を踏襲し、チェカーに一歩先んじるために絶えず別の人物になりすました。

ライリーはペトログラードに一か月滞在し、将来役に立ちそうな人たちとの旧交を温めた。「この町には友人が大勢いた。到着したときには誰を訪ねるべきかよくわかっていた。私には絶対に信頼でき、協力を仰げる人が二十人以上いた」

そうした信頼できる友人たちは、ライリーが困ったときには隠れ家を提供してくれた。彼らの存在なくして、ライリーの諜報活動の成功はありえなかっただろう。

友人の中で最も重要な人物は、高名な弁護士アレクサンドル・グラマチコフだった。彼はレーニンと親しい。ボリシェヴィキの幹部たちは彼を最も忠実な支持者として信用していた。彼がかつてロシア帝国の秘密警察で働いていたという疑惑が浮上したときも、レーニン自身が口をはさんで彼を守った。

彼らは知らなかったのだが、その疑惑は真実だった。グラマチコフは新体制に密かに敵意を抱き、それを弱体化するためなら全身全霊を捧げる覚悟だった。

「〔彼は〕ロシアで進行中の出来事の、生々しく恐ろしい報告をしてくれた。新しい支配者たちは、歴史に類を見ないような血に飢えた恐怖政治を行なっている」。ロシアは「犯罪者集団や精神病院から解放された狂人たちの支配下にある」とグラマチコフは自分の考えを述べた。

グラマチコフは新政権の最高幹部の何人かとコネがあり、最高軍事会議のメンバーであるミハイル・ボンチ＝ブルエビチ将軍〔元ロシア帝国陸軍少将。革命後ボリシェヴィキを支持し、赤軍の将軍となる」とはとくに親しかった。将軍はグラマチコフと同じく愛書家で、彼の蔵書の一部を買いたいと最近連絡してきた。

グラマチコフはこれを、ペトログラードからモスクワへライリーを移動させる好機ととらえた。特別な通行証がないと列車の旅はできなかったので、彼は将軍に、通行証が二枚あれば自分で本を運んでいけると告げた。将軍は何も聞かずに通行証を二枚発行してくれた。数日後の五月七日、グラマチコフとライリーがモスクワ駅で列車から降りる姿が見られた。

◉新首都モスクワでの諜報活動

シドニー・ライリーには性格的な問題が多々あったが、最も懸念すべきなのはボリシェヴィキへの激しい憎悪だった。

確かにカミングの諜報員の多くはレーニンの思想を唾棄し、「ボリシェヴィキ一掃クラブ」を結成するほどだった。彼らは定期的に集まり、ボリシェヴィキの脅威の実態について語り合った。

彼らの大半はボリシェヴィキの思想（ボリシェヴィズム）を、外科医が患者の腫瘍を見るときと同じように、冷たく客観的にとらえていた。つまり、「切除すべきもの」と考えたのだ。

ところがライリーのボリシェヴィキへの憎悪はあまりに激しく、彼らを客観的にとらえることができなかった。「ボリシェヴィキの思想は……資本家階級（ブルジョワジー）の血にまみれ」、その指導者たちは「犯罪者、暗殺者、殺人者、殺し屋、悪党」である。

ライリーがロシアの新しい支配層を憎悪するひとつの理由は、彼が社会的にも知的にも俗物だったからだ。世の中はピラミッド型の階級社会で成り立っており、自分はその頂上のごく近くにいると彼は考えていた。ところがボリシェヴィキはこのピラミッドをひっくり返し、社会の最も虐げられた人々を彼らの階級に迎え入れてしまった。これがとくに気に食わなかった。「読み書きのできる者は非難の目で見られ、文盲は無条件に虐げられた者とみなされた。今や彼らの時代が到来したのだ」

ライリーにとって、教育をろくに受けていない大勢の人間が権限のある地位につくのは不快なことだったが、しかしそのおかげでロシアに入国した最初の数か月はかなり得をしていた。というのは、自ら認めているように「相当怪しげな」書類を持って国中を旅行していたライリーは、「読み書きのできない役人たちが、いかにも訳知り顔に書類を入念に調べる場面にたびたび出くわした」からだ。モスクワでさえ、下っ端の役人の多くは文盲で、さまざまな通行証やビザが本物かどうかを見分けられなかった。

ボリシェヴィキの新しい首都を見たライリーは愕然とした。モスクワは、彼らが権力の座に就く端緒となった十一月革命の市街戦でかなり被害を受け、その流血の惨事の跡が至るところに残っていた。

「呪われた町ではまずめぼしいものから略奪されたが、今や略奪すべき何物も残されていない有様だった。下層階級の連中は暴れ騒ぎ、流血と破壊を渇望した。しかし今、彼らは怖じ気づき、おびえている。例外はボリシェヴィキに属する少数の者だけだ」

町には恐怖心が蔓延し、すでに人々の生活に影を落としていることにもライリーは驚いた。誰もが口を閉ざして日々の生活に耐え、秘密警察の余計な注意を引かないように裏道をこそこそ歩いているかのようだった。「至るところに――音もなく密かに、残忍に、そして脅かすように――チェカーの深紅の影が覆いかぶさっている。新しい支配者たちがロシアに君臨しようとしている」とライリーは記している。

ライリーはペトログラードにいるときは偽の人物になりすまして生活し、通りや市場を歩きまわった。彼はマシーノを冷静に演じ、チェカーの精鋭部員ですらだませるという自信を抱いた。しかしモスクワに来てからも本名を捨てる気はまだなかった。イギリス首相の正式な特使であるシドニー・ライリーとして、いつもの大胆さで、まずクレムリンに出かけていくつもりだった。はったりだけでレーニンと直接面会できるかどうかを彼は知りたかった。

この綱渡りのような方法でライリーがいったい何をしたかったのかは不明である。殲滅すべき相手を自分の目で確かめたかっただけなのかもしれない。確かに彼には危険なゲームを生きがいにし、恐ろしい場所に飛び込むのを楽しむようなところがあった。理由は何であれ、それは彼の無謀で自己中心的な性格のなせる業だ。ライリーはこの計画を誰にも――カミングにも――知らせなかった。彼は一匹狼の諜報員として行動することを好み、自分以外の誰も頼りにしなかった。

当日、最初は何もかもうまくいった。ライリーは正装してクレムリンの正門まで歩いていき、自分はイギリス首相デビッド・ロイド・ジョージの私設特使であると歩哨に告げ、レーニンとの面会を要求した。

ライリーの態度は堂々として説得力があったにちがいない。すぐに入構を許され、まずレーニンの側近と会うように言われた。ところが建物に入るやいなや、門の警備担当の役人がこの招かれざる特使の身元を調べ始めた。

モスクワにライリーがいることは、イギリス大使館の残留組の職員にはまだ知らされていなかった。一方、すでにモスクワに移り住んでいたロバート・ブルース・ロックハートはその日の夕方の六時に副外務人民委員（外務次官）のレフ・カラハンから電話を受け、話を聞いて面食らった。カラハンの話は衝撃的だった。「本日午後、あるイギリスの政府高官がクレムリンの正門まで堂々と歩いてきて、レーニンに面会したいと要求した」

カラハンはさらにくわしく説明したのちに、この男は身分を詐称しているのかと尋ねた。カラハン同様に困惑していたロックハートは、もっと具体的な情報を求めた。するとその男の名前は「レリー」だと教えられた。

その名を聞いても、ロックハートには心当たりがなかった。「その男はイギリス人をかたるロシア人か、さもなければ正気を失った男にちがいないと、うっかり口走りそうになった」

しかしながらロックハートは、カミングがロシアに新しい諜報員を送りこもうとしていることを知っていたので、もしやと思い、黙っていた。「この苦い経験から……いかなる不意の出来事にも冷静に対処しなければならないことを学んだ。そしてうろたえていることを悟られないように、調べてみようとカラハンに答えた」

その男について何か知っていそうな人間がひとりだけいた。アーネスト・ボイスだ。彼はモスクワにいるカミングの諜報員のまとめ役で、大規模なストックホルム支局との連絡係をしている。ボイスならこの謎に満ちた男の正体をきっと知っているだろう。

ボイスもライリーのクレムリン訪問の話を聞いて困惑はしたが、「その男は新しい諜報員で、イギリスから到着したばかりだ」と冷静に答えた。

ロックハートは予め知らされていなかったことに腹を立て、「激しい怒りを爆発させた」。ライリーは自分のところに釈明に来るべきだとロックハートは主張した。

次の日にライリーはロックハートに会いにきたが、騒ぎを起こしたことへの謝罪はなかった。それどころか、ロックハートが立腹していると知って驚きを口にした。「この男の大胆不敵さにはあきれるばかりだ。彼は私よりもかなり年上だったが、私は彼に諭すように話し、本国送還もありうると警告した」と、腹を立てたロックハートは記している。

四十五歳のライリーは、十四歳年下のロックハートに叱責されるというこの状況を楽しんでいた。彼はすでにロックハートに好意を抱いていた。人の心をつかむのがうまい彼は、ロックハートを懐柔しようとした。「その男は謙虚に、だが冷静に自分への叱責を受け止めた。その弁解があまりにも独創的だったので、とうとう私は笑い出してしまった」

ロックハートは自分でも認めているように、向かいに座っているカメレオンのような人間に魅了されてしまった。ライリーこそ、彼が密かになりたいと願っていたタイプの男だった。「私の人生に突如入りこんできたこの男こそ、英国情報部の謎の男——シドニー・ライリーだった。彼は今日では、イギリスの超一流のスパイとして外の世界でも知られている」とのちにロックハートは回顧録に書くことになる。ライリーの話はどれも「私の想像力をかき立てる大がかりなものだった」

ライリーは二日後にクレムリンを再訪した。今回は友人であるグラマチコフと一緒だったので、ミハイル・ボンチ＝ブルエビチ将軍への謁見を許された。将軍は最高軍事会議の軍事部長であり、「ボリシェヴィキ全組織のブレーン」である。

ライリーは将軍を前にして熱弁を振るった。彼はボリシェヴィキのシンパのように振る舞い、「ボリシェヴィキの思想に関心があったので、その勝利に導かれて自分はロシアに戻ってきた」と語った。

「まったくそのとおりだった」とライリーは回顧録に記している。もっとも、勝利を祝うために戻ってきたわけではないが。

ライリーは将軍からふたつの重要な情報を探り出したかった。ひとつ目は、ロシアはもはや交戦国ではなくなったドイツとどのような関係にあるのかということ。ふたつ目は、ボリシェヴィキの指導者のあいだで意見の対立はないのかということだった。

すぐにライリーは、指導者たちの意見がまっぷたつに分かれていることを知った。将軍自身は、ボリシェヴィキの同志たちがドイツ最高司令部に譲歩したこと、つまりブレスト＝リトフスク条約*に調印したことに腹を立てていた。将軍はライリーに気を許したのか、外務人民委員のゲオルギー・チチェーリンは「ドイツに買収」されてしまったのではないだろうかと、思わず口にした。

＊　一九一八年三月に締結されたドイツとロシアとの単独講和条約。ロシアはこの条約でウクライナとバルト三国などの領土を放棄したことにより、石炭、鉄、小麦などの豊富な資源と帝政時代の人口の約四分の一を失った。しかし、一九一八年十一月にドイツの降伏により第一次世界大戦が終結し、連合国とドイツとのあいだでヴェルサイユ条約が締結され、この条約は消滅した。（訳者注）

ライリーは、すでに新体制に存在する派閥抗争を垣間見る思いだった。彼の目的のひとつはロシアを戦争に引き戻すことだったが、これはかなわぬ望みではなさそうだ。数名のボリシェヴィキ最高幹部もライリーと同じことを望んでいたからだ。

それから数週間にわたり、ライリーは将軍のご機嫌取りに励んだ。そして新政権の中にコネができるとどんなに有利かがよくわかった。彼らはレーニンの側近を紹介してくれた。「ブルエビチ将軍以上にわれわれのために尽力してくれた人物はいなかっただろう」。将軍はライリーがボリショイ劇場で開かれる第五回全ロシア・ソビエト大会を見学できるように入場許可証を用意してくれた。

ライリーはマンスフィールド・カミングに、ボリシェヴィキの幹部たちの強みと弱みを詳述した報告書を送り続けた。ボリシェヴィキの権力掌握はほぼ完了し、彼らは「ロシアの唯一の権力者」だとライリーは報告書の中で認めたが、同時に敵対勢力が力をつけつつあることも明らかにした。「しかるべく援助がなされれば、〔それが〕最終的にボリシェヴィキ転覆につながるだろう」

ライリーは対ロシア両面作戦を提案した。第一の緊急になすべき作戦は、ロシア北部の港にある三国協商国の武器庫を警護すること。これには相当数のイギリス軍を上陸させる必要があるだろうし、上陸にはボリシェヴィキの許可が要るだろう。

第二の作戦は、レーニン政権打倒という長期目標を達成するために反革命勢力に資金援助をすることだ。「〔これには〕もしかすると百万ポンドの経費がかかる可能性がある」とライリーは述べ、「その一部は、成功の保証がないまま支出されるかもしれない」と追記した。

結局、ライリーに百万ポンドが支給されることはなかった。戦時下のイギリスにとってこの支出は巨額すぎた。だが白海の港にある協商国の武器庫を警護すべきという彼の提案は、確実に閣僚の心に訴えかけるものだった。こうした軍事介入こそが、大量の軍需品を革命政府に好き勝手に使われないようにする唯一の方法かもしれない――彼らはそう考え始めた。

◉ライリーの地下活動

やがてライリーはブルエビチ将軍のご機嫌取りをやり過ぎて、それが裏目に出たことに気づいた。「〔彼は〕こちらが当惑するほど面倒見がよく、われわれは付き添いなしに出かけることができなかった……どこに行くにも誰かがついてきた」

これはライリーにとって実に不快なことだった。内部からボリシェヴィキ政権を倒す方法を探りたかったが、彼の行動がすべて人目にさらされている今は不可能だった。「任務を遂行したければ、姿を消すしかない」

ぴたりとついてくる護衛を振り切るために、友人のグラマチコフとペトログラードに戻るふりをすることにした。実際にはライリーはギリシャ人のミスター・コンスタンチンになりすましてモスクワに留まり、グラマチコフはライリーになりすました第三者とともにペトログラードに戻ることにした。「あとは、私に多少似ている人物を見つけ出すことだけだ」

ライリーは自分の代役を進んで務めてくれそうな人間を見つけ、グラマチコフが偽のライリーと一緒に列車に乗りこんでモスクワを出発できるようにした。

当日、本物のライリーは駅構内の人目につかない、見通しのきく場所からふたりを密かに見送ることにした。ふたりが列車に乗り込むのを見たときは、もう引き返せないところまで来たことを痛感して不安に襲われた。ボリシェヴィキを支援したがっている実業家ライリーのふりは、もはやできない。今や彼は、法の目をかいくぐって行なう諜報活動に足を踏み入れてしまった。この偽りの姿が暴かれたら、投獄と処刑が待っていた。

彼はグラマチコフのことも自分の偽物のことも心配だった。「密かにふたりは監視され、見えざるスパイが彼らのあとを追っていることを私は知っていた」。だが天候の急変のおかげで、変装は見破られずにすんだ。「その日は風が強く、偽物の私は古くはないがだぶだぶのコートを着ていた。コートから垣間見えたその顔は――鼻は違うが――私によく似ていた」

ライリーはふたりを見送ったあと、時間をかけて念入りにギリシャ人実業家のミスター・コンスタンチンになりすました。そして、まったく新しい人間として生き、これまで親しくなった知人とは会わないことに決めた。唯一の例外はグラマチコフの姪ダグマラ・カロズスだった。モスクワ芸術座の踊り子であるダグマラは、自分のアパートに彼を住まわせてくれた。

ライリーはダグマラがエリザヴェータ・オッテンという二十二歳になるブロンドの舞台女優と一緒に住んでいることを知って喜んだ。エリザヴェータにはふたつの魅力があった。ひとつは四か国語を流暢に話せること。もうひとつは映画スターのような美貌の持ち主であること。ライリーはすぐに愛人とスパイの両方の候補者として彼女に目をつけた。

ところが最初に貴重な人材だとわかったのは、ダグマラのほうだった。彼女はマリア・フリーデという名の娘ととても親しかったが、マリアの兄アレクサンドル・フリーデ大佐は参謀長だったのである。

彼はどこから見ても忠実なボリシェヴィキだった。新政権からの信頼が厚く、モスクワに送られてくる軍関係の報告書にすべて目を通すことができる立場にあった。しかし、フリーデ大佐のボリシェヴィキ支持は実はうわべだけであり、実際にはロシアの新しい支配者たちを軽蔑し、政権の秘密をすべて漏らしてもよいとさえ考えていた。

「私はフリーデと一、二度、秘密の打ち合わせをした。そして、相手の真意を知って互いに納得したときから、彼は私の最も熱心な協力者となった」

ライリーは軍事的な声明はすべて届けてほしいという大胆な要求をした。「すべての軍事命令、すべての軍事計画、すべての軍事機密文書は、彼〔フリーデ〕の管轄下にあった。彼が扱う最高機密文書の多くが書き写され、イギリスで読まれた。本物の文書が、そこに書かれた宛名の高官の手に渡る前にだ」

フリーデ大佐は書類の写しを妹にこっそり渡し、妹はライリーに手渡した。「彼〔大佐〕は戦況報告書や命令書の写しを家に持ち帰り、翌朝彼女がチェレメテフ通りに持ってきて、私に直に手渡した」

ライリーはこのように大量の軍事情報を入手できたと主張しているが、それは考えにくいこととされてきた。ところが、意外なところから証拠が出てきた。KGB〔ソ連国家保安委員会の略称。ソ連崩壊まで存在したソ連の秘密警察でチェカーの後進。KGB職員の法律上の地位は軍人である〕の将軍だったアレクサンドル・オルロフは、一九三八年に西側に亡命する直前に、ライリーに関するチェカーのファイルを見る機会があった。そのファイルは、ライリーの主張の多くが事実であることを証明していた。

「シドニー・ライリーは……きわめて効率のよいスパイ網を作った」とオルロフ将軍は記している。このスパイ網には、フリーデ大佐、ソビエト刑事警察長官ウェネスラフ・オルロフスキー、ザグリャジスキー少将、ポリトコフスキー少将、ソビエト執行委員会の重要な事務官らがいた。彼ら全員がライリーに最高機密情報を渡しており、その情報はホワイトホール・コートにあるカミングの本部に送られていた。

アレクサンドル・オルロフはライリーに心ならずも敬意を表している。「〔彼は〕赤軍の実態、ソビエト政府の活動、ロシア国内の政治事件のかなり正確な情報を、定期的にロンドンに送ることに成功した」

◉ボリス・サヴィンコフの反革命運動の挫折

ロンドンへ報告書を送っていた諜報員は、シドニー・ライリーだけではなかった。カミングのロシア情報網は着実に拡大し、ロシアの脅威の実態がいよいよ明らかになってきた。カミングの諜報員は密かに活動する者が多く、彼らの名前はロックハートですら知らなかった。

「イギリス人将校や役人グループが何をしているのか、私はまったく知らされていなかった。ロシアでの彼らの存在が保障され、保護されているのは、ボリシェヴィキと私との関係があればこそだというのに」

ジョージ・ヒルもそうした将校について言及している。彼らは「反ボリシェヴィキ活動に精力を費やし、われわれとは違った角度から取り組んでいる。お互いの仕事に何のつながりもないこともあれば、関連があることもあった」。だがヒルは彼らの正体を知らないことが多かった。ラスプーチン殺害に関与した当時のロシア支局の「秘密グループ」のように、彼らは隠密に行動していた。

ロシアから送られてくる報告書の数が増えるにつれて、カミングはロシアの国内情勢をはっきりと思い描くことができるようになった。そしてロシア国内の反ボリシェヴィキの組織を束ねることができそうな人物が、ひとりだけいることがわかった。ボリス・サヴィンコフだ。三月革命後に数か月だけ存在したケレンスキー臨時政府の陸軍大臣だった。

アーネスト・ボイスはカミングに報告書を送り、サヴィンコフなら勝ち馬になるだろうと進言した。「実際に戦っているのは、サヴィンコフの組織だけだ。彼の組織力と連合国の支援のおかげで彼は二千名の兵士を集めることができたそうだ」

そうした兵士は彼の民兵組織「祖国・自由防衛同盟」の中核を成し、レーニン政権の転覆を掲げていた。

ロックハートもサヴィンコフの情報を集めていた。ロックハートはイギリス政府の非公式な代表としてロシアに派遣された外交官であるにもかかわらず、すぐに諜報活動や陰謀に夢中になった。一九一八年春にはサヴィンコフの上級顧問たちと密かに会って、議論を交わしている。

やがてロックハートはある驚愕すべきニュースを知り、ロンドンに「極秘」の電文を送った。サヴィンコフが政府転覆を企てているというのだ。連合国政府がロシア北部に軍隊を上陸させようと考えていると知って、サヴィンコフは「連合国軍が上陸した晩にボリシェヴィキの指導者たちを殺害し、新政府——実際には軍事独裁政権——を樹立する」つもりであると報告した。ロックハートは、サヴィンコフならきっと成功するだろうと確信した。

一方、レーニン政権も盤石というわけではなかった。激しい権力闘争が始まり、三人の重要なイギリス人がその目撃者となった。ランサム、ロックハート、ライリーだ。全員が一九一八年七月四日にモスクワのボリショイ劇場で開かれた、緊迫した公開政治討論会の場にいた。

この第五回全ロシア・ソビエト大会は、単に政治討論の場を設けるために開かれたものだが、思いがけずレーニンは窮地に追い込まれた。選出された代議員の三分の一はボリシェヴィキではなく、レーニンの政敵である社会革命党（エスエル）であり、ドイツとの講和条約に大反対だった彼らは、この討論会を公の場でレーニンを攻撃する絶好のチャンスととらえたのである。

ロックハートはソビエト大会を傍聴する許可を得ていた。彼は早めに劇場に着いたが、「どの入口もどの廊下もレット人［ラトビア人］兵士の部隊が警備し、ライフル銃、拳銃、手榴弾で完全武装していた」のを見て不安になった。彼らはボリシェヴィキに雇われた傭兵で、騒ぎを起こしそうな人間からレーニンたちを守るのが仕事だった。

レーニンを最初に非難したのは社会革命党の指導者マリア・スピリドーノワだった。きちんとセットした髪に鼻眼鏡をかけたスピリドーノワは、とりすましたように見えるが、情け容赦のない女性教師そのものだった。彼女はレーニンに激しい非難を浴びせ、自らの政治目的のために農民を利用していると糾弾した。

それから農民の代議員にさっと視線を向け、政治的な駒として利用されるままでいいのかと長広舌をふるった。「レーニンの思想では、あなたがたはただの家畜の糞――肥やしに過ぎない」とかん高い耳障りな声で叫んだ。

彼女の演説は聴衆から拍手喝采を受けた。「大混乱が起こった。屈強な農民たちが立ち上がり、ボリシェヴィキに向かって拳をふりあげた。トロツキーは前のめりになって話を始めようとしたが、やじり倒され、やり場のない怒りで顔が青ざめていた」とロックハートは記している。

アーサー・ランサムはロックハートの隣に座り、目の前で繰り広げられている光景に感動していた。彼はスピリドーノワのことを「逆上した保母兼家庭教師のように見えた」と述べている。そして彼女が「抑揚のついた金切り声でブレスト＝リトフスク条約を激しく糾弾する」のを魅入られたように聞いていた。

レーニンは危険を感じ取った――聴衆の支持を失いそうだ。もしそうなったら、彼の革命はあやうくなってしまう。聴衆をなだめられるのは自分の雄弁術だけだ――覚悟を決めたレーニンは、立ち上がると巧みな演説を披露して、スピリドーノワの支持者たちを魅了した。レーニンが催眠術をかけたかのように聴衆を虜にする場面を目撃したのは、ランサムもロックハートも今回が初めてではなかった。一瞬前まで彼を血祭りにあげようと口々にわめいていた聴衆を、まるで奇術師のように立ちすくませることができるのだ。

「この男の魅力と圧倒的に巧みな弁舌に、聴衆は魔法にかけられたように聞き入った。やがて演説が終わると万雷の拍手喝采が起こった」とロックハートは記し、自分が目撃した権力闘争は最初から勝負がついていたことを認めた。また、力の差のある政敵同士の争いは、最終的には劇的な結果をもたらすことがあることも数日後に知った。

ロックハートが七月六日の午後に再びボリショイ劇場に行くと、驚いたことにボリシェヴィキがただのひとりもいなかった。「二階後部席は代議員でいっぱいだったが、壇上の席は空だった」。そこにいた政治家は社会革命党員だけだった。

彼はそのまま劇場にいたので、外で起こっていることに気がつかなかった。「六時にシドニー・ライリーがわれわれのボックス席にやってきて、劇場が軍隊に包囲されて、すべての出口が封鎖されている……何かまずいことが起こったようだと言った」

遠くから大砲の轟音が、近くでは銃声が鳴り響き、劇場の中は大混乱となった。「頭上の回廊で大きな爆発が起こり、われわれの不安はいやがうえにも増した」

ライリーは、彼らのボックス席に加わったフランス人諜報員と何やら話し始めた。政敵を根絶するため、ボリシェヴィキが傭兵を使って劇場を襲撃するのではないかとふたりは危惧していた。

ロックハートによれば、ライリーとフランス人諜報員は「人に見られて困るような書類はないかとポケットを探った。それからその紙を細かくちぎったり、ソファーのクッションの裏に押し込んだりした。明らかに危険と思われる書類は口の中に入れて飲み込んだ」

さらに一時間経ってから、ライリーが外で起こっていることのくわしい情報をつかんできた。

その日の午後早くにふたりの社会革命党員がドイツ大使館を訪れ、大使のヴィルヘルム・フォン・ミルバッハへの面会を願い出た。大使室に通されると、ふたりは至近距離から大使を射殺した。動機は明らかだった。ドイツを挑発して再びロシアと戦争させようとしたのだ。

だがその結果は予想外の展開を見せた。暗殺は死にもの狂いの反革命運動に火をつけ、レーニン政権に反対するすべての人々を巻き込んだ。二千名の社会革命党左派の武装グループはモスクワのど真ん中でボリシェヴィキの軍隊と衝突し、電報局を占拠した。彼らはレーニン政権は転覆したという声明を発表した。

かたやボリス・サヴィンコフはモスクワから北へ二百五十キロのところにあるヤロスラブリの本営でじっと待機していた。連合国軍のロシア北部上陸を待って蜂起するつもりだったが、上陸はないという事実を知っても落胆することなく、七月六日、ついにサヴィンコフは蜂起し、自分の民兵を戦闘に向かわせた。

それから丸二日間、ロシアは混乱の渦中にあった。レーニンは不安のあまり、クレムリンを放棄することさえ考えた。しかし反革命運動はいきなり失速した。冷静沈着なトロツキーがラトビア人傭兵を戦闘に参加させたのだ。彼らは粘り強く戦い、モスクワの町から社会革命党左派の武装グループを追い払うのに成功した。こうして武装勢力を一掃したラトビア人傭兵は、次に政治家たちに対して行動を起こした。

「ボリショイ劇場にいた社会革命党の代議員はおとなしく逮捕された」とロックハートは記し

ている。彼はライリーとともに劇場を抜け出していた。「革命は劇場で企てられ、劇場で幕をおろした」。見せ場はなく、茶番じみた終わり方だった。

反革命運動の失敗により、レーニンの権力掌握は確たるものになった。社会革命党はもはや政治的脅威ではなくなり、サヴィンコフはロシアから亡命せざるをえなかった。

またこれにより、まだモスクワに留まっていた少数のイギリス人外交官や将校と、ボリシェヴィキとの関係はさらに悪化した。ロックハートがサヴィンコフの反乱に資金援助し、その計画の手助けをしたとトロツキーが非難したからだ。

ロックハートは憤慨した。「これは流言だ。私はいついかなるときもサヴィンコフに資金援助をしたことはない。ましてや、彼をそそのかして行動を起こさせるようなことはしていない」

しかしロックハートがサヴィンコフの顧問と数回にわたり面会したという事実は消しようがなく、トロツキーはヨーロッパ列強への罰を科すことにした。「〔彼は〕反革命運動に加担したフランスとイギリスの役人と将校には旅行許可証を発行するなという命令を出した」

反革命運動の壊滅で、ロックハートとライリーは重要な教訓を得た――ボリシェヴィキ政権を倒すにはなお一層、狡猾に立ちまわらなければならない。これまでの諜報活動でレーニン政権の強みと弱みについては十分に明らかになった。そろそろ直接行動に出るべきだ。

第6章 ジョージ・ヒル

◉連絡係のシステム構築

ロシア帝国軍の軍事顧問だったジョージ・ヒルは、ボリシェヴィキ政権が欧米への敵意を膨らませていくのをみて不安を覚えた。最初、彼は新政権の下で働き、東部戦線のロシア兵とパイロットの訓練を続けたいと思っていた。それが隠れ蓑になれば、機密情報を集め、ロンドンに送ることもできるだろう。

しかしロシアは戦争から撤退し、軍事顧問という彼の仕事は不要になってしまった。ロシアの革命政府が残っている欧米人をすべて国外追放する日は刻々と近づいており、ロシアに残るつもりなら別の人物になりすまし、地下に潜らなければならない。

そのためにヒルはドイツ系バルト諸国出身の行商人、ゲオルク・ベルクマンという架空の人物を作り上げた。「新しい名前を決めるのに相当時間がかかってしまった。『ヒル』という名を残したかったので、できるだけそれに近いドイツ語を探した。『ベルク［ドイツ語で「丘」の意］』という名前にしたのはそういう理由だ。そしてドイツ系であることを強調するために『マン』をつけて『ベルクマン』にした」

ドイツ系の名前にしたのには理由があった。「私のロシア語はほぼ完璧だったが、ときどき間違えることがあった。だからバルト諸国生まれのドイツ系ロシア人を名乗るのは好都合だった」。それは賢い選択だった。バルト諸国はドイツ軍に占領されていたので、チェカーもボリシェヴィキも彼の家族についてくわしく調べられなかった。

シドニー・ライリーは他人になりすます方法についてヒルにアドバイスした。昔の自分を捨てて新しい自分になりきって暮らしていたライリーの助言は、俳優のように役を演じるのではないこと、まったく新しい人間——昔の自分とは違う、別の特徴と身体能力を持つ人間になりきること、というものだった。そして架空の人物になるためには、単にひげを生やしたり、違った服を着たりするだけでは不十分だとも言った。チェカーの尾行を避けるためには、ヒルも新しい人物になりすます必要がありそうだ。

ふたりは、ライリーがモスクワに到着した直後に出会い、すぐに意気投合した。ライリーは「行動の男」であり、自分と同じタイプだとビルは評した。たとえば、ふたりとも語学の才能があった。ライリーは英語、ロシア語、フランス語、ドイツ語を完璧に話せた。「だが面白いことに、どの言葉にも外国訛りがあった」とヒルは述べている。

出会って数日もしないうちにふたりは固い友情で結ばれ、これはその後もずっと続くことになる。ライリーはムッシュ・マシーノとミスター・コンスタンチンというふたつの架空の人物を作り上げたことをヒルに話した。今は三番目の人物、ジグムンド・レリンスキーで活動し始め、正式な書類も持っている。ボリシェヴィキに信頼されている官僚――実はボリシェヴィキ政権を弱体化するために革命政府で働いている役人のひとり――から手に入れたものだ。

書類は、レリンスキーがチェカーの職員であることを証明していた。ライリーにとって見事な、誇るに足る作戦だった。その身分があれば、政権の中枢から内部情報を入手することができる。「おかげで私は貴重な機会を得られた。すぐにそれを利用したことは言うまでもない」とライリーは記している。

三人の架空の人物になりすますことで、ライリーはモスクワとペトログラードの両方でかなり自由に動けた。その時々に応じてこの三人に変わることは、彼にとっては造作もないことだった。彼のモスクワでの主な住まいはチェレメテフ通り三番地だ。ふたりの若い女優と暮らしていたが、いずれかとじきに恋愛関係に発展しそうな雰囲気だった。もっとも、万一のときの隠れ家用として、ほかにもアパートをいくつか借りていた。

ライリーとヒルは定期的に会って、今後数週間あるいは数か月のあいだ、どんなふうに協力して活動すべきかを話し合った。ときにはモスクワの諜報員たちのチーフであるアーネスト・ボイスも交えて、地下に潜って暮らすことの現実的な問題点を検討しあうこともあった。

ライリーとヒルはまったく異なった役割を演じることにした。ライリーの主な仕事は、政治絡みの情報を集めることとした。「〔彼は〕さまざまな情報源から耳寄りの情報を得ていた。ライリー中尉《ママ》はロシアにいるどのイギリス人将校よりも状況を把握していた」とヒルは述べている。また、ライリーは官僚にコネがあった。「これらのつながりを維持するには細心の注意が必要だったので、政治や政策については彼に任せることに……同意した」

ヒルはしばらくのあいだ、ライリーの報告書を暗号化したり、自分自身の人脈を開拓したり、小さな破壊グループ――たとえばボリシェヴィキ管轄下の倉庫のような簡単な軍事目標を破壊する――を運営したりする仕事を任された。中でも重要だったのは、モスクワとペトログラードからストックホルム支局へ書類を運ぶ、連絡係のシステムを構築することだった。

連絡係は、情報収集活動をうまく展開するうえで欠かせない存在だった。極秘文書を入手することと、その情報をロンドンのカミングのもとに届けることはまったく別のことだ。第一次世界大戦中、敵国から極秘文書を持ち出そうとして大勢のスパイが現行犯逮捕された。そこでドイツのスパイは逮捕されないように、きわめて独創的な方法で書類を隠した。ヒルが聞いた話では、あるスパイは口の中に書類を隠したそうだ。もちろん無駄骨だったが。

「取調官は口をそっと開けさせ、上の入れ歯を取り出した。すると口蓋から切手よりも薄いシルクオイルの小さな包みが舌の上に落ちた。包みの中には極小文字で書かれた書類が入っていた」

書類、とくにロシア軍に関する情報が記載された書類を国外に持ち出そうとして逮捕された場合は、確実に処刑されることをライリーとヒルは知っていた。だからこそヒルが真っ先に取り組まなければならないのは、ロシアから極秘情報の書類を運び出す連絡係の安全なルートを作り上げることだった。

当時は北と南のふたつのルートがあったが、両方とも危険に満ちていた。北ルートはとても便利だが、同時にとても危険だった。モスクワから白海の港アルハンゲリスクまでは千キロあり、途中には無数の赤軍検問所があった。捕まる危険が高いので、ヒルは同じ書類をふたつ用意し、ふたりの連絡係を別々の日に出発させた。

一方、南ルートはかなり遠まわりなうえ、赤軍と白軍（反ボリシェヴィキ軍）が対峙する、実際に戦場と化してしまった地域を通り抜けなければならない。このような騒然とした時期には、北ルートこそが唯一実用的なルートだとヒルは即断した。

「平均二十五名の連絡係を使えば、この北ルートを維持できると最初は考えた」。しかし、この計算は甘かった。「何よりも重要なのは、書類を送り届けることだ。われわれは知恵を絞り、ついに新しい計画を作り上げた。百名以上の連絡係を雇い、不慮の災難にあったときには補充するというものだった」

実はヒルが最初に考えたシステムは、ひとりの連絡係がモスクワから白海までの全ルート――戻りは二十二日かかる――を踏破し、白海で書類を受け取った次の連絡係がストックホルムまで運び、ジョン・スケールに手渡すというものだった。

一九一八年七月初旬にこの方法を始めるや、致命的な欠陥があることがわかった。連絡係はモスクワの北部の町や村に赤軍検閲所があることをまったく知らず、繰り返し危険に巻き込まれたのだ。

「全部で六名の連絡係が逮捕され、処刑されてしまった」とヒルは開始から数週間もしない頃に書き留めている。処刑される前に極秘情報を漏らした者がひとりもいなかったのは、不幸中の幸いだった。

彼らの死によって、直ちにシステムの変更が検討された。ヒルはロシア北部の村々をつなげるリレー方式のシステムを思いついた。「基地となる村には連絡係を組織するグループリーダーを置き、安全な住まいを見つけ、生活するのに適した場所を選んで必要な書類とパスポートを入手し、さまざまな維持費を管理する仕事を彼に任せた」

新しいシステムでは、最初の連絡係はモスクワから北に向かいビャトカ［キーロフの旧称。モスクワから北東へ約八百キロ］という地方都市まで移動し、そこのグループリーダーに書類を手渡す。ビャトカからは二番目の連絡係が次の基地にあたる村まで移動し、同様に次に書類を手渡してリレーしていく。始めてみると、このシステムはうまく機能した。「それぞれの連絡係は自分の移動ルート、そのルートの潜在的な危険や脅威、その回避の仕方がわかるようになるので、全ルートをひとりで行くことに比べれば負担はだいぶ軽減された」

しかしながら、危険な仕事であることに変わりはなかった。「移動はいつも命がけだった。彼らが困難を克服できたのは奇跡としか言いようがない」

ヒルはこのシステム全体の陣頭指揮を、「エージェントZ」として知られる元ロシア帝国軍騎馬隊将校に任せた。彼はまさに逸材だった。「恐れ知らずの愛国者であり、抜群の判断力の持ち主である。まさに理想的なリーダーだった」

エージェントZの仕事はヒルに劣らず危険だった。彼はモスクワに秘密の基地を必要とした。戻ってきた連絡係と会い、彼らに次の任務を指示するのに適した場所だ。彼は将校の戦争未亡人の家を間借りすることにした。

「彼女なりの事情があって、未亡人は世界最古の職業に従事するようになり、モスクワのボンド・ストリートと言えるトヴェルスカヤ通りでかなりいい暮らしをしていた」

売春婦という彼女の仕事――当局に知られていたが大目に見られていた――のおかげで、エージェントZは完璧な隠れ家を手に入れられた。「見ず知らずの男たちが彼女のアパートに絶えず出入りしても、それがごく自然に見えるからだ」。彼女は絶対的に信頼ができ、「疲れ切った連絡係が、われわれの間借りしている部屋のひとつで安全に休むことができた」

だがここは、ヒルと彼の連絡係が利用する数多くの住まいのひとつにすぎなかった。ヒルには緊急のときに使える安全な家がほかに九箇所もあり、そのうちの一軒はモスクワ郊外にある田舎の別荘《ダーチャ》だった。モスクワから「六十キロ以上離れたところにある小さな木造の田舎家だ。モスクワがひどく危険な場所になった場合には、私や私の連絡係にとって、最後の避難所や隠れ家になるだろう」

これほど多くの家や部屋を借りると経費がかさむが、仕方のないことだった。それよりも問題は、本来の目的を隠して借りる口実を考えることだった。「もっともらしい、自然な存在理由《レーゾンデートル》が必要だった」とヒルは述べている。

ヒル自身は、モスクワのうらぶれた一画にあるピャトニツカヤ通りの質素な家を本拠地にした。彼はここでほとんどの時間を過ごした。資金や書類を保管し、諜報活動の指揮をとった。三人の協力者の女性と共同で借りたのだが、三人とも才能豊かで、そのうちのふたりは美人だった。女好きのヒルにとっては幸運な巡り合わせだった。

ボリシェヴィキ政権は、かつての同盟国との外交関係をまだ正式に断絶してはいなかった。西洋列強もまた、ロシアとの関係をさらに悪化させたくはなかった。ライリーから入手した政治情報によれば、トロツキーが主戦派に説き伏せられてドイツとの戦争を再開する可能性がまだかすかに残っていた。

ヒルは、地下に潜って生活するのは英露関係が取り返しがつかないほど悪化したときと決めていた。それまでの猶予期間に、新しい人物になりすますための準備を始めた。

「この頃、私は二重生活を送っていた。日中は軍服を着て……イギリス人将校として暮らし、残りの時間は私服に着替えて、徒歩で自分の連絡係を訪ねた」

一流のスパイであるヒルは、事の成否は綿密な計画にかかっていることを熟知していた。「私は将来を見据え……秘密の隠れ家を用意し始めた。ボリシェヴィキが私の活動を制限しようとしたら、すぐに必要になるだろう」

◉皇帝一家の処刑

ライリーとヒルが地下に潜ることを計画していた頃、ロックハートはイギリス政府とボリシェヴィキとの外交ルートを閉ざさないように尽力していたが、容易に事は運びそうになかった。ロンドンが下す決定はどれも、二国間の溝をさらに広げるように思えた。

イギリス政府にとって最も差し迫った関心事は、ロシア北部の港にある協商国の武器庫の安全確保だった。そのための軍隊派遣の許可をレーニンが出してくれることをイギリスの閣僚たちは期待していたが、それはありえないことだった。レーニンとトロツキーはそうした動きに猛反対していたからである。

ロックハートはこの問題についてライリーやヒルと話し合った。そして彼らから得られた情報をもとに、イギリス政府が取るべき政策について提案しようとした。ところが彼の進言には一貫性がなかった（その点だけは一貫していた）。ボリシェヴィキに友好的な申し入れをするべきだと言ったかと思うと、大規模な軍事介入をするべきだ、といった具合だ。首尾一貫していないことを、イギリス政府の高官は激しく非難した。

「ロックハートの進言は政治的に信用できないし、軍事的な判断を誤らせる」と、かつてペトログラードのイギリス大使館付駐在武官だったアルフレッド・ノックス少将は立腹している。イギリス外務省はノックスの意見に賛成したが、返事にはユーモアを込めた。「ロックハート氏の進言は的外れかもしれないが、われわれがそれに従ったからといって責められることはないだろう」とロバート・セシル卿は皮肉っている。幸運なことに、彼らは別の情報源から、とくにアーサー・ランサムから非常に正確な報告を得ていた。

ホワイトホールの高官たちがロックハートを非難したのは、自己を正当化するためというより、自分たちに注目が集まるのを避けたかったからだろう。十一月革命後の数か月間、彼らのロシアへの対応は支離滅裂で、一貫性に欠けていた。彼らは逡巡し、外交政策は朝令暮改という有様で、ロックハートに伝えそびれていることも多かった。彼らにとって一番の気がかりは、ロシア北部の港に軍隊を上陸させたらボリシェヴィキの怒りを買うのではないか、その一点だけだった。だがこれに関してさえ、明瞭さに欠けていた。

「ここ三か月間、ロンドンは政策の指示を何も出してこなかった」とロックハートは記している。これでは仕事にならないと彼が思ったとしても、驚くに当たらない。

彼はロンドンからの非難に応戦するかのように、彼らの外交政策を手厳しく評価した。「イギリスには政策が皆無だった――もっとも、異なる七つの政策を政策と呼べるなら話は別だが」

レーニンですら、ロックハートの意見に賛成だった。「ロイド・ジョージは、ルーレットで賭けをするときにすべての番号にチップを置くような男だ」

そうした仕事上の悩みが多かった時期、ロックハートは女性に慰みを求めた。目もくらむような魅惑的なマリア・ザクレフスカヤに首ったけだった。彼女は旧体制の貴族の出だが、機知にあふれた、自由奔放な美女だった。周囲から「ムーラ」と呼ばれていた彼女は、帝政時代の駐英ロシア大使ベンケンドルフ伯爵の妻だったが、伯爵はボリシェヴィキに暗殺され二十代半ばで未亡人となり、今はロックハートの熱烈な思い人になっている。

彼はエネルギッシュなムーラに魅了されてしまったと自ら認め、彼女への賞賛を惜しまず、プレゼント攻勢をした。「どんな絆よりも強く、どんな命よりも貴い何かが、私の人生に入りこんでしまった」

愛しいムーラと決して離れないと誓った彼は、彼女中心の生活を送った。「彼女の愛した場所には、彼女の世界があった。彼女はどんな結果に対しても自ら責任を負うことを信条にしていた」。彼はムーラに夢中になるあまり、公の場に連れまわし、チェカーの厳しい目からふたりの関係を隠そうともしなかった。

ロックハートはそもそもイギリス政府の半ば公式の代理人としてモスクワへ派遣されており、そうした信頼のうえにレーニンやトロツキーをはじめとするボリシェヴィキの幹部と会うことができたのだが、サヴィンコフの反革命運動に関与したという噂が広まり、さらにロシア北部の港への連合国の軍事介入の可能性が増すと、新政権から信用されなくなってしまった。

「残された時間はあまりなかった。われわれは急速に押し流され、避けがたい悲劇へと向かっている」とロックハートは見通しの暗い政治情勢について書き記している。

悲劇の幕が上がったのは、十一月革命から八か月後の一九一八年七月十七日の夕方のことだった。ロックハートは、皇帝ニコライ二世と皇后と子供たち全員が無残にも処刑されたことを初めて知った欧米人となった。その処刑のニュースが直ちにロンドンに伝えられると、イギリスの閣僚のあいだに衝撃が走り、憤りが沸き起こった。彼らにとっては極悪非道な犯罪以外の何物でもなかった。

「認めがたく、同意しがたいことはまったく疑う余地がなかったが、ボリシェヴィキの機関紙のトップ記事は、あらゆることを書き並べて処刑を正当化し、皇帝を暴君や殺戮者として罵るものだった」とロックハートは記している。

◉ヴォログダの外交官たち

連合国の政府がロシア皇帝処刑のニュースに驚愕していた頃、ヴォログダというロシア北部の古都では外交的な駆け引きが行なわれていた（もっとも、それは避けがたい悲劇に近づいているというロックハートの考えを裏付けたに過ぎない）。

ドイツ軍が進軍してきてモスクワとペトログラードが制圧されるのではないかという恐怖が最高潮に達した一九一八年初め、モスクワから北へ約五百キロのところにあるヴォログダには、大勢の外交官が避難していた。ロックハートはモスクワに残ることにした勇敢な外交官のひとりだった。

「そこ〔ヴォログダ〕は、モスクワと道路でつながっているので、北極同様、役に立たなかった」とロックハートは述べている。

しかしながら、ほとんどの外交官は危険に満ちたモスクワから離れて、その隔離された場所で優雅に過ごしていた。中には、アメリカとフランスの大使、イタリアの代理公使もいた。ロックハートからすれば、彼らの避難生活は実にばかげていた。「まるで三人の外国大使がイギリス内閣の危機について、ヘブリディーズ諸島〔スコットランド西方の諸島〕の村から自国の政府に進言するようなものだった」

彼らはボリシェヴィキの指導者たちに面会したいとは思わず、この新政権が世界にもたらした脅威の本質を理解しようともしなかった。そしてヴォログダに留まることを選び、食べて飲んでポーカーをするだけの無為の生活を送った。

この怠惰なグループのリーダーは、デイヴィッド・フランシスという六十代後半のアメリカ大使だった。この人物についてロックハートはこう書いている。「ロシアの政治について何も知らない男だった。評価できるのは、知っているふりをしなかったことだけだ」

彼の無知はブラジルの代表といい勝負だった。状況がこれほど逼迫《ひっぱく》していなければ、このブラジル人の態度は笑いを誘っただろう。「彼は外交官としての心得を『無為無策が出世と名誉の近道』と言い切った」

彼は昼は寝て、夜になるとひと晩中ポーカーをした。そして仕事は一切しないという数年前に立てた誓いを守り続けた。「誓いを立てたその瞬間から、彼の外交官としての経歴は輝かしいものとなり、時計のように規則正しく昇進していった」とロックハートはいかにも彼らしく言い切り、「彼の心得は、素人が考えるほどばかげてはいない。それが非常に役に立ったイギリス人外交官が、ひとり以上はいたからだ」と書き添えた。

七月になるとこの遠く離れた大使の理想郷に、「ボリシェヴィキのパック（いたずらな小鬼）」――ロックハートの命名――であるカール・ラデックがやってきた。そして怒鳴ったり脅したりするいつもの手を使って、モスクワに戻るよう外交官全員に命じた。「彼はいつものように拳銃を脇の下に吊るしたまま、大使たちの前に現れた。彼らを説得し、丸め込み、脅しさえした」。しかし大使たちは戻るのを拒否した。ボリシェヴィキの言葉を信用していなかったからだ。

少なくともこの点については、彼らは賢明だった。レーニンとトロツキーは、連合国はロシア北部に大軍を上陸させるつもりだと確信していた。「軍事介入は避けがたいとわかっていたので、ふたりは大使たちをモスクワで人質として捕らえておきたかったのだ」

カール・ラデックはヴォログダにひとりで来たわけではなく、アーサー・ランサムを随伴していた。ボリシェヴィキからの信頼の厚い友人として、ランサムはラデックに請われて「通訳兼仲裁人」の役を務めていた。

この依頼を引き受けるということは、すなわち大使たちの反発を買うことだということもわからないほど、ランサムという男は世間知らずだった。彼はヴォログダに留まるのはばかげていると大使たちを説得し、ポーカー好きのアメリカ大使を叱り飛ばした。

ランサムはイギリス代理大使のサー・フランシス・リンドリー［一九三一年から一九三四年まで駐日英国大使］も非難した。安全なヴォログダを離れてモスクワに戻ることを拒絶したからだ。リンドリーは自分の耳を疑い、ランサムに小声できつく言い返した。「きみはこの連中がわれわれの敵であることを、わかっていないようだ」

折悪しく、外務人民委員のゲオルギー・チチェーリンから電報が届き、大使たちの恐怖はいやがうえにも増した。チチェーリンは、直ちにモスクワに戻らなければ命の保証はないと脅した。だが脅しは逆効果だった。一九一八年七月二十五日、ヴォログダにいた外交官は全員、列車でアルハンゲリスクに向かい、そこから船に乗り、ボリシェヴィキのロシアから永遠に去った。

◉ランサムとシェレピナの出国

この一件後、ランサムはボリシェヴィキのシンパだと再び非難された。とくにノックス少将はランサムがボリシェヴィキの幹部と親しいことについてずけずけと言うようになり、あるときなど、ランサムは「犬のように射殺されて」しかるべきだとまで言い切った。

しかしランサムには、ボリシェヴィキとの関係にヒビが入ることを恐れる個人的な理由があった。関係が悪化すれば、残留組の欧米人と一緒に国外追放されるのは火を見るよりも明らかだった。そうなれば、エフゲニア・シェレピナとの親密な関係は終わることになる。そもそもランサムは既婚者であり、ふたりは結婚できなかった。イギリスに連れて行きたくても愛人でしかない彼女に入国ビザが発行されるわけがない。しかし、彼女がモスクワに残ったらきっと危険な目にあうだろう。連合国軍がモスクワに進軍し、ロシアからボリシェヴィキの指導者たちを一掃したら、その大混乱の中で彼女は逮捕されてしまうだろう。ランサムはそれを恐れた。

連合国軍がアルハンゲリスクに上陸したときには、一緒にロシアを離れようと、ランサムは時間をかけてエフゲニアを説得した。彼女は最初は難色を示していたが、とうとう承諾した。ランサムはロックハートのところに直行し、エフゲニアに必要な書類を入手できるように協力してくれと懇願した。

ロックハートは相変わらず面倒見がよく、ロンドンの外務省に電報を打って協力を仰いでいる。「官庁の極秘情報を扱う部署に勤務する有能な女性が、現在の立場を捨てることを望んでいる」そして彼女の出国に必要なすべての書類の発行許可を求めた。「彼女は大いに私の役に立ってくれたが、今はストックホルムに落ち着くことを望んでいる。彼女はそこでロシアの地下組織の活動に関する情報収集の中心人物となるだろう」

書類の発行はイギリス政府の許可がなければ不可能だ。「彼女が密かにここを去るために、私に権限を与えてほしい。それがあれば、ランサム氏のパスポートに妻として記載し、ムルマンスク経由で出国させることができる」

ＭＩ５はロックハートの要求を知ると、猛反対した。ランサムがエフゲニアと一緒にイギリスに帰国し、革命運動を始めることを恐れたのだ。しかし、ふたりが果たしてきた役割を熟知していた外務大臣のアーサー・バルフォアはＭＩ５の反対を押し切り、エフゲニアに必要な書類を発行する権限をロックハートに与えた。

国際間の緊張が頂点に達した頃、ランサムは人任せにするのをやめ、自分でも動き出した。ロックハートが用意してくれた自分とエフゲニアのイギリスのパスポートのほかに、自分用にロシアのパスポートを発行してくれるようにボリシェヴィキ政府の友人に頼みこんだ。入手するための代償は大きかった。交換条件としてランサムは、スウェーデンにあるボリシェヴィキの国際局に現金三百万ルーブルを運ばなければならなかった。

ランサムはこの現金持ち出しの件について固く口を閉ざし、詳細が誰にも気づかれないことを願ったが、匿名のイギリス人諜報員にすぐにリークされてしまった。その男は自分自身のことで苦しい立場に立たされており、進んで報告せざるをえなかった。

電報には、ランサムは「ロシア政府の大金」を持ってロシアを出国し、「ボリシェヴィキのパスポートで旅行する」と噂されていると書かれていた。

結局シェレピナはイギリス人の恋人とは別々に旅をすることになり、ベルリンに向かうボリシェヴィキの使節団の一員として出国した。そして恋人と合流するためにベルリンからストックホルムに向かう予定だった。

ランサムはロシアを発つ前にロックハートに別れの挨拶をしにきた。「［彼は］ショーは終わったと私たちに語った」とロックハートは記している。今や地図には危険な進路が書き込まれ、ソビエト・ロシア［革命後から一九二二年のソ連邦誕生までのあいだに使用された俗称の国名］は西洋民主主義国と真っ向から衝突する道を進んでいた。

ランサムの出発はきわどかった。彼は八月初旬にペトログラードに立ち寄ってからフィンランド国境に向かい、すぐにヘルシングフォルス（ヘルシンキ）に無事到着した。その頃、アルハンゲリスクは大騒ぎになっていた。連合国軍はすでに港に上陸していたが、その規模について根も葉もない噂が広まった。

「数日間、その町は飛び交う噂に悩まされた。連合国は大軍で上陸した、その数は十万人という噂もあった」

ほかには日本軍の七個師団が極東に上陸し、シベリアを進軍中であるという噂もあった。

「混乱は筆舌に尽くし難かった」とロックハートは述べている。上陸の正確な情報を入手するのは不可能だと知ると、彼はモスクワのイギリス総領事館にオリバー・ウォードロップを訪ねた。ウォードロップはロシアに留まった数少ない外交官のひとりだ。ふたりの男が話し合っている間に、さらに驚くべき出来事が起こった。

「イギリス総領事館が武装集団に包囲された。武装したチェカーだ。彼らはあらゆる物を封印し、建物にいた全員を逮捕したが、ヒックスと私は逮捕を免れた」

愚かなことにチェカーは最上階の部屋を捜索し忘れたので、ロックハートは心底ほっとした。「階下でチェカーが領事館員を尋問しているあいだ、最上階ではイギリスの情報将校たちが暗号文と秘密文書を焼却するのに大忙しだった。煙突から煙がもくもく出て階下まで充満してきたが、チェカーの紳士諸君は、夏にもかかわらず、この大燔祭《はんさい》［獣を丸焼きにして神前に供えるユダヤ教の宗教行事］の椿事にまったく気づかなかった」

最終的に連合国側の約二百名の外国人がチェカーに逮捕され、人質となった。逮捕を免れたロックハートはといえば、ロシアに着任したときにトロツキーから与えられた特別通行証がまだ有効だったため、モスクワ中を自由に動きまわることができた。

アメリカ人も逮捕されることはなかった。アメリカ軍が連合国軍の上陸に参加したことがまだ知られていなかったからだ。

ほかにも逮捕を免れた少数の人たちがいた。偽の名前と証明書を持っていたシドニー・ライリーもそのひとりだ。ジョージ・ヒルも逮捕を免れた。彼はほんの数週間前にカール・ラデックに、連合国軍がロシアに上陸したら何が起こると思うかと質問していた。ラデックはいつもふざけたことばかり言うが、そのときの冗談はいかにも彼らしいぞっとするものだった。「資本主義国の将校をボリシェヴィキ流に軽蔑すれば」、彼は投獄されるか、処刑されるだろうと答えたのだ。

ヒルはぎょっとした。「その冗談は、私が楽しげに相槌を打てるような内容ではなかった」

ヒルは数か月かけて計画を立て、地下に潜るべき時に備えてきた。今がその時だった。

第7章 フレデリック・ベイリー

◉ベイリーの特別任務

モスクワから南東へ三千キロ離れたパミール山脈の孤峰のあいだで、数名のグループが高地氷河と凍った小石の急斜面をゆっくりとジグザグに進んでいた。

その中の勇敢な三人のイギリス人は、この先に待ち構える仕事には打ってつけの人物だった。フレデリック・ベイリーはインド帝国の防衛に身を捧げるエリート集団であるイギリス領インド帝国政治部［内閣官房の「国外」「国内」「財政」「軍事」のうちの「国外」に所属。インド帝国領国を含むアジア列強を担当する］に勤務する将校。著名な探検家であり、王立地理学会の権威ある――会員の誰もが欲しがる――金メダルの受賞者でもある。さらにサー・フランシス・ヤングハズバンドの一九〇四年のチベット侵攻に、チベット語の話せる准大尉として参加した。第一次世界大戦ではフランドル激戦地で腕を撃たれ、ガリポリの戦いではトルコ軍に撃たれて負傷した。三度《みたび》戦場に戻すにはあまりにも貴重な人材と思われたのか、並はずれた語学力を買われてインド帝国に派遣され、ボリシェヴィキが支配する中央アジアの奥地に入りこむという特別任務の一員に選ばれた。「超一流の男」というのが、インド総督（副王）のベイリー評である。

ベイリーと一緒にパミール山脈を踏破するのは、パーシー・イサートン。不屈の冒険家で、映画スターのような容貌とそれに見合った性欲の持ち主だ。鋭い眼差しから権謀術数に長けていることが窺われる。ボリシェヴィキの多くも、彼と出会えばすぐに同じことを感じるだろう。

第一次大戦前、イサートンは大胆にも中央アジアの中心部を冒険し、『世界の屋根を踏破して *Across the Roof of the World*』を上梓した。彼の気力、活力、情け容赦のなさは、イギリス領インド軍辺境連隊に配属された経験と相まって、上司の目に留まった。こうして彼は、表向きはイギリス領事としてカシュガル［現在の中国新疆ウイグル自治区西部のオアシス都市。中国語表記は「喀什」］に赴任することになり、諜報活動、つまりボリシェヴィキの情報収集に従事することになる。

三番目の人物はスチュアート・ブラッカー少佐。彼はかつて北西辺境州を守るインドの精鋭部隊コープス・オブ・ガイドに所属していた。ベイリーやイサートンと同じく、彼も中央アジアの不毛の奥地を旅したことがある。

こうして三人の冒険家はかつてのロシア帝国の辺境の地に、荷物運びのクーリー（苦力）とともに派遣された。

この特別任務を計画したのはインド政府だった。ボリシェヴィキの思想（共産主義）がインド帝国北部と接する中央アジアの地域に急速に広がっている、という情報を最近入手したからである。西トルキスタンは、ごく最近レーニンの共産主義革命の餌食になったばかりだと言われている。

さらに彼らの不安をかき立てたのは、東部戦線で捕虜になり中央アジアで収容されている十九万人のオーストリア人とドイツ人の戦争捕虜が訓練され、赤軍に入隊させられているという噂だ。その結果、インド帝国で警鐘が鳴り響いた。西トルキスタンとインドのあいだにはアフガニスタンがあるが、国境と国境のあいだの幅がたった十六キロしかない細長い地域がある。その気になれば、赤軍は数時間でインド帝国に攻め入ることができる。

一方、モスクワから遠く離れたこのロシアの辺境の地でボリシェヴィキの支配がどれほど進んでいるのかを、イギリス政府が何も知らないことを首相のロイド・ジョージは公の場で認めた。この件について議会で質問されると、彼はおうむ返しに答えることしかできなかった。「ウクライナ政府はどうか？　グルジア政府は？　バクー［カスピ海沿岸の都市］にある政府はどうか？カフカス山脈の北部にある政府は？　ドン川沿いの町にある政府は？　シベリアとは言わないが、シベリアの町にある政府は？」

同様にインド総督もインド北部の国境の向こうで何が起こっているのかを知らなかった。ある極秘メモから、信頼できる情報は皆無であることがわかった。「西トルキスタンで何が起こっているのか、信頼できる情報を迅速に入手する手段がわれわれにはない。どんな政党が優勢なのかもわからない」

西トルキスタンへ使節団を派遣することについては、ここ数か月のあいだに何度も議論された。最初の議題は、使節団は公式にすべきか非公式にすべきかということだった。いずれにしろ、かなり危険を伴う。さらにその使節団にインド軍の部隊を随行させるべきか否かについても議論された。総督は、軍隊を随行させれば、「アフガニスタンに重大な疑惑が生じ、全体的な状況が悪化するかもしれない」と考えた。議論を重ねた末、使節団派遣はあまりにも危険だとみなされ、見送られた。

しかし今や、西トルキスタンの現状に関する情報がどうしても必要だったので、フレデリック・ベイリーとスチュアート・ブラッカー少佐をタシケント［現在のウズベキスタンの首都。帝政ロシア時代にはトルキスタン総督府があった］に、パーシー・イサートンをカシュガルに派遣することにした。彼ら三人は直ちにインドを出発した。

マンスフィールド・カミングの権限は、ロシアの下腹部にあたる広大な地域まで及んでいなかった。中央アジアにおける諜報活動はそもそもイギリスの犯罪情報部の管轄で、それは夏季インド政府の所在地であるシムラを本拠地にし、インド政府に報告義務があった。逆にインド政府はロンドンにあるインド政治情報部［一九〇九年にロンドンに創設された諜報機関。ヨーロッパ諸国に亡命したインド民族主義のアナーキストや革命家を監視］に報告義務があった。

しかし共産主義の広まりは明らかに懸念事項であり、カミングの諜報活動と重なり合う部分も多かった。次第にカミングとインド政府は情報を共有するようになった。ニューヨークとベルリンで活動しているカミングの諜報員は、インド帝国の諜報員と協力し、インド帝国転覆を企てる活動家に関してすでに情報交換をしていた。こうして共産主義の脅威に対して、ますます緊密な関係が出来上がっていった。

残念なのは、カミングがベイリーたちのタシケント派遣計画に関与していないことだった。ほかの誰よりもカミングは、そうした任務には——成功を少しでも望むなら——信頼できる支援ネットワークが必要不可欠であることを知っていた。だがベイリーとブラッカーは、連絡係や支援チームを持たぬまま、ボリシェヴィキ支配下の西トルキスタンに送り込まれた。

彼らの任務は、明白な目標がなかったことでも損なわれた。出発前の最終打ち合わせは漠然としていて、西トルキスタンで何が起きているのか、インド政府が悲しいほど無知であることをさらけ出した。「ボリシェヴィキとはいったい何者で、その目的は何であるのか、誰もまったくわからなかった。とにかく出かけていき、彼らがどういう人間であるのかを知り、ドイツとの戦争を継続するように説得することが重要であるように思えた」とベイリーは述べている。

こうして、これが遠征の表向きの目的となった。ベイリーはインド帝国の正式な外交使節として、実情を調査するために送られることになったが、状況が悪化したり、苦境に立たされたりした場合には、自力で切り抜けなければならない。代替案はなく、誰も助けにきてはくれないのだから。

ベイリー一行は中国国境に近いフンザ地方の高地の渓谷を必死に横断し、やがてパミール山脈の岩だらけの尾根を渡った。旅のほぼ最初からブリザード（暴風雪）で飛ばされそうになり、深い裂け目のあるパスー氷河を横断するのに難儀した。しかし、とうとう新疆ウイグル地区の岩だらけの台地まで下り、カシュガルに向かった。カシュガルは、東トルキスタン（中国領トルキスタン）にある、太陽の照りつけるオアシスの町だ。

三人はカシュガルの社交的なイギリス総領事サー・ジョージ・マカートニーに歓待された。カシミール地方のシュリーナガルからの六週間にわたるつらい旅のあとだったので、総領事館の晩餐会はとくに嬉しかった。ワインセラーに並ぶ輸入物のワインはたちまち飲み干されたが、地元で蒸留された大量の火酒があったので宴は活気づいた。

「晩餐後、われわれは蓄音機をかけてロシアのダンスを踊ったり、価値の下がったロシア通貨で軽くトランプの賭けをしたりした」

カシュガルは、パーシー・イサートンにとっては旅の目的地だった。彼はこの町に残り、インドのデリーに、やがてはロンドンへ情報を送ることになる。同時にボリシェヴィキ――彼は「赤いくずども」と呼んでいた――との孤独な戦いに従事することになる。のちに彼はロシア国内で悪しざまに言われ、懸賞金付きのおたずね者になった。

ベイリーとブラッカーはカシュガルに一か月半滞在したのちの一九一八年七月の第三週に、タシケントまでの過酷な陸路の旅に出た。ステファノヴィチという名のロシア人夫妻が一緒だった。

彼らはカシュガルのロシア領事館勤務を終えてタシケントに戻るところだった。

カシュガルから西トルキスタンの国境まで一週間かかったが、馬乳酒のおかげで栄養補給することができた。国境でもめるかと思ったが、驚いたことにロシア人の国境警備隊員からは温かく迎えられた。

「彼らはきっと、ボリシェヴィキの思想に共感していないのだろう。ひどく不安定な状態で暮らしているようだ」とベイリーは記している。

そこからタシケントまでさらに二週間かけて旅をしたが、その間に彼らの任務は広く知れ渡ってしまった。「われわれ一行に関する途方もない噂が独り歩きしていた。われわれはフェルガナ盆地とタシケントを占領するためにインド帝国から派遣された一万二千人の軍隊の先遣隊だというのだ。〔そして〕われわれの従者は全員、変装したセポイ（インド人傭兵）だそうだ」

過酷な旅だった。真夏にもかかわらず、夜は身を切るような寒さで、地面はかちかちに凍っていた。風に舞う粉雪のあいだから、「数えきれないほどの動物の骨と、危険な旅で命を落とした人間の骨」が見えた。

一行は旅の途中でたびたび休憩した。虫取り網を持参したベイリーが、この機会を利用して珍種の蝶の収集に夢中だったからだ。草原を通り過ぎるたびに蝶の大群が現れるので、ベイリーは百種類以上の蝶を採集した。その中には見事なヒマラヤヒメウスバシロチョウもあった。

あるとき、ベイリー一行はボリシェヴィキの役人と初めて出会った。「ルパシカを着てトップブーツをはき、これ見よがしにベルトに拳銃をはさんだ、絵から飛び出してきたような男たちだった。田舎者の彼らは自分たちを大物に見せようと躍起になっていたが、完全に失敗だった」

◉タシケント到着

一九一八年夏、ベイリーとブラッカーはついにタシケントに到着した。町一番のレジーナ・ホテルにチェックインし、タシケントの革命政府［一九一八年から二四年までトルキスタン自治ソビエト社会主義共和国が存在。その後、トルクメン、キルギスなどの共和国に分割された］の外務人民委員部（外務省）を訪ねる準備を始めた。その間に、従者のクーリーたちはインドまでの帰国の長旅に出発した。

ベイリーは新政権側との対話を望んでいたが、すぐにその考えは間違いだと気づいた。この町の権力者であるボリシェヴィキの官僚たちはろくに教育を受けておらず、行政経験がまったくなかった。ほんの数か月前まで、彼らは中央アジア鉄道の整備士や油差しの仕事をしていたに過ぎない。だが今や、そんな男たちが権力を握っているのだ。

とはいえ、何もかもが革命の犠牲になったわけではなかった。町の酒場や野外レストランはまだ営業していて、午後も遅い日差しになると突如輝きを放った。それぞれの店はダンス音楽を演奏する楽団を抱えていた。楽団員はオーストリア人の戦争捕虜。かつてはロシア帝国領だったこの辺境の地で、彼らは半ば自由を享受し、桑の木の涼しい木陰でバイオリンを奏でた。

ベイリーとブラッカーは「チャシュカ・チャヤ（一杯の茶）」という名の店に通い、すぐに楽団員と顔なじみになった。「われわれが店に入っていくと、彼らは演奏を中断して、イギリス軍将兵によって広く愛唱された『遥かなティペラリー〔アイルランドの町の名。大戦中にそこから多くの兵士が出征した〕』を演奏してくれた」。映画館も気晴らしになった。ふたりのイギリス人が町にやってきてから、映画『ゼンダ城の虜』〔イギリス人作家アンソニー・ホープの冒険小説が原作〕が上映されるようになった。

タシケントの町は外の世界から孤立していた。モスクワへ続く幹線道路と鉄道が、革命時の戦闘で切断されたからだ。また、数名のヨーロッパ人が革命後の混乱で町に取り残されていた。そうした人々の中にイギリス人のエドワード夫妻や、「マダム・クアーツ」と呼ばれるイギリス人の初老の未亡人がいた。彼女はロシア帝国時代のトルキスタン初代総督であったコンスタンチン・フォン・カウフマン将軍の子弟の家庭教師をしていたが、英語をほとんど忘れてしまっていた。「〔彼女は〕淀みながら話し、単語と文法を間違えていたが、外国語訛りはまったくみられなかった」

タシケントは、アメリカ総領事ロジャー・トレッドウェルの赴任先でもあった。当時、彼はほかの外国人とともにボリシェヴィキに逮捕され――すぐに自由の身になったが――、世間の耳目を集めた。トレッドウェルは地元の名士の屋敷で暮らしていたが、その家族に雇われていたのが変わり者のアイルランド人家庭教師ミス・ヒューストンだった。ベイリーは彼女から、放浪の旅人や変人の波瀾万丈の物語を聞いた。ベイリー自身も変わり者と出会ったが、出色だったのは、芸をするゾウのチームを率いてトルキスタン中を巡業しているイギリス人だった。彼が何者で、どんな人生を送ってきたのかは、知ることができなかった。

ロシア革命によってタシケントの人々の生活が困窮をきわめていたのは確かだった。市場《いちば》には果物も野菜もなく、失業者は週を追うごとに増加した。さらに深刻な問題は、革命後の経済の崩壊により、知的職業層が切り捨てられてしまったことだ。

「労働者たちは物事の進め方が強引で、誠実さに欠けていた」とベイリーは記している。彼らは新しい思想を盲信し、「闘いの目的と称する多くのこと、とくに報道の自由や集会の自由を何の迷いもなく禁じた」

ベイリーの仕事は、インド政府にタシケントの政治情勢に関する情報を送ることだったが、通信が容易でないことがわかった。タシケントにひとつしかない電報局はボリシェヴィキが管理していた。シドニー・ライリーやジョージ・ヒルが作り出したような連絡係のネットワークがなかったので、お手上げの状態だった。

そこでベイリーはブラッカーのオートバイに乗って西トルキスタンの平原を横切り、そこから先は伝書鳩を飛ばしてパミール高原を越えさせることを計画した。ブラッカーはガソリン不足を補うためにウオッカでオートバイを走らせることに成功したが、調達した伝書鳩はタシケントに着く前に食べ尽くされてしまった。「［ハトは］フンザ渓谷［現在のパキスタン北西部］の美しいハヤブサを太らせるのに役立った」

ベイリーはこんなことではへこたれず、タシケントのボリシェヴィキ政権が何を考えているのかを知ろうとして、閣僚のひとりであるダマガツキー外務人民委員をブラッカーとともに表敬訪問したが、面会は出だしから失敗した。ベイリーは知らなかったのだが、北東ペルシャを本拠地とするイギリス軍の大隊が、国境を接して対峙していた赤軍と最近会戦して大打撃を与え、赤軍にかなりの戦死者が出ていた。ダマガツキーは会うなり怒気を発し、説明を求めた。

イギリス軍の攻撃について何も知らなかったベイリーは、ダマガツキーの情報は誤ってはいないかと揺さぶり、攻撃してきた軍隊がイギリス軍だとなぜわかるのか、白軍ではないのかと逆に質問した。

「返事は単純で、御世辞も込められていた。大砲の性能がよく、ロシアの大砲とは比べ物にならなかったと言うのだ」。ダマガツキーは、砲弾に英語の文字があったと言い添え、もしベイリーが自分の言うことを信じないのなら、「納得させるために捕虜を連れてくる」と言い出した。

ダマガツキーはこの招かれざるイギリス人をひどく怪しんだ。ふたりがインド帝国の正式な使節であるとは思えなかった。信任状を見せてくれと言うと、持ってきていないと言われ、さらに不信感が募った。「求められた書類を提示できないでいると、彼はわれわれをスパイだと糾弾した」

ベイリーはわざと無頓着に聞き流し、自分はインド帝国の正式な使節であると繰り返し主張した。そして西トルキスタンに収容されている十九万人のオーストリア兵とドイツ兵の戦争捕虜をきちんと管理するようダマガツキーに求めた。だが色よい返事はもらえず、それどころか、少なくとも分遣隊のひとつが赤軍に入隊する予定であることを知った。

「立派な口ひげを生やした元上級曹長の指揮の下、約六十名のドイツ兵の分遣隊が黒革の軍服を粋に着こなして、タシケントの町を大々的に行進している姿が見られた」。ベイリーは彼らが行進しながら、敬礼したり、「インターナショナル（革命歌）」を歌ったりしている姿を目の当たりにした。

ベイリーは動揺した。この軍隊ならアフガニスタン北部の細長い地域を横切ってインドまで簡単に進軍することができるだろう。それによって、「インドが戦争へと巻き込まれるような重大な結果がもたらされるかもしれない」

ベイリーがさらに不安になったのは、この小隊はさらなる大隊の先遣隊に過ぎないとダマガツキーが素直に認めたときだ。「彼らに革命思想を吹き込み、赤軍に入隊させるのがわが政府の望みだ」とダマガツキーはベイリーに語った。

次にベイリーが話題にしたのは、弾薬の製造に不可欠な綿［綿を硝酸と硫酸の混酸で処理して得られるニトロセルロースが、火薬として応用された］の西トルキスタンでの備蓄の問題だ。ドイツへ輸出されないように、適切に監視されているのかどうか、ベイリーは尋ねた。

ダマガツキーは質問を振り払うように手を振り、「帝国主義者同士の戦争など、ソビエト・ロシアにとってはどうでもいいことだ。綿を買い取り、運んでいける者なら、誰だって綿を手に入れられる」と答えた。

最後にベイリーが要求したのは、タシケントの革命政府はインド帝国に敵対するイスラム部族の暴動を助長するような試みを一切中止してほしいというものだった。インド人はイギリスに対して反乱を起こすべきだというレーニンの呼びかけを、インド政府は重大な警告として受け止めていた。圧倒的にイスラム系住民が多い北西辺境州の政情不安を考えればなおさらだ。

「こうした脅威は当時、きわめて現実的で差し迫っているように思えた。と同時に、戦後の厄介な揉めごとの種になる危険性も感じられた」

この件に関して、ダマガツキーは多少慰めの言葉をかけてくれた。彼が言うには、宗教的なプロパガンダはソビエト政府の政策に反すると言うのだ。彼はイスラム教徒の反乱を煽る気はないと明言した。

結論の出ないまま面会時間が終わる頃には、ベイリーは自分とブラッカーがスパイとしてこのまま逮捕されるのではないかと不安になった。「後でわかったことだが、短期間でも拘留されれば、ほぼ間違いなく殺されていただろう」

当時、拘留されるとすれば市刑務所しかなかったが、生き残れるか否かは運次第だった。「酔っ払いの兵士連中が刑務所にやってきては囚人を連れ出し、射殺していた。あるときわれわれが通りを歩いていると、市刑務所から叫び声と銃声が聞こえた。まさにそうした兵士による殺害が行なわれていたのだ」

ベイリーは「刑務所が囚人でいっぱいでスペースを作る必要があるときは、もう少し正当な理由で処刑された」と付け加えている。

結局、ダマガツキーは機が熟すのを待つことにし、ベイリーとブラッカーが外務人民委員部から自由に出ていくことを許した。もっとも、自分たちがマークされていることはふたりとも承知のうえだ。「われわれはどこに行くにもスパイに尾行された。コンサートや映画館に行って夜帰宅すると、彼らは懐中電灯を点滅して謎めいた合図を送ったり、ベルを鳴らしてわれわれの帰宅を報告したりした。警官は昼夜を分かたずわれわれを探し、夜中の二時にやってきたこともあった」

タシケントに留まれば、ずっと命の危険にさらされるだろう。それは明らかだ。そして遅かれ早かれ逮捕され、処刑されるだろう。しかし町から逃げ出すことはかなり難しかった。タシケントのチェカーは彼らを貴重な人質と考えていた。町から脱出しようとしたとたん、間違いなくチェカーが駆けつけるだろう。

ふたりにとっては不利なことばかりだったので、ここは冷静にようすを見ることにした。だが姿を隠さなければならないときが、じきに来ることはわかっていた。

そのときは、モスクワやペトログラードにいるマンスフィールド・カミングの諜報員のように、まったく別の人物になりすまして再び姿を現すことになるだろう。

第8章 ロシア転覆計画

◉ジョージ・ヒルの地下活動

一九一八年八月初めに連合国軍がロシア北部に上陸して数日間が経ち、シドニー・ライリーとジョージ・ヒルはモスクワにいることがますます危険になったことを実感した。

ロシア共産党（ボリシェヴィキ）［モスクワ遷都の時期に改名］の指導者たちは連合国軍の上陸に激怒し、それを「侵略」を呼んだが、その実態は侵略と言えるようなものではなかった。ほんの千五百名の兵士が上陸しただけで、彼らの目的は未使用の武器が保管されている武器庫の警護であって、ロシアへの攻撃などではなかった。にもかかわらず、レーニンとトロツキーの反応は素早かった。上陸したその日に欧米の領事館を襲撃させたのだ。それは取りも直さず、ソビエト・ロシアは今や欧米の敵国であるという明確なサインだった。

ジョージ・ヒルはだいぶ前から地下に潜る準備をしていたが、いざそのときが来るとパニックに襲われた。「私は一瞬、ひどく取り乱した。もし捕まったら、半時間もしないうちに違法に活動するスパイとして即決裁判にかけられ、銃殺されるだろう」

ヒルは深呼吸をして気を静めた。それから、自分のやろうしていることに間違いはないと自分に言い聞かせ、イギリス人将校として暮らしていたアパートを出て、まったく新しい生活を始めることにした。最後に部屋を出る前に、残していく大事な私物を眺めた。「帽子、剣、写真、愛読書。貴重な勲章が一、二個。イギリスに持ち帰るために購入したさまざまな小物……」

何の役にも立たないだろうと思い、モーゼル社の拳銃、ウェブリー・アンド・スコット社の軍用拳銃はアパートに残した。「十中八九、拳銃は無用の長物となり、窮地を救ってくれることはまずないだろう」。ヒルはそれよりも仕込み杖を好んだ。数か月前に、仕込み杖を使って命拾いをしたことがあったからだ。

新しい人物になりすますために、二段階を踏むことにした。第一段階は、数か月前に借りておいた安全な隠れ家に移ることだった。「アパートに入るときにいつも使う玄関とは別の玄関から出て、さりげなくあたりを見まわして尾行されていないかを確かめてからタクシーに乗り込み、モスクワの反対側へと向かった」

安全な隠れ家に着くや否や、洋服をすっかり着替えた。すでに数日前に届けられていた服はどれもぴったりだった。「粗い麻布の濃紺のシャツが三、四枚。これは首のところでボタンを留めるシャツだ。リネンの下着。既製服の安物の黒いズボン。市場の屋台で売っているような手編みの靴下。中古のトップブーツ。年季の入ったひさしのある帽子」

ヒルは急いで着替えてから、脱いだ服を跡形もなく処分する準備を始めた。「イギリス製のスーツ、下着、ネクタイ、靴下、ブーツをストーブの中に入れ、火をつけてストーブの扉を閉めた。十分後にはすべて燃えてしまった」

ほどなくヒルの連絡係のリーダーであるエージェントZが、公印の押された新しい身分証と、信憑性を増すためにビザ（査証）を持ってやってきた。さらに安物のレインコート、ロシア製タバコ百本、数名の連絡係からの最新の報告書も持参した。「私はそれらをバッグに入れ、ゲオルク・ベルクマンとしてそのアパートを出た」。こうしてベルクマンへなりすます作業は終わった。ジョージ・ヒルはもはや存在しなかった。

彼はモスクワ川の南岸にある貧民街に向かった。そこには以前借りておいた別のアパートがあり、秘書のエヴェリンと落ち合った。彼女は「私が関わっている仕事すべてに精通していた」。イギリス人の血を引くエヴェリンは、ロシアで教育を受け、英語とロシア語のほかに、ドイツ語とフランス語とイタリア語を流暢に話せた。

「労働者階級の人間になりすまし、地下生活を送ればきっとうまくいくとわれわれは考えた」。エヴェリンは共産党が運営する新しい学校で教師の仕事を得た。「それによって、彼女は必要な書類だけでなく、党発行の人もうらやむ配給証を入手できた。当時は配給証か大金がなければ、食料は手に入らなかった」

ヒルもまた何とか仕事を得て、映画スタジオのフィルム現像技師として働くことになった。その仕事のおかげで彼もまた配給証を手に入れられたが、ほかにも予想外の役得があった。一般公開される前にニュースが見られるので、先手を取ることができた。

ヒルはサリーとアニーという名のイギリス生まれでロシア育ちの姉妹を雇い、地下組織運営の手助けをさせた。彼はサリーにひとめぼれした。「これほど美しい娘に会ったことがなかった。鴉《からす》の濡れ羽色のような髪、桃色の肌、とても繊細で透き通るような白い手」。一方、アニーはサリーのような美貌の持ち主ではなく、ずんぐりしていたが、陽気で「気立てが良かった」

やがてアニーはヒルのチームの要となった。彼女は仕立屋になりすますことにしたが、そのおかげでヒルや彼の連絡係は服に困ることはなかった。さらに近所の人たちからも服の注文を受けた。これはなかなかいい手だった。「仕立屋なら、人の出入りが激しくても怪しまれることはなかった」。こうしてまったく疑われることなくアパートに持ち込まれた機密情報は、ヒルが精査したのち、連絡係に届けられた。

すぐにヒルたちは協力者がもうひとり必要なことに気づいた。相談した結果、ヴァイという名の信頼できるロシア娘をチームに加えた。彼女には身寄りがなかった。ヒルはヴァイがサリーに負けず劣らず魅力的な女性であることに気づいた。「〔彼女は〕青い瞳にブロンドの長身の娘で、やがてとても勇敢であることを絶妙なタイミングと方法で証明した」

サリーとヴァイのどちらを口説こうかと迷ったが、ヒルはどちらかと言えばヴァイのほうに惹かれていた。だがヴァイは十七歳になったばかりだった。「愛しのヴァイ……彼女のせいで時間があっという間に過ぎてしまう。そこであるとき、私たちは愛し合うことについて真剣に話し合った」。ヒルは彼女がとても若いことを気にかけ、思いとどまることにした。もっとも、恋にうつつを抜かしている場合ではなく、まず諜報活動のシステムを立ち上げ、運営しなければならなかった。

エヴェリン、サリー、アニー、ヴァイの四人の娘とヒルは共同生活にすぐに慣れたが、人に疑われないようにいつも細心の注意を払って暮らした。彼らが住んでいる一階建てのアパートは、慎重に選んだ物件だった。その敷地には、同じような低層階のアパートが建ち並んでいた。「ここには大きな利点がふたつあった。正面玄関は通りに面しているが、裏口はほかのアパートと共有の広い中庭に面していたことだ」

唯一の問題は――こうした団地に共通して言えることだが――ドゥヴォルニク、つまり門番がいることだった。彼らはチェカーに雇われ、「住民の言動に目を光らせていた」

娘たちは、マラリアにかかっている人を下宿させているという話をでっち上げた。「〔これには〕私のひげが伸びるまでの時間稼ぎも含まれていた」とヒルは述べている。彼の顔はモスクワでよく知られていたので、容貌を一変させなければならなかった。

ヒルにとって、ひげを伸ばすのは苦痛以外の何ものでもなかった。「何よりもまず、あの忌まわしいものは鮮やかな赤い色をしていた……そして生えるにつれて、毛先が曲がって肌に当たるようになり、湿疹ができてひりひりした」。ヒルの機嫌を直すためには、高級ブランデーが一本必要だった。

じきにヒルは大量の仕事に追われた。ロシアに着任してから多くのコネを作った結果、今や彼は信頼できる反ボリシェヴィキのスパイを何人も抱えていた。彼らは無数の前線で、とくに白軍が赤軍を攻撃している町や村で、ヒルのために諜報活動をしてくれた。ヒルは、連合国がソビエト政府に対してより攻撃的になろうとしていることを知っていた。しかし軍隊をさらに上陸させる前に、正確な軍事情報を得ることが不可欠だ。今こそ、ヒルのスパイたちの真価が問われるときだった。

「〔彼らは〕進軍するのに最適な道路を見つけ、待ち伏せはないか探りだし、ソビエト軍の配備、銃、食糧備蓄、軍需品集積所、軍隊の士気を調べなければならなかった……〔そして〕必要ならば、穏やかな破壊工作に従事した」

そうした破壊工作はウクライナ領内のドイツ軍相手に行なわれることもあれば、赤軍相手に行なわれることもあった。だがヒルが述べているような「穏やかな」ものではなかった。彼自身もそうした破壊工作のひとつに参加し、自家製爆弾でガス工場を爆破させた。

「大爆発のあとに目がくらむような閃光が走り、やがて死のような静寂が訪れた。われわれはよろめきながらその場を立ち去った。その後長いあいだ、私の鼻からおびただしい量の出血があり、どうやっても止めることができなかった」

ドイツ軍施設への攻撃は大成功だったが、ヒルはドイツ軍から生命を狙われた。彼がモスクワ飛行場の格納庫のそばに車を停めていると、ドイツ人の殺し屋が物陰から躍り出て、彼の足もとに手榴弾を投げつけた。

それは不発に終わり、ヒルはすぐに反撃に出た。その暗殺者気取りの男を捕まえ、顔をレンガで殴りつけ、重傷を負わせた。「彼を殺してしまったのかどうかはわからないが、あのときは殺してしまいたいと心底思った」

ヒルは、白軍の戦闘能力について大量の情報を集めたが、報告書は読んだ者を不安にさせるような内容だった。実は白軍はまとまりがなく、指導力が不足していた。

「秩序がなく、食糧、弾薬、資材が不足しているという報告ばかりで、内紛もあるという噂だ」とヒルは暗号文でロンドンに報告した。

軍事情報を送るのは危険な仕事なので、慎重に行動しなければならなかった。報告書はどれもヒルが暗号化してから、娘たちのひとりがタイプライターを使ってタイプした。英文タイプライターは密かにアパートに運び込んでおいた。「居間の内側の壁に沿って短い床板を二枚はがし、そこにタイプライターと暗号表を隠した」

軍事情報を暗号化しているときはいつでも、ガソリンの入った小さな瓶を手元に置いていた。「アパートが急襲されたら、報告書と暗号表をタイプライターの蓋に投げ込み、ガソリンをまいて火をつけるつもりだった」

彼の連絡係が三名逮捕され、暗号化された報告書が発見されたために、ストックホルムのジョン・スケールに情報を送る方法を変更せざるを得なかった。「彼らが捕まったのは、コートの内側に縫い付けた報告書がボディーチェックをされたときにカサカサと音がしたからだった」

それ以降、報告書はリネンの布きれにタイプし、コートの襟に縫い付けるようにした。「単調で退屈な仕事だった。紙にタイプするよりもかなり時間がかかった」

そうした仕事のストレスで、ヒルはサリーを口説く時間などなかった（そのうえ、彼女の変装は完璧で、どこから見てもモスクワの貧しい娘そのものだった）。あるとき、ヒルがアパートに戻ってくると、ぼろをまとった女が下水溝に汚水を捨てていた。それを見て彼は驚いた。「サリーだった。あの美しいサリーが、垢じみた白いブラウスを着た、裸足の女に変身していた」。彼が通り過ぎたとき、サリーは鼻をかんで下水溝に鼻水を落とした。そのようすは見るに堪えなかった。

ヒルはゲオルク・ベルクマンとして数週間暮らしているうちに、新しい人物になりすますことにすっかり慣れてきた。赤毛のあごひげに黄褐色の染みがついた手――フィルム現像所で使う化学薬品のせいだ――でぶらぶら歩いていると、軍服を着てゲートルを巻き、英国陸軍航空隊の記章を付けたジョージ・ヒルとはまったく別人に見えた。誰にも変装を見破られることはないだろうと自信満々だった。

しかし彼はミスを犯していた。それも命にかかわるようなミスだ。ある日エヴェリンが窓から外を眺めていると、こちらに向かって歩いてくるヒルの姿が見えた。行進中のイギリス人将校のようだった。「あんな歩き方をしていたら、正体がばれるわ」と、エヴェリンはアパートに戻ったヒルに注意した。「労働者階級のロシア人は、あんなふうには歩かない」

こんなこともあった。ヒルは食料品店に入ると、自分がみすぼらしい服のロシア人であることを一瞬忘れて、横柄な口調で注文してしまった。「私は人に命令するのに慣れている客のように振る舞ってしまった。店員が怪訝そうに見るので、はっとわれに返った。青ざめた私は――小銭を持っているのも不似合いな身なりだったが――品物の代金を払い、そそくさと店を出た」

それはスパイとしては命取りになりかねないような出来事だったので、ヒルは二度と繰り返すまいと心に誓った。「私は逮捕されるのではないかという恐怖に取りつかれていた。マケドニアでスパイが処刑されるのを目撃してしまった私は、以来その姿が目に焼き付いて、頭から離れなかった」

ヒルはシドニー・ライリーとは、ここ数日連絡を取り合っていなかった。ヴァイに協力してもらって、モスクワの公園で彼と落ち合うことができた。

「彼を一目見て驚いた。あの姿は一生忘れないだろう。彼もひげを生やしていたが、醜い悪魔のように見えた。私がそう言うと、彼も私の変装ぶりをほめてくれた」

ライリーはフリーデ大佐から軍事的な機密文書を大量に手に入れ、さらにチェカーの犯罪部に勤務する高官の協力者からも高度な機密情報を入手していた。またクロンシュタット港［ペトログラード近くの、フィンランド湾に浮かぶコトリン島の港」に停泊しているロシア艦隊に関する情報もつかんでいた。これらはどれもロンドンのカミングのもとへ、ほかの書類の束と一緒に送られなければならなかった。

ほかにもライリーには計画があった。そのあまりの大胆さに、ヒルは当惑してしまった。

◉ライリーのロシア転覆計画

マンスフィールド・カミングはシドニー・ライリーにスパイの仕事を持ちかけたとき、彼の秘密を数多く握っていた。破廉恥であるという評判から仕事の仕方が狡猾だというものまであり、最初から問題視されていた男だったが、カミングは採用を決めた。

しかしライリーはロシアに赴任して以来ずっと、スパイとしてきわめて優秀であった。機密情報を大量に入手し、新政権が決して盤石ではないことを明らかにした。その成果により、諜報活動の有効性――現地に人を送り込むことによって、ロシア国内で進行中の出来事を正確に判断する――を唱えるカミングの正しさを立証する形になった。

これまでライリーは機密文書を手に入れ、それをロンドンに送ることが自分の活動と心得ていた。ところが一九一八年八月の第三週には、虚栄心に駆られて自分を見失っていたようだ。ジョージ・ヒルに会い、実に衝撃的なニュースを打ち明けた。共産党幹部全員の暗殺計画があり、彼自身が――ライリーがその中心人物だという。

この驚くべき計画には、複数のスパイと不満を抱いている陸軍将校と少なくとも一名の内通者が関与していた。彼らは全員、見事なほど二枚舌を駆使して行動した。ライリーの計画は、「大胆で、巧妙に練り上げられていた」。ヒルはライリーから計画の進展を知らされていたので、「もしライリー中尉《ママ》が何らかの理由でこの計画を遂行できなかった場合には、彼の志を継いで私が続行するつもりだった」と述べている。

この計画は、モスクワのフレブニ通りにあるロックハートの私邸のアパートで産声をあげた（彼は連合国軍の上陸直後にここに引っ越してきた）。一九一八年八月十五日の昼食時に、玄関のドアをノックする音に彼はぎくりとした。ドアを開けると、目の前にふたりのラトビア兵が立っていた。内密な話があるという。

「スミドチェンという名の血色の悪い小柄な若者と、ベルジンという名の目鼻立ちのはっきりした眼光鋭い長身の頑強な男が立っていた。彼は大佐だと名乗った」

話の大半はベルジン大佐が喋った。彼はレット（ラトビア）連隊の上級司令官で、革命以降はボリシェヴィキ政府の警護をしてきたと語った。ラトビア連隊はレーニンにとっては不可欠な存在であり、いくつものクーデター未遂事件から彼の政権を守ってくれた。彼らの警護がなかったら、まず間違いなくクーデターは成功し、レーニンたちは政権から引きずりおろされていただろう。

ロックハートはこの思いがけない客を最初は疑いの目で見たが、イギリス大使館付海軍武官のクローミー大尉の手紙を見せられ、取りあえず彼らを信用することにした。

「私はおとり捜査に引っかからないように、その手紙を丹念に調べた。間違いなくクローミー直筆の手紙だった……スミドチェンはわれわれの役に立つ男だという推薦の言葉で結ばれていた」

ロックハートはふたりを部屋に招き入れ、矢継ぎ早に質問した。彼らの答えは次のようなものだった。ラトビア連隊は革命政府を警護する情熱を失ってしまった。自分たちがレーニンに仕えるのは金のためである。ところが連合国軍と戦うためにロシア北部に派遣される可能性があると知って気が気でない。それを避けるために、祖国ラトビアに帰りたい。ラトビアはドイツ軍占領下にあるので、これは無理な話だが、もし連合国軍が戦争に勝利したら――その可能性は高まっているようだが――帰国も夢ではなくなるだろう。

要するに彼らがロックハートに頼みたいのは、ロシア北部の連合国軍司令官であるプール将軍に手紙を送り、彼らラトビア連隊の投降がスムーズに行くように頼んでくれないかということだった。

ロックハートは彼らの話を興味深く聞いていたが、即答はできないと返事し、明日もう一度来てほしいと返事した。ふたりが帰るや否や、彼はふたりのフランス人、ラヴェルニュ将軍とグルナール領事とこの件について話し合うために町を横断して会いにいった。

三人は、ベルジン大佐からの要請をプール将軍に伝えても何の差し障りもないということで一致した。とどのつまり、ラトビア連隊が投降すれば連合国軍にとってかなり有利になる。だが何よりも重要なのは、秘密裏に事を進めることだった。彼らに協力していることが露見したら大変なことになる。

ベルジン大佐とスミドチェンは、約束通り翌日の十六日にロックハートのアパートにやってきた。彼らはまずグルナール領事に紹介された。彼がふたりに会ってみたいと言い出したからだ。ふたりは、ドイツの支配下にある祖国ラトビアを解放するために連合国軍に協力したいと語った。するとと注意深く耳を傾けていたグルナール領事が、まったく思いがけないことを提案し始めた。最初にベルジン大佐の連隊がボリシェヴィキ政府転覆の手伝いをしてくれたら、連合国軍はラトビアのドイツ軍を撃退するために精力的な軍事作戦を展開すると言い出したのだ。

これを聞いて、ふたりのラトビア人は驚愕した。彼ら自身が依頼したことより、はるかに大がかりで危険な計画をグルナール領事は持ちかけているのだ。

この日、ロックハートのアパートにはもうひとり客がいた。すっかり変装したシドニー・ライリーがその場にいて、グルナール領事の提案にひどく心を動かされた。彼は昔から革命政府の転覆を夢見ていた。その好機が訪れたのだ。

「ラトビア人はボリシェヴィキではなかった」とライリーは後日述べている。「彼らはその使用人だ。ほかに生きる術がないからだ。彼らは外国の傭兵に過ぎない。外国の傭兵は金のために働く。最高値の入札者の思い通りに働く。もしラトビア人を買収できたら、私の仕事は楽なものになるだろう」

ライリーはロックハートのアパートを出るとすぐにジョージ・ヒルに会い、先ほど聞いた驚くべき話を伝えた。ライリーもヒルも、もしラトビア人がボリシェヴィキを見限ったらレーニンの政府はお終いだという点で意見が一致した。

「ラトビア人はソビエト政府の礎石であり、土台であった。彼らはクレムリンと金塊と弾薬を警護していた」とヒルは述べている。彼らはまた多くの重要な地位を占めていた。「非常委員会〔チエカー〕、刑務所、銀行、鉄道の幹部はラトビア人だった」

しかしライリーは政府転覆計画に熱中するあまり、自分の判断力を曇らせてしまう。ラトビア人がレーニン政権への支持を止めると語ったからといって、彼らが武器を手にしてその政権を転覆することまで考えているわけではない。にもかかわらず、スミドチェンとベルジン大佐の話を聞いているうちに、第二のナポレオンになるというライリーの夢が再燃してしまった。

「コルシカ島出身の砲兵隊中尉がフランス革命の残り火を踏み消した。多くの能力を兼ね備えたイギリスの諜報員なら、モスクワの主人になることだって可能ではないだろうか？」。ヒルと議論を戦わせたあと、ライリーはロックハートのアパートに戻り、クーデターを組織する際の現実的な問題について話し合った。

ロックハートはのちにこの陰謀から距離を置くようになり、自分とグルナール領事はライリーを思い止まらせようとしたと主張するようになる。「〔彼には〕危険で怪しげな陰謀とは無関係でいるようにはっきりと警告した」

ロックハートはライリーの計画から手を引いたように書いているが、それは当時イギリス政府に送った彼の極秘の覚書と矛盾する。覚書からは、ロックハートはライリーとともにクーデターの最初の段階から関与し、資金集めにも個人的に関わっていたことがわかる。

八月十七日に、ライリーはトヴェルスコイ通りにあるトランブル・カフェでベルジン大佐とふたりきりで会った。そのカフェはいつもうるさいほど賑やかで、立ち聞きされる心配はかえってなく、密談にはぴったりの場所だった。ライリーはベルジン大佐が信用できる人間だと知って満足し、クーデター計画について説明し始めた。

ベルジン大佐はライリーの話を黙って聞いたのち、ラトビア軍の支持は得られるだろうと請け合った。「ラトビア連隊は自分たちの主人に嫌悪感しか抱いていない。仕えるのは、ほかに手段がないからだ」

ライリーはベルジン大佐の言葉に満足だった。そこで本気だということを示すために、大佐に七十万ルーブルという大金を渡し、さらにもっと用意できると約束した。この金の大半はロックハートが集めたもので、アメリカからの二十万ルーブルと、フランスからの五十万ルーブルだった。

八月十八日以降、ライリーはベルジン大佐、ジョージ・ヒル、アーネスト・ボイスと定期的に会った。モスクワの諜報員を束ねる立場にあるボイスは、ライリーよりもはるかに慎重派で、このクーデター計画にまだ納得していなかった。諜報員は機密情報を収集するためにモスクワに派遣されたのであって、政権を転覆するためではなかったからだ。彼はライリーに「何もかもが非常に危険だ」と忠告した。

しかしライリーは計画の撤回を拒み、さんざん粘って、ボイスからあいまいな承認を無理やり引き出した。ボイスはライリーに「それは試す価値はある」が、非常に慎重に扱うべき案件だから個人の仕事にしておかなければならないと強調した。それはライ、、、、リーの転覆計画であって、イギリスの諜報機関は一切関与しないというのだ。

「計画が失敗した場合、全責任はライリーが負うことになる」とボイスは言った。言質《げんち》を取って、これから起こるすべての出来事の責任をライリーに転嫁した。

◉頓挫した計画

ライリーは詳細なクーデター計画を立て始めた。その成否は、モスクワ駐留ラトビア軍兵士の肩にほぼ全面的にかかっていた。共産党の幹部全員が一堂に会する次の全ロシア・ソビエト大会の開催中に、彼らがレーニンとトロツキーを逮捕するという手筈だった。

レーニン政権の崩壊が国中に知れ渡ったら、ライリーは「彼らを町中に引きまわし」たかった。「そうすれば、ロシアの暴君たちが捕まったことを誰もが知ることになるだろう」

さらにライリーは、危険な政治的空白を避けるために、レーニンとトロツキーの逮捕後数時間以内に新政府を樹立するつもりだった。

彼の友人である、白軍のユデーニチ将軍が最初に名乗りをあげ、政権を握る。そしてほかの知人が閣僚に就任する。たとえば、グラマチコフは内務大臣に、チュベルスキーという昔の仕事仲間は通信大臣に入閣する。これら三人には「こうした大変革のあとに必ず起こる無政府状態を鎮静化する」権限が与えられるだろう。

ライリーはさらに数回ベルジン大佐と会って、新たに合計五十万ルーブルを二回にわたって手渡した。ふたりはクーデター計画の細部についてほぼ合意したが、ベルジンはレーニンとトロツキーを町中に引きまわすというライリーの考えには強く反対した。芝居がかっていてくだらないと言うのだ。彼はふたりを直ちに処刑すべきであると主張した。「彼らの演説は天下一品だから、逮捕しにいった者たちの心を動かしてしまうかもしれない。そうした危険を避けるのが望ましい」。

ライリーはジョージ・ヒルにこの件について相談し、そのまま進めることにした。「指導者たちを引きまわすのは、彼らを殉教者にするためではなく、世間の前で笑い者にするためだ」とライリーは語った。この件については、ライリーにしてはめずらしく迷ったが、彼のような決断力のある人間でも逡巡するときがあるということだ。

八月二十五日。ライリーは、モスクワのアメリカ領事館で開かれた重要な会議に参加した。アメリカとフランスの諜報員に今後のことを伝えるために招集された会議だ。出席したのは、アメリカの諜報機関のロシア支局長クセノフォン・カラマティアノ。この派手な元実業家のスパイは、陰謀に長けているという評判だった。同じくフランスのアンリ・ドゥ・ヴェルトモン大佐。

「私は不安だった」とライリーは述べている。「神経が絶えず張り詰めているときには危険な状況に陥りやすいので、人付き合いを避け、会議——たとえ私のために招集されたものであっても

――に出るべきではなかった。だが最後には、気の迷いだと自分に言い聞かせて出かけていった」

会議の議題はふたつ――ライリーのクーデター計画と大規模な破壊工作の可能性についてだ。この会議をきっかけにして、三人の諜報員（ライリー、カラマティアノ、ヴェルトモン大佐）が今後、合同プロジェクトを組むことも話し合われた。

ライリーが彼らふたりと話していると、驚いたことに客がもうひとりやってきた。『フィガロ』紙のモスクワ特派員ルネ・マルシャンだ。フランス領事グルナールの話によれば、彼はフランス政府の諜報員だという。

「これだ――私にずっと付きまとっていた不安の正体がはっきりした」。マルシャンは信用できないと、ライリーの第六感が警告した。

マルシャンへの疑いは会議中にさらに増した。ライリーは会議を中座して、クーデターの詳細を話し合うためにヴェルトモン大佐を続き部屋にそっと連れ出した。「われわれが〔立ち〕話をしていた部屋は、細長く薄暗かった。活発に議論している最中に、マルシャンが部屋にそっと忍び込んでいたことに気づいた。われわれの会話の大部分を立ち聞きされたのは間違いない」

ライリーはマルシャンのことが気がかりだったが、そのままにしておいた。クーデター計画は会議後の数日間でかなり進んだ。ベルジン大佐は、彼の最も忠実な部隊がソビエト大会の日に、会場となるボリショイ劇場を警備することになるだろうとライリーに請け合った。

「合図とともに兵士たちは各扉を閉め、劇場にいる人間すべてにライフル銃を突きつける。一方、選抜隊はレーニンとトロツキーの身柄を拘束する」

そのときライリーは、クーデターの進展を見届けるために緞帳《どんちょう》の後ろに隠れている。「何か問題が起きた場合、あるいはソビエト側が容易に屈しなかったり、ラトビア人兵士が怖じ気づいたりした場合に備え……私と仲間が手榴弾を持って緞帳の後ろに隠れている」

ところが計画の土壇場で変更が生じた。全ロシア・ソビエト大会が九月六日に急遽延期になったのだ。当然、クーデターも延期しなければならない。

だがライリーもベルジン大佐もそのことを必要以上に気にかけたりはしなかった。それどころかライリーにとっては、クーデター成功後に樹立する暫定政府について計画を詰める時間的余裕ができたことになる。

八月二十八日、彼はモスクワを発ってペトログラードに向かった。クーデターの仲間であるアレクサンドル・グラマチコフと協議するためだ。

ところがライリーがモスクワを離れていたときに、予期せぬふたつの大事件が起こった。まず八月三十日に若き士官候補生がペトログラード・チェカーの議長（長官）であるモイセイ・ウリツキーを暗殺した。ウリツキーが命じた大量処刑に胸糞が悪くなったからだと暗殺の動機を語った。そして同じ日、ファーニャ・カプランという社会革命党員がレーニンを狙撃した。レーニンがモスクワのある工場で会議を終えて出てきたところを、至近距離から二発撃った。一発はレーニンの心臓をわずか数センチ外れ、もう一発は頸静脈を外してしまった。レーニンは一命を取り留めたが重症で、持ちこたえられるかどうかはわからなかった。

ふたつの狙撃事件のニュースをライリーに知らせたのはグラマチコフだった。ライリーは最初の衝撃から立ち直ると、これで事態が一変したことを悟った。暗殺あるいは暗殺未遂事件への報復としてボリシェヴィキによる赤色テロが爆発的に起きるのは確実だ。大量の逮捕者が出て、尋問され、即座に処刑されるだろう。

クーデター計画は無期限に延期されるだろう。ライリーはひどく落胆した――成功まであと一歩だったというのに。だがもっと気がかりだったのは、この計画に関与した者が、逮捕という大波に飲み込まれてしまうかもしれないことだった。もし逮捕されたら、彼らは尋問に耐えかね、釈放されることを願って計画をもらしてしまうかもしれない。「われわれ自身や友人たちに危険が迫っている」とライリーは恐れた。

ライリーのこの不安は的中した。身の危険を感じた最初の人物は、六百キロ以上離れたモスクワにいたロバート・ブルース・ロックハートだった。

八月三十一日土曜日、午前三時半。ロックハートはベッドから出ろと命じる険しい声で目を覚ました。「目を開けると、鋼色の銃身が目に飛び込んできた。私の部屋に十人ほどの男たちがいた」

憤然としたロックハートは、いったいどういうことだと思わず声を荒げた。「黙ってろ。すぐに服を着ろ。おまえをルビャンカ通り十一番に連行する」と男のひとりが答えた。ロックハートは、そこがモスクワ・チェカーの悪名高き本部であることを知っていた。

ロックハートは、ライリーのクーデター計画に何か深刻な問題が生じたのだと思った。服を着るあいだ、「闖入者の本隊は機密文書はないかとアパート中を捜索していた」

ロックハートと、アパートの同居人である部下のヒックス大尉は車に押し込まれ、車は猛スピードでチェカー本部に向かった。着くと、がらんとした小部屋に連れていかれ、鍵をかけられた。不安な状態で長時間待たされたあと、ドアが乱暴に開いて銃を持った男がふたり入ってきた。彼らはロックハートを指さして立ち上がるように命じ、部屋から連れ出した。ロックハートは明かりのともっていない、暗くて長い廊下を歩かされた。やっと部屋の前で止まると、彼らはドアをノックした。「入れ」という幽霊のような声が聞こえた。中は大きな部屋だったが、明かりは書き物机の上にある電気スタンドだけだった。

「机には拳銃が置かれ、その横にメモ用紙があった。男は黒いズボンにロシアふうの白いシャツを着ていた」。彼の顔色は悪く、病人のようで、まるで日光に当たったことがないかのようだ。「唇は固く結ばれていた。私が部屋に入ると、彼は鋼のような冷たい目で私を見つめた」。ジェルジンスキーの次官、ヤーコフ・ペテルスだった。

ロックハートは何とか虚勢を張り続け、今回の逮捕に対して正式に抗議した。彼は依然として公式の外交官だったので、このような扱いを受けたことに強い憤りを表明した。だがペテルスは聞く耳を持たなかった。それどころか、ロックハートがいかに深刻な状況に置かれているかを伝えてから、矢継ぎ早にふたつの質問をした。最初の質問は「カプランという女を知っているか?」

で、次の質問は「ライリーはどこにいる？」だった。

三つ目の質問はロックハートをさらに不安にさせた。「これを書いた覚えがあるだろう？」とペテルスは言いながら、ロックハートがベルジン大佐宛てに書いた手紙を取り出した。手紙には、ロシア北部の連合国軍司令官プール将軍への紹介状も添えられていた。

ロックハートが黙秘すると、ペテルスはそれ以上追及しなかった。しかしここぞとばかりに、これは「由々しき事態」であり、間違いなく大問題になるだろうと告げた。

不愉快な時間がさらに数分流れたあとで、ペテルスはベルを鳴らし、銃を持った男たちにロックハートを元の小部屋に戻すように命じた。部屋ではヒックス大尉が心配して待っていた。ふたりはあえて会話をしなかった――盗聴されているに決まっている。チェカーがロックハートをレーニン暗殺未遂事件に連座させようとしていることは明らかだった。

気がかりなのは、ペテルスがライリーの名を口にしたことだった。「どこかで計画がもれたのだろう。私を訪ねてきたあのふたりのレット人――ふたりのラトビア人兵士――は、敵のまわし者だったのだ」

ロックハートとヒックスは鍵のかかった部屋でひと晩過ごした。朝六時にドアの鍵が開けられて、女がひとり押し込まれた。「黒髪のその女性は一点を凝視していた。目の下には大きなくまができていた」。ロックハートは、これがファーニャ・カプランなのだろうと思った。数時間後に彼女は処刑された。

午前九時に、ヤーコフ・ペテルスが小部屋に入ってきた。もう帰っていいと陽気に告げたが、釈放の理由は説明しなかった。ロックハートはほっとしたと同時に当惑した。ペテルスの気がなぜ変わったのか、そのときはわからなかったが、数時間後に何もかも判明した。

ロックハートはアパートに戻ると、風呂に入ってひげを剃った。それからオランダ公使館に勤務している友人のアウデンダイクを訪ね、状況が一変したことについて話し合った。「彼はとても動揺していた。サンクトペテルブルクで恐ろしい悲劇が起こっていた」

その悲劇に、シドニー・ライリーはあわや巻き込まれるところだった。

第9章

タシケントの革命政府

◉ベイリーの苦肉の策

モスクワからはるか三千キロ離れたタシケントではフレデリック・ベイリーの身に危険が迫っており、彼はそれを日毎に痛感していた。

タシケントの革命政府は少なくとも四つの前線で反ボリシェヴィキ軍と対峙していたので、閣僚たちが苛立っているのもうなずけた。レーニンの暗殺未遂事件で彼らの神経はさらに過敏になっており、地元新聞はイギリスに関する辛辣な記事で埋め尽くされた。

「レーニン暗殺未遂事件の報復が、赤色テロと大量処刑の言い訳になっている。新聞には同志レーニンの体温、脈拍、呼吸を表す数字が毎日載った」とベイリーは記している。

一方、ベイリーの同志であるブラッカー少佐は病に倒れ、タシケントを去る許可を得た。タシケントの革命指導者たちにしてはめずらしく寛大な処置だった。だがベイリーは、インドへの帰国を固く禁じられた。ここでは当局の気まぐれに振りまわされるのが常なのだ。人民委員（大臣）は毎週変わり、誰もが気まぐれで政策を決めているように思えた。

ブラッカー少佐が帰国してからは、ベイリーはアメリカ総領事のロジャー・トレッドウェルと話すことが多くなった。トレッドウェルはタシケントのチェカーから諜報活動をしているのではないかと疑われていたが、出国することもなく勇敢にも総領事の職に留まっていた。ベイリー同様、彼の行動も厳しく監視されていた。

「この時期ずっと、トレッドウェルと私は監視されていた。名誉なことに、三名の紳士がひとりひとりに貼りついていた。彼らは通りの向かいにある部屋を借りてそれぞれの住まいを監視し、窓から退屈そうに何時間も眺めていた」

インドに情報を送ることはほとんど不可能であったが、外の世界からのニュースがまったく入らないわけではなかった。ある朝、驚いたことに第十一ベンガル槍騎兵連隊の元兵士が変装して訪ねてきた。その兵士はベイリーと連絡を取るためにカシュガルから派遣されてきたのだ。彼の陸路の旅は、二度と再び繰り返せないような危険な旅だった。何しろ二晩刑務所に放り込まれ、三日目――処刑される危険性がぐっと高くなる――も拘留されていたのだ。しかし最終的には釈放され、かなり汚い手を使って、地方当局に知られることなく密かにタシケントに入り込むことができた。

この兵士のカシュガルへの帰還についてベイリーは記述していないが、自分が収集した秘密情報を彼に持たせたのはまず間違いない。ある地域全体を流血と無政府状態に巻き込みかねない陰謀の萌芽が見られることを報告したはずだ。ベイリーの情報によれば、モスクワの副外務人民委員であるレフ・カラハンは、インド帝国北西辺境州のイスラム部族に武器を供与するように、カブール［アフガニスタンの首都］に派遣したソビエト政府の高官に命じたそうだ。

これこそが、インド政府が最も恐れたことだった。ヒンドゥークシ山脈の政情不安な地域でソビエトが支援する武装蜂起が起こる――それはまさに深刻な脅威だ。蜂起がほかの地域に野火のように広がったら、北西辺境州に駐留する脆弱なインド軍に対応できるはずはない。

ベイリーの喫緊の課題は、どこでどんなふうに武装蜂起が起こるのかを突き止めることだった。だがこれは容易なことではない。彼はいつ何時《なんどき》逮捕され、容疑をでっち上げられて、告訴されてもおかしくなかった。レーニン暗殺未遂事件直後の今は、とくにそうだ。彼は自分自身がとても危険なゲーム、それもルールをまったく知らないゲームをしているような気がした。

今の彼にできることは、家宅捜索に備えておくことだけだった。「私は書類を破棄し、私信を安全な場所に移し、商人からの手紙を数枚わざと置いておいた」ほかには、ごく最近入手したオーストリア兵の軍服も隠した。地下に潜るときが来たら変装に使うつもりだ。

ゲームでは先手を取ることが大事だと学んでいたベイリーは、チェカーに逮捕されたときに容疑を否認できるような策を練った。彼はイギリス政府宛てに手紙を書き、タシケント東部の山岳地帯で反ボリシェヴィキの大規模な反乱［ソビエト政権およびロシア人による中央アジア支配に対して、広範な層のイスラム系住民が参加した抵抗運動（バスマチ蜂起）。一九一八年から二四年が最盛期］が計画されていることをつかんだと報告した。

この反乱はトルキスタンの革命政府を脅かすことを目指していると述べ、ドイツがかなり資金援助をしていると書き添えた。「この付言は私にとっては大きな意味のあることで、恐らくそのおかげで私は殺されずに済んだのだろう」と後年、著書の中で触れている。

この付言の重要さは、実際にベイリーがチェカーに逮捕されたときに明らかになった。反乱への関与を疑われた彼は憤慨しているように見せ、庶民院が自分の逮捕を知ったらイギリス政府が黙っていないだろうと警告した。

彼はそれをさりげなく言ったが、効果は抜群だった。タシケントの人民委員は、イギリスは庶民院（下院）と貴族院（上院）とのあいだの階級闘争で膠着状態にあると思い込んでいた。彼らが最も避けたいのは、イギリス下院を怒らせることだった。下院がソビエト政府を国家として直ちに認めることを彼らは望んでいたからだ。

「ボリシェヴィキの政府で働いているような人間は、イギリスの下院を自分たちボリシェヴィキとほぼ同じ下層民の集まりとみなしていることを私は知っていた」

ベイリーは蠟で封印されたイギリス下院宛ての手紙を持っているとチェカーの取調官に伝えた。そこには反ボリシェヴィキの反乱をドイツ軍が支援しているという重大な情報が記載されていると言い添えた。しかし多くの秘密が暴露されてしまうことを理由に、開封を拒んだ。「きみたちが封蠟された手紙を開封するのを止めることはできないが、自分はそれを開封した人間にはなりたくない。そんなことをしたら、そのニュースが下院に届き、彼らがモスクワに抗議したときに、私は窮地に立たされる」

開封しろ開封しないで押し問答を繰り返した後、ベイリーは開封を承諾した。ただし、前述のドイツに関する情報が記載されていたら自分を釈放する、という条件付きだった。彼らはその条件を飲み、ベイリーが物々しい赤い封蠟を開けるのをじっと見ていた。「むしろ私は、封蠟を厳重にし過ぎたことを後悔した」と後日彼は記している。

彼は反ボリシェヴィキの武力闘争をドイツが支援する件《くだり》を音読し、取調官たちがその意味を理解するまで黙っていた。彼らはその内容に驚愕し、かなり当惑していた。ベイリーが彼らを欺くために書いたとは露知らず、ドイツの関与を知って衝撃を受けたと素直に認めた。彼らは手紙の内容について検討したのち、ベイリーへの告訴をすべて取り下げた。「ヴイ、スヴァボードヌイ！」――「どうぞ、お帰り下さい」と彼らは大声で言った。

ベイリーは運よく難を逃れたが、不快な出来事だったことには変わりなく、間一髪で投獄されずに済んだ。さらに嫌疑はかかったままで、今や六名のチェカーが彼の一挙手一投足を監視するようになった。

また、タシケントの治安がほぼ完全に崩壊していたため、彼は依然として危険な状態に置かれていた。「たとえ革命政府に処刑されなかったとしても、（酔っ払いであろうが、素面であろうが）兵士たちに理不尽に命を奪われる可能性が常にあった」

ベイリーは地下に潜ることについて長いこと考えあぐねていたが、今やそのときが近づいていた。彼はロジャー・トレッドウェルと昼食をとったときに、「容疑がかかっている大勢の煽動家とともに、ベイリーも再逮捕する」と書かれたチェカーの極秘文書を手渡された。「ベイリーに関して言えば、とくに危険人物であり、銃殺もありうる」と結ばれていた。

「これは、昼食の食卓に出されるご馳走とは言いがたかった」

彼は姿を消さなければならない場合に備え、安全な隠れ家をすでに用意していた。私信をすべて焼却し、双眼鏡と望遠鏡とカメラを隠した。それから新しい服――オーストリア兵の上着と軍帽――を持って安全な隠れ家に向かった。そこはテラスハウスで、裏手には庭が長々と続いていた。

「私の計画はこうだ。まずさりげなくこの家に入り、大急ぎで着替え、裏手の庭を走り抜けて、あっという間に向こうの通りに出る。たとえ六名のスパイが目を大きく見開いていたとしても、向こうの通りを歩いているオーストリア人が、自分たちが監視していた男とは思いもしないだろう」

ベイリーの計画が成功するか否かはスピードにかかっていた。彼は最初の家に入るや、後ろ手でドアを乱暴に閉めた。一刻の猶予も許されなかった。「私はコートを脱ぎ捨て、オーストリア軍のチュニックとケピ帽を身につけ……かぶっていた帽子をコートで包んだ……そして急いで庭に出た」。一分もしないうちに、彼はテラスハウスの突き当りの家から出てきた。

服を着替えているあいだに、フレデリック・ベイリーは存在しなくなった。今や彼はまったく新しい人間――オーストリア人戦争捕虜のアンドレ・ケケシになったのだ。職業はコックだ。「そのオーストリア人捕虜の習慣や物腰を想像して、なりすまさなければならなかった」。彼はスパイ小説『三十九階段』で、主人公のリチャード・ハネイが「背景に溶け込み、群衆の中のひとりになれ」というアドバイスを受けたことを思い出した。

しかし地下に潜り、逃亡者として生きるのは大変なことだと思い知った。「私が姿を消すと、町中が捜索された。町中の通りや田舎の村や駅に私の指名手配書が貼られた。逮捕につながる情報に懸賞金が出るだけでなく……多少なりとも私を助けたり、匿《かくま》ったりした人は誰でも……命の保証はなく、財産が没収されると記されていた」

ベイリーは今や自分ひとりだけの力で生きていかなければならなくなった。シドニー・ライリーやジョージ・ヒル同様、彼もまた自分の機知だけが頼りだった。

第10章 ロシア追放

◉イギリス大使館襲撃事件

事態が一変したとき、シドニー・ライリーはまだペトログラードにいた。ボリシェヴィキ政府転覆計画が頓挫した今、チェカーの先手を取りたければ冷静に行動するしかない。

ライリーが最初に異変を感じたのは八月三十一日の午後、イギリス大使館付海軍武官のクローミー大尉が秘密の待ち合わせ場所に現れなかったときである。「約束の時間を守らないのは、クローミーらしくなかった」とライリーは述べている。

さらに十五分待ったあと、ライリーはイギリス大使館に徒歩で行くことにした。それは「危険な行動」だった――指名手配されているかもしれない。「だが、私は前にもうまく切り抜けたことがあった」

ウラジミロフスキー通りへ入ると、こちらに向かって走ってくる男女の一団に出くわした。皆パニック状態だ。「彼らは出入り口や脇道に向かって突進していた」

何事かと当惑したとき、大勢の赤軍兵士を乗せた軍用車が猛スピードで走り抜けていった。軍用車は男女の一団が出てきたほうへ、大使館の方角に向かっている。ライリーは足を速め、ウラジミロフスキー通りの端で角を曲がった。最悪のことが起きたのがすぐにわかった。

「大使館の扉は打ち壊されて、蝶番《ちょうつがい》が外れていた。国旗が引きおろされている。大使館は急襲され、占拠されてしまったのだ」

大使館前の歩道には血まみれの遺体が数体あった。一目でイギリス人でないことがわかった。ロシア人――ボリシェヴィキだ。大使館襲撃中に反撃されて殺されたのだろう。

ライリーが大使館で起こった惨事の詳細を知るのは数時間後のことだが、襲撃されたときにその場に居た者がいた。革命後もペトログラードに残った大使館職員の妻、ナタリー・バックネルだ。彼女が一階のパスポート室にいると、上の階から銃声が聞こえた。ちょうど午後四時五〇分のことだった。玄関ホールを覗くと、さらに激しい銃声と「恐ろしい悲鳴」が聞こえた。彼女はおびえると同時に不思議にも思った。兵士たちが建物に入ってくる音を聞いていなかったからだ。

大使館の守衛が玄関ホールにそっと入ってきて、不安そうに階段の吹き抜けを覗いた。彼はナタリーに隠れているように合図した。間一髪で助かった――彼女が身を屈めて玄関ホールに隣接する小さな控室に隠れたとき、男の一団が大階段を駆け下りてくる音が聞こえた。振り向くと先頭のクローミー大尉が拳銃を連発している。彼を必死に追いかけているのは赤衛隊で、同じように銃を連発している。

ナタリーは恐怖のあまり、がっくり膝をついた。銃撃戦は激しさを増し、弾丸が大理石の壁や柱に跳ね返った。ナタリーが控室の扉の鍵穴から覗いたまさにその瞬間、一発の弾丸がクローミー大尉に命中した。「クローミー大尉は最下段に仰向けになって倒れた」。彼は深手を負い、すぐに手当てをする必要があった。

赤衛隊は通りに突進したが、味方が見当たらないので当惑したようだ。一方、大使館の中では次の兵士の一団が階段を駆け下りてきて、階段での撃ち合いの跡を見て同じように呆然としていた。そのうちのひとりが一瞬立ち止まり、半ば意識を失っているクローミー大尉の体を蹴った。

ナタリーの耳に大使館の二階にいる大勢の兵士の足音が聞こえた。兵士たちは、身の危険を感じて隠れている大使館職員に向かって怒鳴っている。「部屋から出てこい。さあ、出てくるんだ。さもないと機関銃をぶっ放すぞ」

一階の別の部屋に隠れていた友人のミス・ブラムバーグがナタリーのいる控室に入ってきた。ふたりは負傷したクローミー大尉の手当てをしようと恐る恐る玄関ホールの大階段に向かった。大尉は血まみれだった。「彼の顔を覗くと、まぶたと唇がかすかに動いた」

ミス・ブラムバーグがクローミー大尉に話しかけようとしたとき、赤衛隊の一団が再び現れ、罵り始めた。「彼女に拳銃を向け、とても荒々しく怒鳴った。『すぐに上の階に行け。さもないとおまえを撃つ』」

ふたりは言い返すことなどできなかった。拳銃を突きつけられたまま二階に連れていかれた。そのとき、大階段で起こった銃撃戦の生々しい跡が目に入った。固まり始めた血の海に赤衛隊の兵士の遺体が横たわっていた。

ふたりは大使館事務局の部屋に押し込まれた。そこにはカミングの課報員たちのまとめ役であるアーネスト・ボイスもいて、拳銃を突きつけられていた。「政治委員（政治将校）［一九一八年四月に軍人を監視する目的で創設されたが、軍事作戦にも介入した。だがここでは「チェカーの将校」を指しているると思われる］が部屋に入ってきて、全員に両手を上げて静かにしろと命じ、建物は赤衛隊が占拠したと告げた」

勇敢にもミス・ブラムバーグが死にかけているクローミー大尉に末期の水をあげてもいいかと尋ねたが、無愛想な兵士たちに却下されてしまった。大使館付の牧師がクローミー大尉に付き添いたいと言っても、まったく同じ横柄な対応だった。

残りのイギリス人職員も事務局の部屋に集められ、全員人質になったと告げられた。ほとんどの者がまだ動揺していたが、ウリツキー暗殺とレーニン暗殺未遂事件のことは知っていた。ライリーのクーデター計画を知っていたのはアーネスト・ボイスだけだが、チェカーに露見してしまったのかどうかまではわからなかった。

「部屋は兵士と水兵であふれていた。彼らの振る舞いはとても粗暴だった」とナタリーは記している。守衛は頭に拳銃を突きつけられたまま各部屋を案内するように言われ、ドアや戸棚の鍵を開けなければ撃つぞと脅された。

ナタリーたちは事務局の部屋に数時間閉じ込められていたが、その間、大使館にある高価なものはすべて——古文書や機密文書も含まれていた——略奪された。やがて一階に下りるように命じられ、変わり果てた姿となったクローミー大尉の遺体のすぐわきを通り、近くの建物に連れていかれた。彼らはさらに十五時間も拘留され、ひとりひとり尋問された。

ナタリーは兵士の話を立ち聞きし、ボイスを含む五名が銃殺されることになったのを知ったが、何らかの理由で命令は取り消された。

九月一日午前十一時、人質全員の釈放が伝えられた。釈放理由がわからず誰もが戸惑ったが、あえて質問せずに喜んで通りに出ていった。

八月三十一日の午後にシドニー・ライリーはイギリス大使館の近くまでやってきて、大使館が急襲されたことを知ったが、わずかな職員しか残っていないこの大使館がなぜ襲撃されたのかはまったくわからなかった。彼はウラジミロフスキー通りにたたずみ、想像するしかなかった。

だが何かを思いついたのか、ポケットに手を突っ込み、ジグムンド・レリンスキーという名で作ったチェカーの偽の身分証を探した。この男になりすますつもりだった。彼特有の大胆さで、大使館の門を警備しているチェカーに近づいていった。ライリーは身分証を見せてから質問し、情報を聞き出そうとした。チェカーは「シドニー・ライリーという男を探し出そうと躍起になっており、彼がイギリス大使館に潜んでいるのではないかと怪しみ、急襲した」と答えた。

こんな話を聞いたら、たいていの男はロシアから逃げ出すだろう。しかしライリーは違った。国境を越えて近隣のフィンランドやスウェーデンに逃げるどころか、渦中に身を投じるべく、モスクワに戻ろうと決心した。

モスクワは上を下への大騒ぎだったが、ライリーはむしろその現場で事態の行方を左右したいと思った。

◉ロックハートの逮捕

ロンドンのカミングは、ペトログラードのイギリス大使館襲撃事件についてまったく何も知らなかった。アーネスト・ボイスが一時逮捕されたことも、ロシアでの諜報活動が危機に瀕していることも知らなかった。ベテランの諜報員たちがライリーのクーデター計画によって危険にさらされているとわかったのは数日後のことである。

一方、モスクワではほぼ一昼夜、不気味なほどの静けさに包まれていた。ペトログラード同様、イギリス人の人質は何の説明もないまま全員釈放された。ロックハートは自由の身となったが、九月二日にソビエト政府の機関紙が芝居がかった調子で一面記事を書きたてた。ソビエト政府は英仏のスパイと外交官が関与した陰謀を摘発したという内容で、陰謀の目的は政府転覆にほかならないと続いており、その首謀者としてライリーほか数名の名前が載っていた。

さらに悪いことに、第二報では陰謀の重要な詳細が暴露された。「この陰謀のために一千万ルーブルの金が使われた」「ロックハートがレット人の連隊の司令官と密かに接触し……もし陰謀が成功したら、連合国の名でラトビアの速やかな解放を約束した」

続報が出るたびに、新たな、そしてさらに不利な暴露記事が載った。「英仏の資本主義者たちは暗殺者を雇い、ソビエト政府の指導者たちへのテロを企てようとした」。今やクーデター計画に加担した者たちは、ウリツキー殺害とレーニン暗殺未遂の罪でも告発されていた。

ロックハートが最も深刻に受け止めたのは、陰謀の首謀者として彼の実名が載ったことだ。共産党の機関紙である『プラウダ』は「ソビエト政府に対する殺人者・陰謀者」というレッテルを彼に貼り、嫌疑のかかっている犯罪について詳細に報道した。

「一国を代表する立派な外交官が、赴任先の国で殺人や反乱を企てた。タキシードを着て手袋をはめたこの悪党は、国際法と国際倫理を隠れ蓑にして、そわそわと逃げ出そうとしている。しかしミスター・ロックハートよ、この隠れ蓑はあなたを救ってはくれないだろう。ロシアの労働者と貧しい農民は、殺人者や強盗や追いはぎを擁護するほど間抜けではない」

非難が激しくなっても、ロックハートは職を辞すことなくその地位に留まった。日中は自分のことが載った新聞記事を精読して過ごした。

「ボリシェヴィキの機関紙に載ったわれわれの犯罪に関する記事を隅々まで読んだ。いわゆる『ロックハートの陰謀』についての根も葉もない記事は、なかなかの出来だった」と彼は後日記している。すべての記事を「おとぎ話として読んだ」が、結末はハッピーエンドではないことを、すでに予想していたに違いない。

ロックハートの立場は、ムーラとの恋愛が明るみに出たことでさらに複雑になった。彼はムーラを見せびらかすかのように晩餐会や舞踏会に同伴させたり、郊外でのロマダンスを見に連れ出したりしていた。チェカーは「ロックハートの陰謀」の情報を入手すると、まずムーラを逮捕した。

ロックハートは自分のせいでムーラが逮捕されたと思い、取り乱した。新聞にムーラとのスキャンダラスな記事が載った翌日の九月四日、彼は我慢の限界に来ていた。副外務人民委員のレフ・カラハンに訴え、彼女の釈放を懇願することにした。

カラハンはロックハートがムーラの釈放を懇願し、さらに『プラウダ』の記事を必死に否定するのをじっと聞いていた。「きみたちの新聞のせいで、われわれが苦境に置かれていることがわかってくれたはずだ」とロックハートは言葉を結んだ。

カラハンでは埒《らち》が明かないとわかると、今度はチェカーの次官であるヤーコフ・ペテルスに訴えることにした。だがそんなことをすれば、危ない橋を渡ることになる。ほんの四日ほど前に彼を尋問したのは、ペテルスだからだ。

大胆にもロックハートは、ルビャンカ通りにあるチェカー本部の正面玄関まで歩いていき、扉をノックした。守衛に訪問の理由を尋ねられ、ヤーコフ・ペテルスと至急面会をしたいと答えた。「それを聞いた玄関ホールの守衛たちのあいだに、ざわめきやささやき声」が起こった。

ロックハート訪問の報告を受けたペテルスは思わず含み笑いをし、直ちに部屋に通すように命じた。「前置きなしで、私はムーラの一件を話した」とロックハートは述べている。「陰謀説はでっち上げで、ペテルスもそれは承知のはずだと彼に言った。そこに多少の真実が含まれていたとしても、彼女は何も知らないと伝えた」

ペテルスはしんぼう強く聞き、できるだけのことをしようと約束した。それからロックハートの目を見つめ、爆弾発言をした。「きみのおかげで私の手間が省けた。部下が一時間ほど前からきみを探していたんだ。ここにきみの逮捕状がある。フランスやイギリスのきみの同僚はすでに収監されている」

ペテルスは部下を呼んで、ロックハートを独房に連れていくように命じた。自分が暗殺と殺人未遂と政府転覆計画で告発されていることを、ロックハートはこのとき知った。三つの罪状すべてが死刑を意味した。

◉大量逮捕

ロックハートが逮捕される数日前から、チェカーの本部は慌ただしかった。レーニン暗殺未遂事件から数時間もしないうちに、モスクワで大量逮捕に踏み切ったからだ。

逮捕者の中にブロンドの美人女優エリザヴェータ・オッテンがいた。シドニー・ライリーのごく最近の愛人で、連絡係のチーフのひとりでもあった。無数の機密情報に精通していたエリザヴェータが逮捕されたと知り、ライリーは不安になった。

チェカーは直ちにエリザヴェータを質問攻めにした。彼女はしらを切り、ライリーの正体について何も知らないふりをした。取調官がおまえの恋人はイギリスのスパイで、とくに危険なスパイだと伝えると、彼女はそんなはずはないと怒りだし、ショックを受けたそぶりを見せた。

後日、彼女が提出した赤十字の政治犯支援委員会宛ての嘆願書には、ライリーが自分から名乗ったとおりの人間でないことを知り、恐ろしくなったと書いている。「ライリーが自分の政治目的のために卑怯にも私をだまし続け、〔そして〕私の一途な思いを利用してきたことを知った」

彼女がライリーの連絡係のチーフとして働いてきたことを考えれば、彼女の嘆願書は相当割り引いて読まなければならないだろう。

逮捕に先立ち、アパートを急襲したチェカーがエリザヴェータを尋問していたときに、ジョージ・ヒルの連絡係である若い娘のヴァイがやってきた。「ドアが開いていたので中に入ると、いきなり拳銃を向けられた」らしい、とジョージ・ヒルが記している。彼はその日遅くにヴァイからその事件を知った。

若い娘にもかかわらず、ヴァイは銃を向けられても冷静だった。エリザヴェータとは面識のないふりをし、わっと泣き出して時間稼ぎをしながらこの場を切り抜ける方法を必死に考えた。彼女は「仕立てを頼まれ、出来上がったブラウスを届けにきただけだ」と答えた。

チェカーはヴァイも質問攻めにした。知り合いは誰で、なぜ彼らを知っているのかと詰問した。「チェカーは彼女の作り話を見破れなかったが、彼女の頭に銃を突き付けていた男だけは、嘘をついていると言い張った」

犯罪に絡むようなことは発見できなかったので、最終的にはヴァイは帰ってよしと言われた。彼女が立ち去ろうとしたとき、不運な出来事が起こった。シドニー・ライリーの連絡係の中でも最重要人物であるマリア・フリーデが、思いがけずエリザヴェータのアパートにやってきたのだ。彼女の来訪がチェカーの強制捜査と重なったのは、運が悪かったとしか言いようがない。彼女はこれまで兄のフリーデ大佐から預かった大量の軍事機密をライリーに届けていた。そしてその日も、新たな機密文書を持っていた。

「チェカーの姿を見て彼女は気が動転し、悲鳴をあげてしまった。彼らは彼女を捕まえて持ち物を調べ、すぐにその機密文書を見つけた」

彼らがその発見に大喜びしているすきにヴァイは玄関のドアからそっと抜け出し、急いで通りに出た。目に入った店に飛び込み、追われていないか、見張られていないかを確かめた。しばらく店にいてからモスクワの公衆浴場に向かい、サウナで二時間、時間をつぶした。もう安全だと判断し、ジョージ・ヒルがまだ本部として使っている隠れ家に向かった。

ライリーの連絡係のひとり、ダグマラ・カロズスもチェカーによるこの強制捜査の日にエリザヴェータのアパートにいたが、彼女もうまく難を逃れた。チェカーは彼女を繰り返し尋問したが、犯罪に絡んだことは何も発見できなかった。もう帰ってよしと言われた彼女は、すぐに町の反対側にある安全な隠れ家に向かった。それはとても幸運な脱出と言えた。

だがマリア・フリーデはそれほど幸運ではなかった。チェカーにおびえた彼女はわっと泣き出し、ライリーがロシアに来てからずっと兄はライリーのために働いてきたと白状してしまった。このニュースは直ちにチェカーの本部に伝えられ、フリーデ大佐はすぐに逮捕され、過酷な尋問を受けた。

万事休す――フリーデ大佐は観念した。ヴラジーミル・オルロフ――チェカーの後身であるKGBの離反者――によれば、フリーデは「赤軍の兵力や移動に関する資料をシドニー・ライリーに定期的に提供したことを認めた」そうだ。

ほかにもアメリカの諜報機関のために働き、ロシア支局長であるクセノフォン・カラマティアノに偽造した身分証明書を提供したことも白状した。自白すれば寛大な処置を得られると期待したのだろうが、そうはならなかった。彼は直ちに銃殺隊によって処刑された。

チェカーによる新たな強制捜査が行なわれるたびに、連合国にとって不利なことが暴露された。彼らはフランスの諜報機関のロシア支局長であるヴェルトモン大佐を尾行し、いきなり彼のアパートを急襲して現行犯逮捕した。火薬の材料であるピロキシリン（ニトロセルロース）を八キロ以上、薬莢《やっきょう》、暗号表、現金二万八千ルーブルがアパートで発見された。

チェカーはカラマティアノも逮捕し尋問した。彼は何も白状しなかったが、手に持った杖を片時も手放さないことに取調官のひとりが気づいた。取調官は杖を見せてくれと言い、間近でよく調べ始めた。

「カラマティアノは青ざめ、動揺し始めた」とヴラジーミル・オルロフはこの一件について述べている。「すぐに取調官は杖の中に筒が仕込まれているのに気づき、引き抜いた。中には暗号表、諜報活動の報告書、三十二名のスパイのコードネーム、そのうちの数名からの領収書が入っていた」

カラマティアノは進退きわまった。

◉赤色テロの始まり

チェカーは国難のときにその能力をいかんなく発揮してきた。創設後九か月もしないうちに、高度な専門家集団として国内の反革命分子を次々と壊滅させた。

それは一部には長官であるジェルジンスキーの指導力に負うものだが、彼には妥協すべきことがなかった。彼はチェカーの運営を一任されており、政府から最大限の支援を得ることができた。マンスフィールド・カミングと違い、ほかの政府機関から絶えず横槍を入れられることもなかった。さらにジェルジンスキーのスパイは、危険な敵国で活動しているわけではなかった。その大半は母国で活動していたので、カミングのスパイよりもかなり有利だった。

チェカーは、モスクワやペトログラードで活動している外国人スパイのネットワークに潜入するのがとくにうまかった。シドニー・ライリーは逮捕を免れたが、ロシア国内に潜伏していることは知られていた。彼の連絡係の存在もまた、クーデター計画の発覚によって知られてしまった。彼らが逮捕されたら、すぐに銃殺されるのは確実だ。

モスクワでチェカーが容疑者を一斉検挙しているまさにそのとき、ライリーはペトログラードからモスクワに向かっていた。すぐに自分を追いかけてくるのはわかっていたので、モスクワに着くと行きつけの場所には行かずに、反ボリシェヴィキの友人の家に向かった。その友人宅には身の危険を感じて隠れていたダグマラ・・カロズスもいた。エリザヴェータ・オッテンのアパートからチェカーに無罪放免された日から、外出は極力控えていた。

ダグマラは、ライリーの身に危険が迫っていることを伝えた。そしてエリザヴェータのアパートで起きた強制捜査の一部始終を伝えた。その話は最終的にライリーの回顧録に載ることになる。

「書き物机の引き出しには、千ルーブル紙幣で二百万ルーブル以上が入っていた。アパートのドアの外ではチェカーがドアを開けろと怒鳴っていたが、ダグマラは引き出しから札束を取り出し、スカートをたくし上げて両脚ではさみ、強制捜査のあいだずっと脚で押さえていた」

ライリーは、このときダグマラと会えたおかげで生き延びることができた。彼女は逮捕された人たちのことや、安全な隠れ家の住所をいくつか教えてくれた。自分がどれほど窮地に追い込まれているかをライリーは痛感した。

「私の首には懸賞金がかけられていた。私はお尋ね者だ。正体を見破られたら、その場で射殺されるだろう。私の正体はすでに知られていた。偽名のコンスタンチンもマシーノも知られてしまった。何もかも白日の下にさらされてしまった」

彼はただ自分を責めるしかなかった。レーニン政権転覆という自信過剰のクーデター計画のせいで、この悲惨な状況に陥ってしまった。

ライリーは、愛人のひとりであるオリガ・スタルジェフスカヤのアパートで数日過ごした。おかげでジョージ・ヒルに会い、今後の活動について話し合うことができた。そして新しいパスポートと着替えの服が至急必要だとヒルに伝えた。苦しい状況であるにもかかわらず、ライリーは相変わらず前向きだった。

「会ったときの彼の態度は立派だった」とヒルは記している。「彼は指名手配中の男だ。特徴が詳述され、懸賞金の額まで書かれた手配写真が町中に貼られていた……ところが彼は実に冷静沈着で、落胆したようすはまったくなく、活動の再開しか頭になかった」

九月四日にライリーはオリガのアパートを出たが、まさに間一髪だった。その翌日にチェカーはオリガのアパートを家宅捜索し、彼女を長時間尋問している。彼女は恋人であるコンスタンチン・マルコヴィチ・マシーノは実は指名手配中のシドニー・ライリーであると言われて、心底驚いたふりをした。彼のことはマシーノだとずっと思っていたし、「彼を深く愛し、生涯をともにするつもりだったと答えた」

さらに、彼のことをロシア人だと信じて疑わなかったとも答えた。「私は彼を信じていたし、愛していた。彼は正直で高潔なうえ、愉快で実に聡明な男性だった」

ライリーはヒルの助けを借りて、ある会社のオフィスに一時移り住んだが、逮捕を恐れて絶えず住まいを変えるようになり、同じアパートにひと晩以上泊まることはなかった。変装も毎日変えた。「私はギリシャ商人であったり……元ロシア帝国軍人であったり……ロシア商人であったりした」

彼の地下生活は、はからずもソビエト政府の機関紙に助けられた。「彼らは陰謀の暴露に有頂天になり、その進展具合を詳細に載せた」からだ。その結果、ライリーは誰が逮捕され、誰が容疑者とみなされているかを知ることができた。

チェカーはこの政府転覆計画を、反ボリシェヴィキの有名人を一掃する手段として利用した。さらに、その数日後に起こったレーニン暗殺未遂の報復として、旧体制の著名人五百名（政治家、実業家、出版業者、作家など）を逮捕し、即座に処刑した。

「翌朝、処刑された人たちの名前が新聞に載った。これほど恐ろしい記事を読んだのは生まれて初めてだ。逮捕された人たちは濡れ衣を着せられたのだ」とヒルは記している。

「赤色テロ」の始まりだった。モスクワ中に流血の惨事が巻き起こった。チェカーによる赤色テロは現政権によって熱狂的に支持され、国民は親ボリシェヴィキでない者を攻撃するよう奨励された。

「ひとりにつき、百人の愚かなブルジョアの頭を切り落とそう……」と外務人民委員部の幹部カール・ラデックは紙面で宣言した。「しかし、このテロに参加しなければならないのは、きみたち同志諸君だ。赤色テロは労働者のテロだ。階級闘争のテロだ。ブルジョアから最後の一ルーブル、最後の毛皮のコートに至るまで、奪い取らなければならない」

◉ルネ・マルシャンの密告

ところで、ある重要な疑問が解明されぬままになっている。いったい誰がライリーのクーデター計画をチェカーに密告したのだろうか？

ライリーはモスクワに戻るや調査を開始した。事件の全容を知るのにそれほど時間はかからなかった。告発されるべきなのは、『フィガロ』紙のモスクワ特派員ルネ・マルシャンだった。アメリカ領事館での会議のときに、ライリーが初めから怪しいと思った人物だ。

マルシャンはクーデター計画の詳細を立ち聞きするとすぐに、チェカーの長官であるフェリックス・ジェルジンスキーに電話をかけて、緊急の面会を求めた。

ジェルジンスキーはクレムリンから目と鼻の先にある自分専用のアパートにマルシャンを呼びつけた。マルシャンはライリーの政府転覆計画について知っていることをすべてジェルジンスキーに話した。ライリーはソビエト大会が開催されるボリショイ劇場を封鎖し、銃を突きつけてレーニンとトロツキーを逮捕するつもりだと。

「ライリーの合図でレット人兵士が出入り口の扉をすべて閉め、大会参加者をライフル銃で脅すことになっている。首謀者であるライリーは舞台に駆け上がり、レーニン、トロツキー、残りの幹部を捕まえる。彼ら全員はその場で射殺される」とマルシャンは語った。

ライリーがマルシャンを疑ったのは正しかった。昔からボリシェヴィキの密かなシンパだったマルシャンは、計画に関与した人間をすべて密告するつもりだった。

クーデター成功まであと一歩だったという話を聞き、ジェルジンスキーは言葉を失った。そしてすぐにレーニンに報告した。レーニンが最初に聞いたのは、マルシャンは計画の内容を政府の機関紙で発表できるのかということだった。とにもかくにも、これは飛び切りのスクープだ。何しろ連合国のスパイが集まって、ソビエト政府の転覆を企てたことを暴露するわけだから。

しかしマルシャンは記事にすることはできないと、すでにジェルジンスキーに釘を刺していた。「そんなことをしたら、彼のジャーナリストとしての経歴は台無しになり、西欧諸国から追放されてしまう」

するとレーニンは別の手を思いついた。クーデター計画は暴露するが、マルシャンを直接巻き込んだりしないようにするというのだ。「彼にポアンカレ大統領［レイモン・ポアンカレ。一九一三年から一九二〇年までフランス大統領］宛ての手紙を書かせ、立ち聞きした内容を詳述させろ」とレーニンは命じた。そしてこの手紙を、彼のアパートを定期的に家宅捜索しているチェカーが「発見」するというストーリーだ。

マルシャンはこの案に乗った。彼はポアンカレ大統領の個人的な友人だったので、ロシアで起きていることを報告するのは当然のことだろう。またチェカーの家宅捜索中に手紙が発見されるのも、いかにもありそうなことだ。

これこそが現実に起きたことだった。ソビエト政権がモスクワとペトログラードにいる連合国側の人間に対して残虐な報復を始められるように、手紙は「発見」され、新聞で発表された。

◉ロシア追放

シドニー・ライリーとジョージ・ヒルは運よくチェカーの逮捕を免れて逃亡中だったが、ロックハートはそれほど運がよくはなかった。彼はルビャンカの中ほどにある独房に監禁されていた。めったに言葉を発しないふたりの見張りに監視され、これからの自分の運命を考えておびえていた。レーニンがこのまま死んだら、彼は確実に処刑されるだろう。

毎晩真夜中になると独房から連れ出され、ヤーコフ・ペテルスの部屋で尋問された。ペテルスから、ロシアに残っているイギリス人とフランス人は九割がた逮捕されたことを知った。また、ペテルスが赤色テロに直接関与した現場を目撃した。ある日、ロックハートがペテルスの部屋にいたとき、空のワゴン車がルビャンカの中庭に入ってくるのが窓から見えた。ロシア帝国時代の元大臣が三人、建物から中庭に連れ出されるとワゴン車に押し込められ、次に醜く太った司祭も押し込められた。彼らはどこに連れていかれるのかと、ロックハートはペテルスに尋ねた。

「別世界に行く」とペテルスはそっけなく答えた。そして太った司祭を指さして、「まったく自業自得だ」と言い放った。

ロックハートはペテルスが興味深い人物であることを知った。彼は半ば山賊、半ば紳士といった感じの男だった。ロックハートに本の差し入れをして寛大なところを見せたかと思うと、血が凍るような冷酷な一面も見せた。彼は亡命中の無政府主義者としてイギリスで数年暮らしたことがある。その間、三人の警察官殺しの容疑で、中央刑事裁判所で裁判にかけられたことがあったが、驚いたことに無罪放免になった。彼はロックハート相手に、ロンドンで無法者として暮らした日々を楽しげに語った。

ロックハートはルビャンカに五日間拘留されてからクレムリンに移送された。新聞は彼を糾弾し続け、法廷で死刑判決を受けるだろうと書いた。しかし裁判は何度も延期され、開廷するようすはないと、最終的に聞かされた。こうなった理由は明白だ。イギリス政府はソビエト政府の駐英代表であるマクシム・リトヴィノフとイギリス在住のロシア人を数名すでに逮捕していた。イギリスは古典的な報復手段に出たわけだ。つまり、イギリス人の人質が釈放されない限り、リトヴィノフ釈放はありえないということだ。

一方、ライリーとヒルはおとなしく潜伏生活を続け、モスクワに残っても得られるものはわずかだという結論に達した。連絡係のネットワークはずたずたになり、ヒルの連絡係のうち六、七名がチェカーに逮捕され、処刑されたばかりだった。彼ら自身がチェカーの罠にかけられるのも、時間の問題だった。

「自分のことがこれほど語られたことは、これまで一度もなかった。私の名前が人の口にのぼり、指名手配書がモスクワ中に貼られた」とライリーはこの困難な時代を回想している。

ヒルによれば、ライリーは病気になった売春婦と同居していたそうだ。彼女は「職業病ともいえる病の最終段階に入っていた」。そして「非常に潔癖症」だったライリーは、「ボリシェヴィキに逮捕されることは恐れなかったが、彼女の部屋のソファーで寝る気にはどうしてもならなかったようだ」

ライリーもヒルも、協力者たちが続々と逮捕されたため、連絡係のネットワークを徐々に閉じていった。「私には隠れ家がまったくなかった」とライリーは述べている。どこで誰が聞いているかわからないので、「誰にも自分の正体を明かさなかった」

しかし、終わりは早くやってきた。その日ライリーは、車の音で朝早くに目を覚ました。チェカーがやってきたことを示す明白なサインだ。モスクワでは、彼らしか車を入手できなかった。「この建物が急襲された。秘密警察が刻々と迫っている。アパートのドアが次々と乱暴に開けられ、押し殺したような悲鳴が聞こえてくる。騒々しい足音が隣の部屋から聞こえてきた。今が最後のチャンスだ」

ライリーは物音ひとつ立てずにコートを羽織り、チェカーに見つからずにアパートからこっそり抜け出した。門のところで赤衛隊がひとり、タバコを吸っていた。「私はゆっくり近づいていき、自分のタバコを取り出しながら『火を貸してくれ、同志』と声をかけた」

ライリーはモスクワに残るのは無意味だとわかっていた。彼はジョージ・ヒルと話し合い、ヒルの偽名であるドイツ系バルト諸国出身の行商人、ゲオルク・ベルクマンになりすまして、偽造パスポートでペトログラードに向かうことに決めていた。

ライリーはその通りに実行した。危険なことはあったが、旅は順調に進んだ。ペトログラードに着いたライリーはクロンシュタットに向かった。そこから発動機艇でレバル［現在のエストニアの首都タリン］に行き、豪華なホテル・ペトログラードにチェックインした。「十日後に密かに発動機艇に乗り、ヘルシングフォルスに向かった。そこからストックホルムを経てロンドンに到着した」。彼は一九一八年十一月の第二週にやっとイギリスに戻ってきた。

一方ロックハートはその間も囚われの身だったが、釈放は近いとますます確信するようになった。イギリス政府がマクシム・リトヴィノフを逮捕した今となってはなおさらそうだ。だが交渉にどれほど時間がかかるのかは、まったく予想がつかなかった。

九月二十二日。ロックハートにとって嬉しいサプライズがあった。ペテルスがムーラを連れて独房にやってきた。「その日は彼の誕生日だった。彼は贈り物を貰うより、あげるほうが好きだったようで、自分の誕生日の贈り物としてムーラを連れてきた」とロックハートは述べている。

ところがペテルスは、ムーラが伝言できないようにするためロックハートと話すのを禁じた。しかしムーラが独房を歩きまわるようすを注意して見ていたわけではなかったので、彼女はペテルスに気づかれることなく、トマス・カーライルの『フランス革命史』の中にメモをこっそり入れた。

ふたりが独房を出ていってから、ロックハートはメモを取り出して読んだ。「何も喋らないで。すべて、うまくいくから」

その言葉どおりになった。十月二日。ロックハートは釈放されることになったと聞かされた。ほどなく彼は自分のアパートに護衛付きで帰された。イギリス人全員が釈放され、フィンランド行きの特別列車で国外追放されることも知った。

この列車に乗り込んだイギリス人一行の中に驚くべき人物が加わっていた。ジョージ・ヒルだ。ロシアを去る決意をした彼は、いつものように堂々とこの国を出るつもりだった。彼はライリーにベルクマンのパスポートをすでに譲っていたので、イギリス政府の正式な駐在武官――しばらく公から姿を消していたが――として世間に戻ってくることにした。

「帰国にあたり私が最初にしたのは、いまいましいひげを剃ることだった。それからモスクワ一の紳士服店に行き、わずかに残っていたイギリス製生地の中からひとつを選んでスーツを新調した。さらにブーツ、帽子、白いスパターダッシュ［靴の上部から足首を覆う泥よけの短いゲートル。当時はおしゃれな男性のあいだで流行していた］を買い、イギリス人らしい服装で再び皆の前に現れた」とヒルは述べている。

ウォードロップ総領事は、ソビエト政府に提出するイギリス人の出国者名簿にヒルの名前を載せるのを拒んだ。全員の命が危険にさらされるのを恐れたからだ。何しろ、ここ数か月間のヒルの行動を調べ、彼が偽名を使って暮らしていたことを突き止める機会はチェカーにはいくらでもあった。しかしロックハートは今回もウォードロップの決定をくつがえした。ヒルがもしロシアに残ったら、逮捕されて処刑されるのは目に見えていた。

今やロックハートがやり残したことは、愛するムーラに別れを告げることだった。彼女はロシアに残ることになり、駅で最後の別れをした。

「寒い星空の下で私とムーラはたわいない話をし、互いのことはまったく話さなかった。それから私は彼女を家に帰した……彼女が夜に紛れて見えなくなるまで目で追った。私は踵を返してぼんやり明かりのついた車両に乗り込み、出発までひとり、物思いにふけった」

うんざりするほどのろい列車の旅が三日続き、ようやくロシアとフィンランドの国境に着いた。イギリス政府がリトヴィノフを釈放するにあたり土壇場でもたついたが、最後にはイギリス人一行は国境を越え、ボリシェヴィキのロシアに別れを告げた。

ロックハートはロシアにもう二度と戻ることはないだろう。二か月後に壮大なショーのような見せしめの裁判が開かれ、ロックハートとライリーは本人不在のまま死刑を宣告された。

第11章 命がけのゲーム

◉諜報活動の総括

マンスフィールド・カミングのロシアにおけるスパイ網はあちこちでほころびが出てきた。シドニー・ライリーの無謀さとフランス人ジャーナリスト、ルネ・マルシャンの裏切りが相まって、ボリシェヴィキ政府転覆計画は失敗し、カミングの諜報員のほとんどの名がもれ、国外追放された。すでにライリーもジョージ・ヒルもイギリスに戻り、アーネスト・ボイスも同様だった。彼はペトログラードのペトロパヴロフスク要塞に投獄されるという屈辱を味わった。ここは帝政ロシア時代に政治犯が収容されていたところだ。だが不幸中の幸いは、ロシア国内のイギリス人スパイのチーフであるボイスの正体がばれなかったことだ。

ストックホルム支局長であるジョン・スケールもイギリスに戻っていた。彼の帰国は自発的なものだった。ロシアに再びスパイを潜入させる前に、喫緊の課題が山積していた。

ロシアのスパイ網が壊滅に近い状態であることにカミングが絶望したとしても、それは仕方のないことだろう。だがそんな中、まったく慰めがなかったわけでもない。カミングも彼の諜報員も、ロシア革命以降の二年間で新たな危険な世界を目の当たりにする経験を持つことができた。そしてオズワルド・レイナー、ヒル、ライリーのような一流のプロのスパイなら、資金や支援体制がきちんとしていれば、逮捕されることなく敵国で諜報活動ができることを証明してくれた。

レイナーが関与したラスプーチン殺害はそうした成功例のひとつといえる。ヒルやライリーの軍事機密情報の収集も同様だ。おかげで、カミングは赤軍の優れた点と問題点を正確に判断することができた。さらに、ライリーの政府転覆計画は無謀ではあったが、成功まであと一歩だった。

ほかにも、今後の成果が期待できそうな事柄がいくつかあった。カミングの諜報員たちはロシア新政府についての正確な情報――その指導者たちは世界中に革命を輸出することを最終目的にしている――をロンドンに送ることができた。また、ライリーとヒルは諜報活動と高度な機密情報の入手に長けていることがわかった。

一方、アーサー・ランサムは、ロシアの革命指導者たちと親密な――そしてしばしば友好的な――関係を違ったアプローチで築きあげた。

加えて、カミングのロシア・チームは今後重要になりそうな戦略を示唆することができた。彼らは反ボリシェヴィキのロシア人活動家と連携するのが得意だった。そうした反革命分子はソビエト政府のために働いているふりをしながら、実はその土台を切り崩すためにできうる限りのことをしていた。ロシア国内の「第五列」［戦争のときに敵方の国家に味方する人々を指す。一九三六年のスペイン内戦で初めて使われた言葉］と連携して内部攪乱をはかるのは新しい戦略であり、それは今後、測り知れない成果をもたらすことだろう。

◉ジョン・メレット――ロシア版「紅はこべ」

カミングのロシアにおけるスパイ網は大量逮捕により機能しなくなったが、完全に壊滅したわけではなかった。諜報員たちはペトログラードのイギリス人社会を以前から活用しており、そこに住む人々は男女ともにロシア語を流暢に話し、生粋のロシア人になりすますことができた。そのように非公式に諜報活動をしていた人々の中に、ジョン・メレットがいた。イギリス生まれで、ペトログラードでエンジニアリング会社を経営していた。

メレットは策略に満ちた世界に精通し、昨年の大半はクローミー大尉のために機密情報の収集に励み、危険な諜報活動を楽しんでいた。

クローミー大尉がイギリス大使館襲撃事件で命を落としてからは、メレットは「［大使館を］訪問するのを一時中止した。クローミー大尉との関係が露見しないようにするためだ。そしてあごひげを伸ばし、ありふれた服を着て、外見をすっかり変えてしまった」と代理領事のアーサー・ウッドハウスは述べている。

あるとき、ウッドハウスは通りでメレットと偶然会ったが、知り合いとは思わなかった。「私は偶然彼に会ったが、彼だと気づかなかった。彼が人に雇われてある危険な仕事をしているのは知っていたが、何のためにそうしているのかは聞かずにいた……現代版「紅はこべ」［「紅はこべ」はイギリスの小説。フランス革命で捕らえられた貴族を救出し、イギリスへ亡命させる謎の一団「紅はこべ」の活躍を描く］という噂を耳にしたが、それを確かめられたのはずっとあとになってからだった」

メレットの変装にだまされたのはウッドハウスだけではなかった。「メレット家を訪れて驚いたのは、この家の主人がみすぼらしい服を着てトップブーツをはいた、ひげ面のロシア人に変わり果てていたことだった。二年前の立派な身なりのイギリス紳士とは似ても似つかなかった」とペトログラード在住のイギリス人が述べている。

メレットは根っからの冒険家で、危険であればあるほど面白がる男だったので、カミングとストックホルム支局長のジョン・スケールが話し合った結果、もっと重要な役割を背負わせることにした。こうしてメレットは、新しい諜報員がロシアに潜入するまでのあいだ、連絡係のネットワークをいつでも使える状態にしておく仕事を任された。

さらにメレットは、ロシアに残っているイギリス人全員を密かに出国させるという、大胆不敵な計画のリーダーにもなった。彼らは主に実業家や銀行家で、七月末に外交官たちと一緒にロシアを離れるのを拒んだのだが、今や彼らの会社や銀行はソビエト政府に接収されてしまい、さらには逮捕されて人質にされるという噂も流れていた。

そうした残留組の実業家のひとりが、チェカーに逮捕されること——そうなればおそらく確実に処刑される――に不安を感じないのかとメレットに尋ねた。ところがメレットはまったく意に介していなかった。「彼は『ボリシェヴィキがモイカ川［ペトログラードを流れる川］沿いの通りで私を逮捕するのに躍起になっているとき、私はすでに田舎に脱出している。彼らが私を追って田舎に来たら、さらに別の土地にいるだろう』と笑って答えた」

彼は少なくとも一回は赤衛隊に逮捕されたが、まんまと逃げおおせた。「幸運にも、私は監獄行きを逃れることができた。それ以降は再び逮捕されないように変装をし、絶えず場所を変えて、人目につかない地区で寝泊まりした」とメレットは述べている。

メレットはチェカーに監視されている中、イギリス人をロシアからこっそり出国させ始めた。まず小グループに分けたイギリス人をペトログラードの安全な隠れ家に集め、信頼できる連絡係に彼らを委ねた。連絡係はジョージ・ヒルが作り上げたネットワークの生き残りで、イギリス人をフィンランドの国境まで案内した。

そうやって出国したイギリス人のひとりが、もし誰かが行く手をさえぎったらどうするのかとメレットに尋ねた。「刺し殺す」――いかにも彼らしいぶっきらぼうな答えだったという。

メレットは最終的に二百四十七人のイギリス人をロシアから出国させた。だがチェカーの尾行は厳しく、彼の仕事は困難をきわめた。ベテランの諜報員の協力がなければ、彼がロシアで活動し続けるのは明らかに不可能だった。

◉イギリス秘密情報部（SIS）の独立

ロシアのスパイ網が壊滅させられただけにとどまらず、すぐにさらなる打撃がマンスフィールド・カミングを襲った。

一九一八年十一月に第一次世界大戦の休戦が宣言されてから数週間もしないうちに、イギリス政府の高官たちは、独立機関としての諜報機関はもはや不要と言い出した。

そうした意見の持ち主のひとりが、一年後に外務大臣となるカーゾン卿だった。カミングの組織は、「現在のわが国の財政状態では許されない贅沢品であり、使った金額に見合うだけの成果を出していない」と同僚に伝えた。

カミングの組織は軍のお偉方にも狙われるようになった。海軍本部も陸軍省も、カミングの国外での諜報活動は国内の治安活動と統合すべきだと提案してきた。つまり軍事情報優先の合同組織に再編しろということだ。そうなった場合、カミングは降格され、組織のトップではなくなる。

カミングはこの苦しい試合で巧みに反撃した。自分の組織を死守するために、軍人である情報将校は平時の諜報活動にはまったく不向きであると訴えた。「彼らは平時における諜報活動の知識や専門技術が皆無であり、軍事的なことにしか対応できない」

ほかにも理由があった。カミングは陸軍省とは関わりを持ちたくなかったのだ。戦争の終わりにかけて、陸軍省の人間は彼の優秀な諜報員を何人も引き抜いた。カミングは、自分の組織は自分自身が采配をふるう独立した機関であるべきで、外務省にのみ報告義務があると主張して一歩も譲らなかった。

国会の委員会がこの問題を論じるためにいくつも招集された。カミングは剣が峰に立たされた。彼の組織は、存続できるか否かの瀬戸際に立たされた。しかし一九一九年一月に良い知らせが入った。委員会の中で最も重要な内閣小委員会が調査結果を報告し、過去数年にわたるカミングの組織の活動はきちんと成果を出していると言明したのだ。彼の在職中、「海外での多岐にわたる諜報活動で――莫大な額の支出があったものの――著しい成長が見られた」と報告書は結論付けた。成果を出したことで多額の支出は正当化された。内閣小委員会はカミングをほめちぎり、彼の諜報員が収集した情報は、「ほかの参戦国が入手した情報よりも優れているとは言わないまでも、遜色のないものである」と報告した。

ひとつの委員会から擁護されたものの、今度は別のところから攻撃された。大蔵省は財布のひもをきつく締めることに必死だったので、大蔵官僚たちはホワイトホール・コートに目を向けた。戦時中、カミングの組織は月額八万ポンドの予算で運営されていたが、今後は年額六万五千ポンドに大幅削減すると言い渡されたのだ。

陸軍大臣のウィンストン・チャーチルからすれば、これはやり過ぎだった。彼はカミングの組織を高く評価していたので、「現在の世界情勢はきわめて流動的であり、友好国が敵国に変わるやもしれない……正確で時宜を得た情報を入手することはわが国にとってこれまで以上に不可欠である」と閣僚に説いた。

チャーチルはまた、カミングが長い年月をかけて組織を築き上げてきたことにも言及した。もし予算が削減されたら、これまでの努力はすべて「署名ひとつで水泡に帰すことになる」。さらに「現在のような危機的な時期に、長年築きあげてきたものを弱体化するのはきわめて軽率な行為」となるだろう。

実はロシアの諜報活動で得られた情報は、閣僚たちが最終的に決断するときの決め手になっていた。チャーチルが語ったように、世界は今や未知の航路に乗り出したが、ボリシェヴィキが支配するロシアは世界平和にとって相変わらず脅威だった。したがって、敵国内での情報収集に長けた組織を弱体化させるのは無謀と言ってもよいことだった。

カミングの組織はひとつの変更もなく存続することになり、「外国での反ボリシェヴィキ活動はすべて」――もちろんロシア国内での諜報活動もすべて――カミングひとりの管轄下に置かれることになった。

カミングにとって、チャーチルの後ろ盾が得られたことは幸運だった。また、外務事務次官のチャールズ・ハーディングからも引き続き支援された。ハーディングは、カミングの組織に懐疑的な閣僚たちに、彼の仕事は「きわめて専門的であり、特別な能力が必要である」と納得させた。そして念を押すように、外務省は「はからずも平時と戦時の両方で諜報活動を経験した」長官を得て、幸運だったと言い添えた。

カミングは決定的な勝利を得て、再び将来を楽観的に見るようになった。数か月後、彼はコンプトン・マッケンジーにこう伝えている。「戦後は組織の閉鎖まで覚悟したが、今はそれが嘘のように発展しつつある。近い将来にすべき仕事は山ほどあるだろう」

ほかにも永続的な変化があった。大戦後、カミングの組織は「秘密情報部（SIS）」と呼ばれることが多くなった。最終的にはその呼び方が正式名称になり、今日まで続いている——もっとも、「MI6（軍情報部第六課）」と呼ばれることのほうが多いのだが。

◉ライリーとヒルの新しい任務

一九一八年十一月。ジョージ・ヒルはロンドンに戻り、「チーフ」と初めて面会することになった。柄にもなく緊張したヒルは、ホワイトホール・コートの最上階まで階段を上るとカミングの執務室のドアをノックした。カミングは手強い相手だと予め忠告されていたが、部屋に入った瞬間から、その存在感の大きさをヒルは確かに強く感じた。

「しばらくのあいだ、彼は私をじっくりと眺めていた。これまでの人生でこれほど無遠慮に見られたことはなかった」とヒルは記している。居心地の悪い、長い沈黙のあとに、カミングはいきなり立ち上がり、ヒルと握手をした。それからヒルに仕事の報告をさせた。

カミングはヒルの功績を絶賛した。ヒルは長期間少しも怪しまれることなくスパイ活動をしてきた、理想的な諜報員だった。カミングはその功績に対して、彼を戦功十字章［第一次世界大戦当初に制定〕」にも推薦することで報いた。さらに殊勲従軍勲章〔少佐以上の将校が、実戦の功績に対して与えられる勲章」にも推薦すると約束した。

「ロシア革命の市街戦が激化した晩に、彼はボリシェヴィキの前線を何度も通り抜けて彼らの会合に参加した。ただひとりで、ほぼ毎日銃火の中で活動した」。これはヒルの受賞文の一節である。

最初に面会してから数日もしないうちに、ヒルは再びカミングに呼ばれた。今回はシドニー・ライリーも一緒だった。ライリーがカミングに会うのは帰国後初めてだった。

モスクワでの無謀な計画を咎められるだろうと恐れていたライリーは、好意的な報告をするようにロックハートに懇願までしていたが、そんな心配は無用だったと知って安堵した。カミングはライリーがロシアからこっそり持ち出した大量の情報に感心し、彼にもヒルと同じように戦功十字章が授与されるだろうと請け合った。

カミングがふたりを呼んだのは、彼らにやってもらいたい新しい任務があったからである。それは、再びロシアに戻ることになる仕事だった。当時、連合国はパリ講和会議で難しい交渉を始めようとしていた。そのためにはロシア南部で起きている戦闘に関する情報が至急必要だった。

ロシア南部のドン川流域でアントン・デニーキン将軍率いる反ボリシェヴィキ軍がレーニンの革命軍を相手に猛攻撃をかけていることはよく知られていたが、カミングはデニーキン将軍が有望な人物であるのかどうかを見極めたかった。また、彼がアレクサンドル・コルチャーク提督の軍隊と統合する可能性はあるのかどうかも知りたかった。コルチャーク提督はロシア東部のオムスクで第二の反ボリシェヴィキ軍を率いていた。

出発はいつになるのか、とヒルはカミングに尋ねた。ロシアでのストレスの多い仕事を終えた今、ヒルはイギリスで骨休めできるのを楽しみにしていた。家族と過ごし、友人と旧交を温めるのに、少なくとも二週間はイギリスにいたかった。列車は二時間後に出発する、とカミングは答えた。荷造りする時間はなく、家族や友人に別れを告げるわずかな時間しかなかった。

ヒルがめずらしく一瞬躊躇すると、カミングはすぐに気づき、「上司というより友人のように」ヒルと時局について話し合った。その思いやりが胸にしみたヒルは、最後には行くことを納得した。こうして二時間後にはヒルとライリーは列車に乗り、ロシア南部にある黒海北岸の都市、オデッサを目指した。とくにライリーにとっては、これは非常に危険な任務だった。もしボリシェヴィキに捕まれば、それは処刑されることを意味していた。

◉ポール・デュークス登場

この時期にロシアに向かっていたのはシドニー・ライリーとジョージ・ヒルだけではなかった。その頃カミングは新たな諜報員を雇った。その男に初めて会ったのは四か月前のことで、名前はポール・デュークス。彼はロシア国内のばらばらになった連絡係のネットワークを再構築する仕事を任された。

デュークスは才能豊かな音楽家で、帝室マリインスキー劇場の元指揮者だった。一九〇八年からロシアで生活し、ボリシェヴィキを権力の座に押し上げた十一月革命を目の当たりにした。それどころか、亡命していたレーニンがその半年前にペトログラードに戻ってきたときに、その姿を見た三人のイギリス人のひとりだった。またデュークスは、ボリシェヴィキ政権の最初の数か月に起こった社会不安も目撃していた。

デュークスの情熱的な眼差しは、頭脳の明晰さ――危機に瀕したときに機転を利かせ、的確に判断できる能力をうかがわせた。この生まれながらの知性に加え、語学が堪能だったので、すでに外務省に非公式に雇われていた。カミングが彼に関心を持ったのは、ボリシェヴィキ革命に関する彼の生き生きとした報告書がきっかけであったことはまず間違いない。

「モスクワにいたある日のこと」とデュークスは書き出している。「思いがけず電報を受け取った。イギリス外務省からの『緊急便』だった。『直ちにロンドンに来られたし』と書かれていた」

その後彼はすぐにその呼び出しに応じた。ノルウェーまで列車で行き、そこから船で北海を渡り、スコットランドのアバディーンに到着した。アバディーンでは入国審査官に出迎えられ、ロンドン行きの始発列車に乗せられた。ロンドンに着くと、今度は車が待っていた。

デュークスはこの呼び出しに当惑していた。「行き先もわからなければ、呼び出された理由もわからないまま、私を乗せた車はトラファルガー広場に近い脇道の、とある建物の前で停まった。『こちらです』と運転手が車から降りて言った」

デュークスは、「ウサギの穴のような入り組んだ通路や奥まった小部屋」のある迷宮のような建物の中に連れていかれ、最終的には軍服を着た大佐のオフィスに案内された。

デュークスは大佐の正体がわからぬまま、自分から名前を明かすことはできなかった。だがたぶんフレディー・ブラウニング大佐だったのだろう。彼はまだカミングの非公式の副官として働いていた。

心のこもった握手のあとに大佐は、イギリス秘密情報部（ＳＩＳ）で働く気はないかと言った。承諾すればデュークスはロシアに戻り、「進行中の出来事をわれわれに逐一報告し続ける」ことになる。

デュークスは思いがけない誘いに驚き、思わず断りの言葉を口走った。大佐はそうした言葉を無視するように手で払いのけ、明日もう一度ホワイトホール・コートに来るようにと言った。若い秘書がやってきて面会の終わりを告げた。デュークスは当惑したまま、再び迷路のような廊下を歩いた。

「摩訶不思議なこの高い建物にすっかり魅せられ、興味津々だった私は、出口まで案内してくれた若い女性に思い切って質問してみた。『ここはいったいどういう組織なんですか？』」

デュークスは彼女の目が輝いたことを見逃さなかった。「彼女は肩をそびやかし、黙ったままエレベーターのボタンを押した。私がエレベーターから降りるとき『ごきげんよう』としか彼女は言わなかった」

SISからの誘いは、翌日になるとさらに謎めいていた。デュークスは再び大佐の部屋に案内され、前日よりくわしい説明を受けた。ボリシェヴィキの政策に関する情報を集め、さらにレーニン政権に対する国民の支持の実態を調査するのが彼の仕事だと言われた。

「どこからあの国に入り、どんな人間になりすまして暮らし、どうやってわれわれに報告書を送るかは、きみに任せる……どうだろう?」

大佐は中座し、しばらく部屋を留守にした。「チーフ」の都合を確かめにいったのだ。ひとりになったデュークスは、本棚に飾られた上製本をゆっくり眺めることができた。その中に緑色のモロッコ革装のサッカレー全集があった。彼は中を見ようと『ヘンリー・エズモンド』を本棚から取り出した。

「驚いたことに、本の表紙は開かなかった。ページの端——私にはそう思えた——に沿ってたまたま指を走らせると、いきなり前表紙がぱっと開いて箱が見えた」

デュークスは驚きのあまり、本を落としそうになった。慌てて本をつかんだとき、一枚の紙がはらりと落ちた。「私は急いでそれを拾いあげ、ちらりと見た。それはベルリンの陸軍省のレターヘッド付きの用紙で、ドイツ帝国の紋章が刻印され、細かい手書きのドイツ語で埋め尽くされていた」

デュークスは慌ててその紙を本の中の箱に入れ、棚に戻した。戻し終えたまさにその瞬間、大佐が部屋に入ってきた。「ええと、『チーフ』は部屋におられなかった」と大佐はデュークスに言った。「でも明日なら会えるだろう」

それから大佐は自分の蔵書について語り始め、唯一価値のある本はリシュリュー枢機卿についての本だけだと言った。それは『ヘンリー・エズモンド』の真上にあった。うながされるままデュークスは棚からその本を慎重に引き出した。「何か変わったことが起こるかと期待したが、それはフランス語で書かれたかび臭い古い本で、ページは破れ、染みがあった」

翌日、デュークスは再びその建物を訪ねた。三度目だ。またもや大佐の部屋に案内された。大佐は自分の蔵書について再び熱心に語りだし、とくにサッカレー全集は自慢の本だと言い、手に取って見てみないかとデュークスを促した。

「大佐の顔をじっと見つめたが、彼の表情はまったく変わらなかった……私は静かに立ち上がり、『ヘンリー・エズモンド』を棚から取り出した。本は前日とまったく同じ場所にあった。意外なことに表紙は自然に開き、インディア紙［薄く不透明な印刷用の薄葉紙。薄いが裏に印刷が抜けないのが特色］に印刷され、仰々しく書かれた『豪華版』という文字が目に入った」

デュークスの頭は混乱した。『ヘンリー・エズモンド』はこの一冊だけで、リシュリュー枢機卿の本は前日と同じように真上に置かれている。「大佐は『豪華版だ』と繰り返したが、疲れたような言い方だった。『さあ、いいかな、ええと、チーフに会いにいこう』」

デュークスは迷路のような廊下や通路を歩いているうちに、自分がどこにいるのかわからなくなった。「いきなり視界が変わることから、実際はある限られた場所をぐるぐるまわっているだけだと気づいた。そして急に広々とした書斎、つまり『ええと、チーフ』の聖なる執務室に入ったとき、なんだ数メートルしか移動していないんだと、考えずにはいられなかった」

デュークスはカミングの正体について何も知らなかったので、自己紹介をどんなふうにすればよいのかわからなかった。大佐がドアをノックしてから開けた。「ドアの入り口に立っていると、その部屋は薄暗い闇に包まれているように見えた。書き物机は窓を背にして置かれていたので、部屋に入ったとたん、何もかもが輪郭しか見えなかった」

長い沈黙。その間、デュークスは部屋をざっと見渡すことができた。「書類が散らばっている広い机の左側に内線電話が六台並んでいた。サイドテーブルにはたくさんの地図と図面が載り、戦闘機や潜水艦の見本や機械装置も置かれていた。並べられたさまざまな色の瓶や蒸留装置や試験管ラックは、化学実験や化学操作をしていることを物語っていた」

デュークスは自分の回顧録でカミングの名前を載せることはできなかった。当時、「C」の正体は極秘事項だった。「私は彼のことを記述してはいけなかったし、彼の二十あまりの名前をひとつでも口にしてはいけなかった」。しかしデュークスはカミングの独特の雰囲気――カミングはそれで自分自身をおおい隠すのが好きだった――をうまく伝えている。

「輪郭しか見えない中で、私は椅子のほうに進んだ。チーフはしばらく書き物をしていたが、やがていきなり顔を上げ、意外なことを口にした。『で、きみはロシアに戻りたいと思っているんだね？』と、まるで私の希望であるかのように言った」

カミングは、デュークスがロシアに戻ってからどんな活動をしてほしいかを説明した。単独で動きまわり、彼自身の連絡係のネットワークを築き上げて、報告書を国外に持ち出してほしいと言われた。

「生きて帰るんだ」と最後にチーフは笑いながら言った。それから「彼に暗号文の書き方を習得させてくれ」と大佐に命じた。「実験室に連れていって、インクやなんかの使い方も教えるように」

面接は終わった。デュークスはチーフの執務室を出てから、暗号表とインクの使い方をざっと習った。三週間後、彼はロシアへの旅の途上にあった。

◉ランサムとシェレピナのロシア再入国

ポール・デュークスだけが、カミングの改訂版ロシア・チームの新人というわけではなかった。過去二年間、アーサー・ランサムはＳＩＳに報告書を送り続けていた（もっとも常に非公式の立場であったが）。しかし、それも変わろうとしていた。彼は、正式の諜報員としてソビエト・ロシアに送り込まれる候補者の筆頭にあった。

ただし、ランサムをスパイとして雇うには問題があった。彼は共産党幹部と個人的な親交があり、さらにトロツキーの秘書と親密な関係にあったので、疑わしい人物とみなされていた。また『ロシアのために――アメリカへの公開状』という小論文の刊行が状況をさらに悪化させていた。

それはアメリカ政府にロシア国内の新しい政治情勢を認めさせようという試みだった。その文体は彼の新聞の特電同様、とくにMI5の将校たちの怒りを買った。「彼の記事は——私見だが——ほとんど有害だ。彼はボリシェヴィキ政権を頻繁に賞賛するので、彼自身がボリシェヴィキになってしまったと思わずにはいられない」と将校のひとりが書いている。

陸軍省の陸軍情報総局の長官であるウィリアム・スウェーツもランサムを信用せず、「ボリシェヴィキのスパイ」というレッテルを貼った。彼の記事は「ボリシェヴィキのプロパガンダ以外の何ものでもない」と言い、「個人的には、彼のくだらない特電に金を払おうとする『デイリー・ニューズ』紙やほかの新聞社の気がしれない」とまで言った。

そうした悪評は、ついにはランサムの上司の耳に届くことになる。『デイリー・ニューズ』紙の編集長A・G・ガーディナーは、ランサムの記事に次第に苛立つようになった。自分が抱えている特派員は「現地化（ロシア化）」してしまったので現在の任地ストックホルムから呼び戻すことにした、と同僚に話した。

このニュースがホワイトホール・コートに届くと、素早い対応が取られた。SISの上級職員がガーディナーのもとを訪れ、ランサムを今のポストに残しておくことは最重要事項であると静かに告げた。ランサムの仕事はイギリスの利益に不可欠なので、SISが彼にかかる費用をすべて負担すると申し出た。

ＭＩ５の将校たちもランサムへの攻撃を止めるように警告された。「われわれは彼からきわめて価値のあるものを大量に手に入れられると考えている。きみたちが進んで彼をしばらく――言わば――放っておいて、彼にチャンスを与えてくれることを願っている」

ランサムの復権は、ロバート・ブルース・ロックハートの後押しで容易になった。ロックハートはロシア追放後、ストックホルムでランサムと会った。彼はその機会を利用して、ランサムをジャーナリストのクリフォード・シャープ〔英国の左派系週刊紙『ニューステーツマン』の初代編集者〕に紹介した。実はシャープはストックホルム支局で働き、「Ｓ８」というコードネームを持っていた。

ロックハートはランサムを大いに尊敬していた。ふたりはモスクワのエリート・ホテルで暮らしていたときに親しくなった。彼はシャープに、ランサムは「ボリシェヴィキの指導者たちと素晴らしく良好な関係にあり、このうえなく貴重な情報をわれわれにもたらしてくれる」と語った。

そしてランサムを信用すべきではないという意見を退け、するどい洞察力で彼の本質を見抜いた。ロックハートはランサムを「感傷的なところのある過激な思想家」と評したのだ。

「〔彼は〕セイウチひげを生やしたドン・キホーテだ。負け犬に肩入れし過ぎの感傷家であると同時に、革命で想像力をかきたてられた夢想家でもある」

ロックハートは、ランサムを非国民だと言い張る連中に憤慨していた。「私は諜報機関のばか者どもに対して、彼を断固として擁護した。彼らは公然とランサムをボリシェヴィキのスパイであると非難しようとした」

ジョージ・ヒルもロックハートと一緒になって、ランサムが信頼できる人間だと証言した。「彼はかなりの情報通であり、ボリシェヴィキの指導者たちと親しく、状況を的確に判断する能力がある」

ヒルもエリート・ホテルで暮らしていたことがあり、ある時期ランサムと浴室を共同で使っていた。「われわれが突っ込んだ議論をしたり、白熱した論争をしたりするのは、きまってランサムが浴槽につかり、私が服を着替えながら部屋を行ったり来たりしているときだった」とヒルは回想している。

ランサムは仲間内の議論で負けるのが嫌いだった。「私が議論で優勢になり、彼がいつも以上に激昂しているときは、浴槽から飛び出し、怒ったゴリラのように自分の体を叩いた」

ランサムはふらっとどこかへ出かけ、二、三日見かけないことがよくあった。「ようやく顔を合わせて互いににやっと笑うこともあれば、彼が大きな葉巻箱で飼っているペットのヘビのようすを私が尋ねることもあった。翌朝、彼がいつものようにやってきて議論を再開することもあった。私たちは親友だった」

ランサム評をあちらこちらから聞き込んだクリフォード・シャープは、彼を信用に足る人物だと確信した。「〔彼は〕真っ正直な人間と思われている」とロンドン宛ての報告書で述べている。「ロシア情勢についての彼の報告書は、完全に信用できるだろう。ただし、個人的な共感ゆえに、彼の意見は偏向しがちである」

ストックホルム支局長ジョン・スケールも、ランサムに対する評価を変えた。ランサムは「ひどい扱い」をされてきたことを認め、「彼はとても忠誠心があり、情報を送ることに進んで協力している。われわれの利益に反して動いているように見えるのは、ボリシェヴィキの指導者たちとの友情のせいで、政権への共感ではまったくない。赤色テロ以降、彼はあの政権をひどく嫌うようになった」とロンドンに伝えた。

確かにそのとおりだった。ランサムは母親への手紙で、数名の共産党幹部——たとえばカール・ラデック——との付き合いは楽しいが、それ以外の幹部は「頑固で狭量なうえ、七匹の悪魔に取りつかれたかのように精力的な狂人の集まりだ」と打ち明けていた。

カミングはランサムが信頼するに足る人物であると十分にわかったので、彼を正式に雇うことにし、「ST76」というコードネームを与えた。残るは「人員の輸送」、つまりランサムとシェレピナをいかにしてロシアに再入国させるかという問題だ。ふたりは連合国軍がロシア北部の港に上陸する直前にロシアを離れているので、再入国は許可されそうもなかった。

ところがふたつの出来事がこの窮地を救った。ひとつは、ロックハートのスピーチが広く知れ渡ったことだ。きっとこれはSISの強い要請があったのだろう。ロックハートは、ランサムの報道姿勢は常軌を逸しており、信頼できないと公の場で非難したのだ。

ふたつ目はもっと劇的だった。ジョン・スケールがすべて手配した。彼はスウェーデン当局を説き伏せ、ランサムとシェレピナとほかの十一人をスウェーデンから追放させたのだ。全員が革命的ボリシェヴィキであるという理由で。

ランサムはまだ信用できるとモスクワの政権に思わせるには、このふたつの出来事で十分だった。数週間もしないうちに、ランサムはペトログラード行きの船に乗り、本名で合法的な旅をした。だがロンドンのホワイトホール・コートでは、今や彼は「エージェントＳＴ76」と呼ばれていた。

第12章 ただならぬ脅威

◉行方不明のベイリー

ソビエト・ロシアの下腹部にあたる広大な中央アジアでは、フレデリック・ベイリーが戦争捕虜のオーストリア人コック、アンドレ・ケケシになりすましてひっそりと暮らしていた。ベイリーは懸賞金のかかったお尋ね者になってしまったので、細心の注意を払って行動しなければならず、彼を匿《かくま》った人間は銃殺される危険性があった。

タシケントの革命政府はチェカーと防諜部門の両方から人員を割き、ベイリー逮捕に躍起になっていた。彼らはそれぞれベイリーを追っていたので、「おかしなことに、防諜部門の人間が調査委員会［チェカー］の人間を敵のスパイと疑って逮捕してしまった」とベイリーは記している。

ベイリーの最も重要な仕事は、モスクワの支援を受けたタシケントの政府がイギリス領インド帝国にどんな脅威をもたらそうとしているのかを突き止めることだった。また西トルキスタンの荒涼とした平原や山岳地帯に、ボリシェヴィキの支配がどれほど及んでいるのかを調べる必要もあった。

西トルキスタンすべてがボリシェヴィキの手に落ちたわけではないことはすぐにわかった。ソビエト政権とロシア人による中央アジア支配に抵抗している地域が島のように点在し、反ボリシェヴィキの再結集場所になりつつあった。ブハラとヒヴァ［両方とも現在のウズベキスタン南東部］といったオアシスの町や、遠いフェルガナ盆地がそうだった。

とはいえ、そうした地域はたやすく陥落しそうに見えた。これらの小さな防衛拠点がボリシェヴィキの手に落ちたら、アフガニスタンや東トルキスタン（中国領トルキスタン）もあとに続く可能性がある。レーニンの王国がインド帝国の玄関先まで及ぶことになる。

ベイリーは、反ボリシェヴィキの飛び地のひとつへ行ってみようと試みてはみたが、たどり着くのはまず不可能とわかった。飛び地へ続く道はすべてボリシェヴィキの軍隊に押さえられていた。これだけでもかなりの痛手だったが、さらに悪いことが起こった。ベイリーがタシケントへ戻る途中、深い雪にバランスを崩して六十メートル以上も山腹を転落、突き出た岩に片脚を強打して膝をひどく痛めてしまった。自分でアヘンを大量に服用して、どうにか激痛に耐えた。

「この怪我のせいで、私の計画はすべて狂ってしまった」。山中の洞窟に一時避難したが、雪は洞窟を取り囲む頂きまで積もるほどで、彼はなす術もなく鉛色の空を眺めるしかなかった。これで数か月は活動できなくなるだろう。

単独での諜報活動がいかに危険なことか――ベイリーはこのときようやく思い知った。ロシアにいるカミングの諜報員たちはフィンランドの国境まで二日もかからなかったが、ベイリーは安全な場所から数百キロも離れており、しかも彼には後方支援をする者がまったくいなかった。もし土地の部族民が怪我をした彼の面倒を見て、食べ物を運んできてくれなかったら、彼の命は風前の灯だっただろう。

一方イギリスでは、ベイリーの年老いた母親フローレンスは、息子からの便りがないことに不安を募らせていた。なぜ息子はタシケントに派遣されたのか？　派遣期間はどれくらいなのか？　わからないことだらけだったが、息子が危険を伴う重大な任務に就いていることだけはわかっていた。

フローレンスは一九一八年九月に息子から便りをもらっていたが、不可解な文章で、署名がなかった。「くわしいことは書けませんが、われわれにとってすこぶる愉快な状況です」。こんな文章ではフローレンスは納得できなかった。「最近やっと文章の真意がわかりましたが、それまで私の不安がどれほどのものだったか、おわかりいただけると思います。息子は何度も危険な状況に身を置き、どうにか切り抜けてまいりました。けれど今回もまた、同じような状況に陥っているのではないかと心配しております」と彼女はインド省［イギリスの省庁。インド植民地統治のために設置］政治部秘書官ジョン・シャックバーグ卿に手紙を書いた。

だがシャックバーグ卿はベイリー夫人を安心させるような返事を書くことはできなかった。カシュガルから送られてきた電報で明らかになったのは、ベイリーは跡形もなく消えてしまったということだけだった。彼は逮捕を免れたようだというのが、唯一の朗報だった。電文には「もし何か悪いことが起きていたら、その噂はわれわれにすでに届いているはずだ。彼はどこかに身を隠している可能性が高い」とあった。

ベイリー夫人が息子の身を案じるのはもっともなことだった。ベイリーの砕けた膝はどうにか治ったが、タシケントに通じる道は反ボリシェヴィキ軍の激しい蜂起で阻まれていた。ベイリーがカシュガルのパーシー・イサートンに苦労して送った報告書には、反乱軍兵士は残虐な暴行を受けて壊滅させられたとあった。ボリシェヴィキ軍に逮捕され、丸裸にされて無残にも射殺されたのだ。

「赤衛隊の中には、酔っ払って急所を撃ちそこね、ただ苦しむだけの重傷を反乱軍兵士に負わせる者もいた。兵士は誰かがとどめ――たいていは銃剣で――を刺してくれるまで苦しみもだえながら待つしかなかった」。七百五十人以上虐殺した、と豪語する赤衛隊の兵士もいた。

結局ベイリーはタシケントに密かに戻ってこられたが、新たな問題に直面した。数か月間、彼はアンドレ・ケケシというオーストリア人になりすまして暮らし、ケケシの身分証で厄介な状況を切り抜けてきたのだが、その人物についてきちんと確認していなかったことがわかったのだった。

「ケケシは死亡した何千人もの戦争捕虜のひとりと思い込んでいた」。だがタシケントに戻ってみると、ケケシは「至極元気で、友人に貸したパスポートがなくなって困っていた」

運よくベイリーは新しい書類を一式、手に入れることができた。今度は、ジョルジ・チュカという名のルーマニア兵のものだ。ベイリーはオーストリア兵の軍服を捨て、平服を着た。「さらに変装するために、度の入っていない地味な眼鏡を手に入れた」。もじゃもじゃのあごひげのせいもあって、すっかりルーマニア人らしく見えた。

とはいえ、窮地に陥ることもしばしばあった。彼はウズベク人の家を借りていたが、その家主はベイリーの偽りの故郷についてたびたび質問をした。「テーブルにスイカが置いてあると、ルーマニアではこういったものは育つのかと聞かれる。夕食で魚を食べると、ルーマニアの魚について聞かれる」。そのうちベイリーは答えをでっちあげるのを楽しむようになった。家主は「私が言ったことをすぐに忘れてしまうことに気づいたからだ」

◉中央アジアの共産化

ベイリーがようやくタシケントに戻った頃、ふたつの密接に関係するニュースが飛び込んできた。それは政治的にきわめて重要なことで、中央アジアに影響を及ぼすだけでなく、世界中に衝撃を与えることになる。

一九一九年三月にモスクワまでの鉄道が再開し、革命後初めてタシケントとモスクワが直接つながった。モスクワから乗り込んでくる第一陣の中に、無秩序な西トルキスタンに秩序をもたらすことを固く決心してやってきたボリシェヴィキの強硬派がいた。

彼らは世界革命遂行のための三つの重点計画を発表した。ひとつ目は、イギリス領インド帝国に対して攻撃的なプロパガンダをする。ふたつ目は、インド帝国内でスパイ活動を展開する。三つ目は、一流の軍隊を組織する。要するに、タシケントの革命政府は、「イギリス帝国主義者との闘争において、東洋を積極的に支援するために、ロシア系イスラム教徒による特別な大部隊」を編制することを求められたのだ。

レーニンはタシケントの人民委員を支援するために個人的に手紙を書き送った。彼は「グレート・ゲーム」を——つまり中央アジア（主にアフガニスタン）をめぐるイギリス・ロシア間の政治的駆け引きを新たに始めようとしていた。ただし今回の目標は、インド帝国で暴力革命を起こすことだった。

「ヒマラヤ山脈の頂きにコサック騎兵の槍が見えるというのが、イギリスの過去の悪夢だった。今や、その槍を握っているのはロシア系イスラム教徒の労働者だ」と当時出版されたボリシェヴィキの公式文書に言明されていた。

ボリシェヴィキの強硬派がタシケントにやってくるのをベイリーが知ったのは、彼らが到着する数時間前のことだった。一緒にインド人革命家グループが来ることも知った。

インド帝国にとって、インド人革命家の脅威は今回が初めてではない。ほぼ十年間、マンスフィールド・カミングはこの脅威についてロンドンにあるインド政治情報部と密接に連絡を取り合ってきた。ニューヨーク、ベルリンなどにいる彼の諜報員たちは、インド人革命家に目を光らせ、彼らの行動を監視し、郵便物をチェックしていた。

そうした監視対象者の中に、アブドゥル・ハフィズ・モハメド・バルカトゥーラという男がいた。一九一六年春にアフガニスタンのカブールでインド亡命政府を樹立した人物だ。バルカトゥーラはボリシェヴィキと親密な関係を築くためにタシケントにやってきたのである。

「ボリシェヴィキが広めようとしている思想は、すでにインドの大衆に根付いている。従って小さな火種となる積極的なプロパガンダさえあれば、中央アジアに革命の大火を起こすことができる」とバルカトゥーラはソビエト政府の機関紙『イズベスチヤ』の記者に語っている。

ベイリーは、インド人革命家がタシケントの印刷機を使って煽動的プロパガンダのビラを作り、インド国内で配布しようとしていることを知った。何とかしてビラを入手したところ、内容はまったくのでたらめで、ベイリーはあきれ返った。ビラには、インド政府はモスクとヒンドゥー教の寺院をすべて強制的に閉鎖し、インド人への教育を禁じて奴隷労働を再導入したと書かれていた。

「ボリシェヴィキはインドに対して、あらゆる手を使って暴動を起こそうとしている。彼らが公表した東洋における計画とは、革命の機が熟したと思われる国々（インドやアフガニスタン）を利用することであり、共産主義を受け入れさせることだ」とベイリーは述べている。

ベイリーはただならぬ脅威――まったく新しい脅威を目の当たりにした。ソビエト・ロシアの指導者たちは、アフガニスタン、中国領トルキスタン、インドの北西辺境州に住むイスラム部族と同盟を組もうとしていた。革命的ボリシェヴィキとイスラム過激派が協力し合い、インド帝国を包囲できるような激しい武力闘争を生み出す、というのが彼らの考えだった。

彼らの計画はその土地あるいはその地域だけに留まらず、世界規模で考えたものだった。「アジアが完全に共産主義化すれば、それは世界革命への導火線となる」とベイリーは警告した。

現在進行中のソビエト政府の陰謀をインド政府に伝えることがベイリーの急務となったが、タシケントから情報を送るのは決して容易ではない――いや、まず不可能だった。

「カシュガルまでの道は山賊に封鎖されている」。ベイリーからカシュガルのパーシー・イサートンのもとにようやく届いた報告書にはそう書かれていた。「電報を送ることができるかもしれないので、緊急の場合だけ送ってみるつもりだ。どうか電報局に暗号で書かれた無署名の電報が送られてくるかもしれないと知らせておいてほしい」

イサートンはこれをインド政府の作戦本部に転送し、タシケントから送られてくる最近の文書はすべて判読困難と追記した。「見えないインクを使用したせいで字がかすみ、報告書の大部分はまったく判読できず、何度試みても暗号解読できなかった」

ベイリーは報告書を送るにあたり、次第に工夫を凝らすようになった。ある重要な報告が、サマルカンドの古い石版画（リトグラフ）の本に、見えないインクで書かれていた。イサートンは第三者からそれを受け取ったが、「アンモニアでこすること。報告書は見えないインクで書かれている」と言われた。

ベイリーの報告書はインド帝国の情報将校だけでなく、カミングの部下にも読まれていた。ストックホルム支局の諜報員はとくにベイリーへの関心が高く、彼の活動報告をインド省経由で入手し、インドにいる同僚に転送することができた。

ストックホルム支局長のジョン・スケール少佐が読んだ通信文には、「タシケントのF・M・ベイリー大佐が、インド省の〔アーサー・〕ハーツェル〔卿〕と〔ジョン・〕シャックバーグ〔卿〕によろしく伝えてくれとのことだ。彼は現在、別人になりすましている」と書かれていた。インド省に伝えられた別の覚書では、ベイリーは「三つの帝国が出会う場所」といった謎かけのような文を暗号解読の鍵として使っている。さらに別の覚書では、「ボリシェヴィキの電報に短い暗号文をはさんでタシケントから送ろうと」した。もちろん、差しはさむ言葉は最小限にしなければならなかった。ベイリーは同僚と連絡を取ろうとする度に、かなり危険な状況に身を置いていたのだ。

◉第三次アフガン戦争

ベイリーの仕事は危険なだけでなく、とても複雑だった。彼は中央アジアの急変する政治情勢を把握しようと情報収集に努めたが、その当事者である権力者たちの行動や通信のやり取りは、当然のことながら秘密に包まれていた。

そして一九一九年春に起こった予想外の出来事によって、彼の仕事はますます複雑になった。アフガニスタンのアミール（国王）、アマーヌッラーがインド帝国に対して聖戦（ジハード）を宣言したのだ。ジハードの宣言はそもそも内政問題から国民の目をそらすためだったが、そんなことはインド帝国の北西辺境州を警備している貧弱な装備の兵士には、何の慰めにもならなかった。「イスラム教徒の鬨《とき》の声でやつらを震えあがらせ、そのきらめく刀でやつらを滅ぼすのだ」とアミールは軍隊を前に檄を飛ばした。

熱はこもっていたが、かなり月並みなものだった。それよりも気がかりだったのは、タシケントにいたインド人革命家が書いた強硬な檄文のほうだった。「見つけ次第イギリス人を殺害せよ。電線を切断し、線路や橋を破壊し、解放軍をすべての面で援助せよ」

アフガニスタン軍は善戦した。インド帝国内の町をいくつか占領し、山岳地帯の国境警備をしている在印イギリス軍の脆弱さをさらけ出した。イギリス軍は反撃に出たものの立ち往生し、むっとするような四十度の暑さの中で敗北した。

しかし近代的な武器を使用し、ハンドリー・ページ社の戦闘機をうまく乗りこなしたイギリス軍はようやく勝利を収め、アミールの軍隊を国境まで押し戻した［第三次アフガン戦争］。ただし、帝国内に侵攻されたことで、インド政府内には警鐘が打ち鳴らされ、イギリスとインド帝国の諜報員はモスクワとタシケント間の電報を傍受することになお一層努力した。

そうして傍受した電文から、ベイリーがタシケントで目撃した新たな、そして気がかりな脅威がさらに浮き彫りになった。アミールの軍隊がインドに侵攻したその月、モスクワからタシケントに送られた最高機密の電報が傍受された。「イスラム教徒は絶滅の危機に瀕している。自らの宗教を重んじ、独立した人間としての存在を重んじるムハンマドの子孫は全員立ち上がり、世界の解放のためにわれわれと共闘しよう」

このスローガンがイスラム教徒の指導者によって書かれたものなら、ただの「憂慮すべき檄文」でしかなかっただろう。だがそれを書いたのは、ある共産党幹部だった。そこにはイスラム過激派を自分たちの革命運動に利用しようとする意図が明白に見て取れた。

タシケントの革命政府はすぐに宣伝ビラを発行し、アジア中のイスラム戦士にボリシェヴィキの軍隊に入るように呼びかけた。イギリスに対して武力による聖戦を始めるようにイスラム世界を促したのだ。

「イギリス人は三億人のインド人の血を最後の一滴までしぼり取ろうとしている……彼らは預言者の墓を徹底的に破壊し……〔聖地マシュハドにある〕黄金廟を牛小屋に変えてしまった」

ベイリーは、モスクワとタシケントとカブールとのあいだの交渉の内容を知るのに全力を尽くした。やがて彼のスパイのひとりがレーニンとアマーヌッラーとのあいだで交わされた書簡を入手したが、その中でレーニンは、両国が正式に友好国になることを提案し、さらにアフガニスタンへの軍事援助を申し出た。

この情報を入手した直後に、ベイリーはアフガニスタン政府の高官とソビエト政府の高官がタシケントで会談したのを目撃した。「彼らは最高のもてなしを受けていた。花が飾られ、礼砲が放たれた。その後、劇場で特別公演が催された」

モスクワのソビエト指導部は、革命闘争において中央アジアのイスラム教徒がいかに重要であるかをはっきりと認めたのだ。スターリン自身がほんの数か月前にモスクワで開かれたイスラム教徒・共産主義者会議で演説し、革命の教義をイスラム世界のモスクやマドラサ（宗教学校）で広める必要があると強調した。「あなたがたほど容易かつ迅速に、西洋と東洋の架け橋になれる人たちはいない」とスターリンは代表団に語った。

一九一九年秋。同じ代表団がタシケントで再び顔を合わせ、武力革命に命を捧げることを誓った。「ソビエト・トルキスタンは、東洋全体の革命学校になろうとしている。近隣諸国の革命家が続々とわれわれのもとに集まり……彼らを通じて、また彼らの力を借りて、東洋に共産主義思想を広げるためにわれわれは全力を尽くす」と宣言した決議文をモスクワに送った。

◉追い詰められたベイリー

ベイリーは逮捕を恐れて絶えず住まいを変えていた。「逮捕の危険はかつてないほど大きかった。私が何者でどこに住んでいるのか、人に教えないわけにはいかなかったが、その数は最小限にとどめた」とベイリーは記している。

モスクワの政府当局はタシケントに「特別部」を設置し、スパイや反逆者を根絶やしにする仕事を一任した。「この機関は、ブルジョア、投機家、破壊工作者、町のチンピラ等が犯した悪事を直ちに報告するように、すべての労働者に要請する貼り紙を町中に貼った」。まるで至るところにスパイが潜んでいるようだった。

ベイリーから長いこと連絡がなかったので、インド政府の上司は、タシケントでベイリーと会ったというデンマーク赤十字の代表者ブラン大尉と連絡を取った。ブラン大尉はベイリーの安否を気遣っていた。「彼には並々ならぬ胆力と体力があるので、政府当局の執拗な追跡から逃れることができたと思っている。だがもし捕まったときは、彼の命は風前の灯となるだろう」

ベイリーはアンドレイエフという反ボリシェヴィキのエンジニアの家に数週間住んでいたが、今やこの家も安全ではなくなった。彼はミス・ヒューストンの力を借りて新しい住まいを見つけた。彼女はタフなアイルランド人家庭教師で、革命後の混乱にもかかわらずタシケントに残っていた。

「ロマノフスキー通りとヴォロンソフスキー通りの角に五時半に立っていなさい。白髪の女性がうちの家のほうからやってくるわ。赤いテーブルクロスで包んだものを脇にはさんでいるから、それが目印よ」とミス・ヒューストンはベイリーに伝えた。

この白髪の女性がベイリーの新しい家主だ。「彼女は市庁舎の前でしばらく立ち止まり、一服してからまた歩き出すわ。あなたは彼女のあとを追うこと。彼女が自分の家に入ったら、あなたはその家を通り過ぎ、しばらくしてから戻ってきて家に入ること」

ベイリーは逮捕されないように、自分の名前や身分を何度も変えた。しかしチェカーが毎日行なう戸別訪問のために、ベイリーの新しい住まいも危険になった。

「数日間、私はひと晩ごとに違う家で寝るという昔のルールを実行した」。ベイリーは着替えの包みを持つだけの身軽な格好で移動し、信用できると判断した数名の人だけを頼って寝泊まりした。しかしこんな生活は、安全な住まいが無数にないと続かない。「新しい住まいを見つけるのは……困難になりつつあった。〔それでも〕タシケントにいるあいだはずっと、家から家へと移り住んだ」

　この町にいられるのもあとわずかで、じきに脱出すべきときが来ることをベイリーはわかっていた。

第3部

大団円

第13章 ポール・デュークス

◉デュークスの再入国

その晩はあたり一面に霜が降り、空には月が低くかかっていた。ロシアとの国境に当たるセストロ川のフィンランド側の岸辺で、長身の男が物陰にうずくまっていた。誰にも見られていないのを確認すると、その男は近くのボートに乗り込み、流れの速い川を対岸に向かって漕ぎ出した。対岸に着きボートから飛び降りようとしたとき、岸まで足が届かず薄氷を踏んでしまった。凍えるような水の中に足を突っ込み、滴る水に震えながら、男は雪に覆われた川岸を這い上がった。一九一八年十一月のことだ。マンスフィールド・カミングの新しい諜報員、ポール・デュークスが国境を越えてソビエト・ロシアに入国したのだ。

デュークスが息を整えるや否や、銃声が聞こえた。赤軍の国境警備兵が氷の割れた音を聞きつけ、暗闇に向かってやみくもに発砲し始めた。

デュークスは雪の中に潜り込み、じっとしていた。「ついにあたりは再び静かになった」。身を切るような寒さの中で朝まで過ごし、最寄りのベレオストロフ村の駅に向かい、ペトログラードまでの切符を買った。

デュークスが任された任務は難しいものだった。カミングはソビエト政府がいったい何をしようとしているのか、至急情報が欲しかった。レーニン政権は今や公然とイギリスに敵対している――それだけは、はっきりしていた――が、中央アジアで永続的な軍事同盟を結び、東洋に革命の火を放つというゴールに向かって最後までやり遂げる気が本当にあるのかどうかまではわからなかった。

カミングはバルチック艦隊や赤軍、さらにはロシアの国内情勢についても情報が欲しかった。ボリシェヴィキはデニーキン将軍、コルチャーク提督、ユデーニチ将軍率いる三つの別々の白軍から攻撃されていた。イギリスの閣僚はこれらの白軍に軍需品を支援し、軍隊を送るべきかどうかを知る必要があった。

これだけの仕事をひとりの人間が担当するのは、無理な話だった。デュークスはまず、ソビエト政府の各人民委員部（各省）に勤務する反ボリシェヴィキの人間たちを見つけ出し、機密文書を手渡してくれるように説得しなければならない。だがもしばれたら、彼は――彼らも――銃殺されるだろう。

デュークスはシドニー・ライリーから、偽名をいくつか用意しておくと便利だと教えられていた。ロシアに戻るずっと前から、彼はたくさんの偽の人物像を作り始めていた。のちに「百の顔を持つ男」と呼ばれるだけのことはある。

「イギリス人として戻るなどということはまったく問題外だった。アルハンゲリスクでロシア人やボリシェヴィキに変装することにした」

彼はロシアに向かうまでに、すでに名前を二回変えていた。フィンランドの国境に着いたときは、セルビア商人のセルゲイ・イリイチだった。そこでヴィボルグ［サンクトペテルブルクから北西百三十キロのところにある古都。現在はロシア領だが、一九一八年から四〇年まではフィンランド領］の蚤の市で買った服に着替えた。「ロシアのルパシカ（シャツ）、黒革の半ズボン、黒の膝までのブーツ、着古したチュニック、毛皮の縁取りのある、天にふさのついた古い革の縁なし帽」。着替えてから鏡を見ると、「好ましからざる外国人」が映っていた。

ロシアと国境を接する駐屯地のフィンランド人警備兵は、デュークスの任務について予め知らされていた。打ち合わせどおり、彼らはデュークスがさらに別の人物になりすます手伝いをした。ヨシフ・イリイチ・アフィレンコという名のウクライナ人としてロシアに入国する予定だ。彼のロシア語に多少外国語訛りがあるので、その言い訳としてウクライナ人ということにした。

警備兵は彼に新しい偽のパスポートと身分証を手渡した。警備兵のひとりが戸棚を開けて、「黒い取っ手のついた箱を取り出した。中はゴム印だらけで、その形や大きさはまちまちだった。『ソビエトの印章だよ。われわれは最新のものをそろえている』と言って、私が驚いているのを見て笑った」

印章は身分証を本物らしく見せるための必需品だった。「あらゆる障害を取り除く、お守りのようなものだ」とデュークスは述べている。ボリシェヴィキの役人は文盲が多かったので、印章のチェックしかできなかった。印章が本物なら、その身分証の持ち主は通過できるというわけだ。正式な用紙にタイプされたばかりのもう一枚の身分証を手にして、デュークスは唖然とした。「ヨシフ・アフィレンコは非常委員会に勤務する者であることを証明する」――その書類は、彼がチェカーで働いていることを証明していた。

これはやり過ぎだとデュークスは思ったが、警備兵たちは、ロシア国内ではこれ以上のお守りはないと請け合った。これで彼は行きたいところに自由に旅行できるだろう。

デュークスの任務には、ロシア国内情勢についてのささいな情報を送ることも含まれていた。これは諜報活動のしばしば忘れられがちな（そして地味な）側面だが、とても重要なことだった。ロシアにいたイギリス人が官民を問わず出国してしまったということは、ロシア国内で起きているニュースがイギリスにまず入ってこないということだ。だから日々の暮らしについての情報が至急必要になる。デュークスはロシア国民の困窮ぶりについてカミングに毎月報告書を送った。

ペトログラード駅で列車を降りると同時に、デュークスはロシアの生活水準が危機的なまでに下がっていることを実感した。町の通りはゴミが散乱し、死んだ馬や死にかけている馬の悪臭で満ちていた。住人たちは悲惨な人間の姿そのものだった。「列をなすようにして、みすぼらしい身なりの人々が私物や田舎で略奪してきた食べ物をしんぼう強く売っていた」

モイカ川沿いの通りに建ち並ぶ豪邸には誰も住んでおらず、放置されていた。ロマノフ家の人々は国外に逃れたか、赤色テロで銃殺されてしまった。町のリベラルな知識人は作家やジャーナリストと同じ運命をたどり、実業界の大立者も同様だ。

チェカーの初代議長（長官）であるフェリックス・ジェルジンスキー自身が、容赦なき階級闘争に全力を尽くすよう部下を叱咤激励していた。「所属した階級や革命前の役職を調べ上げ、革命の敵を全滅させるよう」呼びかけた。旧体制を積極的に支持した人間はすべて――一千万人になろうとも――絶滅させなければならないと語った。

デュークスは革命前のペトログラードで青春時代を過ごし、帝都の栄華とはいえ、最盛期の町のようすをよく覚えていた。ところが今、間近に目にしているのは、レーニンがこの町や広大な地方や最終的には世界中に押し付けようとしているソビエト体制の実態だ。

「ペトログラードの市場は、売れそうなものならどんなものでも売ろうとしている大勢の人で毎日ごった返していた……汚らしい新聞紙に包んだニシンをほんの数匹売る人。てのひらに載せた角砂糖をひとつ六ルーブルかそこらで売る人」。それは経済が崩壊に向かっていることを示す明白な証拠だった。

昔の友人たちを巻き込みたくなかったので、デュークスはロシアにいるあいだはずっと偽名のままひっそりと暮らすことにした。しかし「紅はこべ」の異名を持つジョン・メレットとは連絡を取った。彼はライリーやヒルやロックハートが出国したあともずっと、カミングのために諜報活動を続けていた。

メレットはチェカーに何週間も尾行されていることをデュークスに語った。ほんの数日前に彼らがアパートに突然やってきたときには、「面白い出口」を見つけて逃げたという。彼は「キッチンの窓の外にある縦樋を伝い降りて」難を逃れた。

そのときは夜の闇に紛れて姿を消したが、彼らがすぐに尾行を再開するのはわかっていた。「彼らは至るところで私を探している。ある晩、街灯の下でそのうちのひとりに動くなと言われた。私はしかめ面をして、タバコの火を貸してくれと言ってから、彼を殴り倒した」

メレットはデュークスに、今のロシアでの暮らしがどれほど危険であるかを微に入り細に入り語り、自分はじきにこの国を出るつもりだと伝えた。チェカーの包囲の輪が縮まっていると警告されたそうだ。

メレットは連絡係やスパイとして働いてくれる反ボリシェヴィキ派のリストをデュークスに手渡した。中には陸軍人民委員部（陸軍省）で働いている者も数名いた。また、ペトログラードの安全な隠れ家のリストも渡した。

やがて別れの挨拶を簡単に済ませてから、メレットは変装して町を離れた。「ほこりで汚れた顔に三日ほど伸ばしたままの赤茶けた無精ひげを生やし、頭には耳を覆うハンチング帽をかぶり、背中には大きなずだ袋を背負っていた。ムロメツ［メレットのコードネーム］は——そう、異様な格好をしていた」

デュークスはメレットから譲り受けたリストを頼りに、ペトログラードに住む反ボリシェヴィキのスパイと恐る恐る連絡を取った。男女問わずいたが、彼らの名前は極秘だったので、職業名で呼んだ。「銀行員」「警官」「ジャーナリスト」といった具合に。彼らには、まずバルチック艦隊の現状についての情報が欲しいと伝えた。

じきに彼のもとに最高機密の情報がもたらされた。海軍の最高司令官からトロツキーへ送られた報告書だ。それによると、バルチック艦隊は石炭不足で出港できないということだった。

さらにデュークスはトロツキーが議長を務める革命軍事会議の秘密メモも入手し、艦隊の現状をさらにくわしく知ることができた。中にトロツキーについての面白いエピソードがあった。将校たちに便器を掃除させているという報告を聞いて、彼は憤慨したそうだ。

「〔彼は〕インク壺が壊れるほどの勢いで拳でテーブルをドンと叩き、声を荒らげて言った。『ご婦人が出席している場で、こういった言葉を耳にしたくない』」

中でも最も重要な情報は、フィンランド湾のクロンシュタット要塞を囲むように敷設する機雷計画だった。その情報には機雷敷設の際の指示も含まれていたが、やがてそれは数か月後にデュークス自身の生命を左右することになる。「機雷は海面から九十センチの深さに敷設すること」とあった。

カミングはこの文章を読み、フィンランド湾での今後のイギリス海軍の作戦には、機雷で吹き飛ばされないように、新型の船、つまり平底で喫水の浅い船が必要になることを理解した。

短期間でデュークスは各人民委員部にコネを作るのに成功し、カミングに機密情報を滞りなく送ることができた。彼の仕事ぶりはロンドンで高く評価され、政府高官から賞賛の言葉が贈られた。そしてストックホルム支局は、できうる限りの支援をすると約束した。

「バルト諸国はすべて私を支援する用意があると言われた……私の名前は極秘だったので、イギリス人の名前を使わなければならないときは、『マクニール大尉』と名乗るように指示された」カミング自身も、デュークスを全面的に支援するように命じた。「ＳＴ25には、彼が必要なものをすべて与えるように。そして感謝していると彼に伝えてくれ」とストックホルム支局員に伝言した。

デュークスはバルチック艦隊の士気がどれほどのものかを知るために、ペトログラードの港湾労働者の中に混じって過ごした。まったく新しい人物になりすまし、水兵たちには、自分は帝政時代に反体制運動をしてロシアから追放されたと語った。イギリスで刑務所に入っていた話まででっちあげた。「イギリスの監獄にいたときに受けた残忍な仕打ちと飢えのせいで、肉体的にも精神的にもボロボロになってしまい、一生、傷病者だ」

彼はさらに本物らしく見せるために、杖をついて歩き、一歩ごとに苦痛で顔をしかめた。同情した水兵たちは、彼のことを「資本主義者のためにひどい目にあった犠牲者」と評し、彼の話を広めた。

こうしてデュークスは一九一九年の春は、ウクライナ人のヨシフ・イリイチ・アフィレンコとして過ごした。だが二番目に考えた人物、ヨシフ・クリレンコにもなりすますことにし、クリレンコの名前で偽の身分証を作った。

のちになりすます三番目の人物、アレクサンドル・ワシリエヴィチ・マルコヴィチは、郵便電信局本局で働く職員補佐だ。デュークスは郵便局員の制服と白紙の身分証明書を手に入れ、マルコヴィチの情報を記入した。

「私は丁寧に署名し、最近の日付けを書き入れ、本物と見分けがつかないような書類を作り上げた」

デュークスはさまざまな人物に変装できる自分が誇らしく、その姿を写真に撮っておいた。アフィレンコになった彼は、まばらな口ひげとあごひげを生やし、前歯が一本欠け、楕円形の眼鏡をかけている。貧しい数学教師のような雰囲気だ。

マルコヴィチになった彼は、まったく違って見える。しゃれた毛皮の帽子をかぶり、きちんと整えられたあごひげに丸眼鏡をかけ、地方出身だが教養のある職員に見える。

彼はのちにアレクサンドル・バンカウという人物にもなるが、その姿はこれまでの人物とはまったく違う。バンカウになるためにあごひげを剃り、毛皮の帽子を捨てた。どじょうひげを生やし、ハンチング帽をかぶり、仕事着を着ている。ボリシェヴィキの革命家そのものだ。

自分の変装にかなり自信があったデュークスは、革命前に住んでいたアパートを訪ねてみることにした。置いたままにしていた私物がまだ残っているのかを確かめたかった。

彼はアレクサンドル・マルコヴィチに変装してアパートを訪れ、親切な年配の家政婦、マルタ・チマフェーエヴナに見抜かれませんようにと願った。扉を開けた家政婦に、自分はポール・デュークスの友人だと名乗り、彼の荷物を取りにきたと告げた。変装は完璧だったのだろう。マルタは彼の正体をまったく見抜けなかった。

デュークスは自分の私物を調べながら、自分の変装ぶりに感心した。「二、三年前に撮った写真が目に入った。初めて私は、今日の変装が完璧であり、長髪にあごひげを生やし、丸眼鏡をかけた今の私がかつての私とはまったく違うことを実感した」

彼はその写真をマルタに手渡して、反応を見た。「いい方でしたよね？　今はどこにいて、何をしてらっしゃるのか……」と彼女はつぶやいた。

デュークスは笑いをこらえた。「『そうですね』と私は相槌を打ち、床に視線を落として泥の染みを見つめた。私はどうしてもマルタ・チマフェーエヴナの顔を見られず、しかめ面をしていた」

◉コミンテルン創設

ポール・デュークスがペトログラードで変装をして諜報活動をしていた頃、アーサー・ランサムはモスクワの情勢についてマンスフィールド・カミングに報告を続けていた。

ランサムには偽の身分証明書はまったく必要なかった。ボリシェヴィキだと疑われてストックホルムを追放されたので、堂々とロシアの国境を越えられた。彼とエフゲニア・シェレピナはモスクワまで列車に乗り、「ひどく寒い日」に到着した。そりの御者に料金をはずんでメトロポール・ホテルに向かわせた。ホテルは満員だったが、ランサムの友人である副外務人民委員のレフ・カラハンが救いの手を差し伸べてくれ、ホテル・ナショナルに部屋を取ってくれた。

ランサムはボリシェヴィキ革命史を執筆するつもりだと、革命政府の指導者たちに語っていた。のちに明らかになることだが、本当のことだ。これは、たくさんの扉を開ける魔法の言葉となった。その後の数週間、ランサムは中央執行委員会［ソビエト連邦最高会議の前身］の会議に自由に出席することができ、いわゆる大物政治家すべてに取材することができた。

イギリス外務省とカミング宛ての「ロシア国に関する報告書」では、ランサムは好きなだけ大臣（人民委員）に接触し、思う存分、会議に出席することができたと書かれている。「私はまったく自由だった……。ボリシェヴィキの連中は私が革命史を書いていることを知っているので、どんな支援も惜しまなかった」

ただし、トロツキーはランサムをスパイではないかと疑っていた。グリゴリー・ジノヴィエフもそうだった。「彼らのせいでスパイであることが露見しそうになった」とランサムは後日打ち明けている。だがレーニンがいつもかばってくれた。レーニンは彼を革命の支持者として信用していた。

ランサムがついに上梓した『一九一九年のロシアにおける六週間 *Six Weeks in Russia in*

1919』（一九一九）では、主要な革命指導者が活写されている。しかし、しばしば風刺に富んだ、常に不遜な言葉で描写されている。レーニンだけは例外だったが、それでも次のように描かれていた。「この小柄な、はげの、しわだらけの男はああでもない、こうでもないと言って声を立てて笑いながら、椅子の上で前のめりになったり、のけぞったりした……」

レーニンとランサムは革命闘争について冗談を言い合うのが好きだった。レーニンはランサムと過ごす時間を心から楽しみ、上梓した本については「『英語ではあるが』、彼らがしようとしていたことをおおよそ理解できていると言って、私をほめてくれた」

イギリスでは革命は時期尚早だとランサムは主張したが、レーニンはこう反論した。「ロシアには『今は元気な男でも腸チフスにかかっているかもしれない』という諺がある。二十年、いや三十年前に私は頓挫性腸チフスにかかった［妹オルガが腸チフスで一八九一年に死亡］。しかしチフス菌に感染していても、そいつにやられるまで、しばらくは何ともなかった……イギリスは感染しないときみは思っているのかもしれないが、細菌はすでにそこにいるんだ」

全世界は否応なく革命に傾きつつあると考えているレーニンは、あとひと押しすれば旧体制はきっと崩壊するとランサムに語った。

レーニンの楽観論にはそれなりの理由があった。世界を見渡せば、どこも大混乱だった。オスマン帝国は崩壊寸前であり、ハプスブルク帝国は瓦解した。ベルリンでは大衆が蜂起して皇帝が退位した。勝利した連合国でさえ、戦後は大規模な社会不安を抱えている。

一九一九年三月の最初の週に、ランサムはあっと驚くようなニュースを耳にした。それは、共産党幹部であるニコライ・ブハーリンが不用意な言葉を発しなければ、ランサムの耳に入るはずもないニュースだった。

ランサムがロシアを去るつもりだと聞いたブハーリンは、彼のことを忠実なボリシェヴィキだと信じ込んでいたので思わず余計なことを口走った。

「二、三日、出発を延ばしたほうがいい。世界の一大事が起きるからだ。きみが書こうとしているロシア史にとって、まず間違いなく重要なはずだ」

ランサムは好奇心をそそられた。誰もこの件についてしゃべっていなかった――いや違う、彼のいるところでは用心して決して話題にしてこなかったのだ。「彼らは何かを隠している――ブハーリンのひと言から、私は直感した」とランサムは後日述べている。

この「何か」は実際すこぶる重要なことだった。まさにその三月の最初の週に、モスクワで開かれたある会議で「コミンテルン（第三インターナショナル）」という、世界革命の実現を目指す新しい世界組織が作られた。

世界革命は夢物語などではなかったのだ。コミンテルンは、「軍事力を含むあらゆる手段を使って世界のブルジョワジーを倒し、世界中にソビエト共和国を建設すること」を目指して創設された。コミンテルンの会議には、二十か国以上の、国を代表する革命家を世界中から集める予定だ。

ランサムは最終的にコミンテルンの開会式に出席する許可を得た。開会式に行く途中でモスクワの新聞を買ってざっと目を通したが、興味深いことにコミンテルンについてはまったく何も記載されていなかった。「それはまだ秘密だったのだ」

ランサムは会場であるクレムリンに向かった。代議員たちが門の近くにあるエカチェリーナ二世が建てた元老院に集まるようすを眺めていた。コミンテルンの会場はこの日のために丁寧に装飾され、「床を含む全室が赤一色に飾られていた」。壁にはさまざまな言語で書かれた横断幕が飾られ、主要なソビエトの代議員はすでに着席していた。

レーニンとトロツキーはもちろんのこと、「幹部全員が出席していた」。トロツキーは軍服で正装していた。「革のコート、軍服の半ズボンにゲートル、前面に赤軍の標章のついた毛皮の帽子」

出席者は期待に胸を膨らませて待っていた――レーニンが世界革命に向けてスローガンをもうすぐ打ち出すのだ。とうとう偉大なる男が立ち上がった。代議員たちは熱狂して椅子から立ち上がり、自分たちの指導者に歓声をあげ、口笛を吹いた。

「誰もが立ち上がり、轟くような拍手喝采をしたので、彼はなかなか演説を始められなかった」。代議員の歓声や熱狂で、レーニンの演説が始まるまでにはかなりの時間が必要だった。

ランサムはこの一連の出来事にあっけにとられていた。とくにこの会議をめぐる秘密主義には脱帽した。「それは桁外れな、圧倒されるような光景だった。階段状の席は労働者で埋まり、ボックス席も舞台も舞台の袖も人でいっぱいだった」

やっと歓声が静まり、レーニンは激しい毒舌まじりの演説を始め、コミンテルンは世界中に革命を輸出すると約束した。「世界のブルジョワジーは怒るがよい。〔ボリシェヴィキを〕追い払い、投獄し、殺せばよい――だがそんなことをしても、すべて無駄なのだ！」。ソビエト・ロシアは世界革命闘争の指導者であり、唯一の勝利者になるだろうとレーニンは続けた。

レーニンが世界中に暴力革命を起こすと語ったとき、それが本心であることを疑う者は誰もいなかった。彼の言葉はぞっとするほど確信に満ちていたので、ランサムは目を大きく見開いて聞いていた。「それは実に途方もないことだった……自分は社会主義の歴史に残る出来事に立ち会っていると、考えずにはいられなかった」

ランサムは会議の翌日に個人的にレーニンと会い、コミンテルンの創設と世界革命運動について質問した。ランサムはとくにイギリスへの影響を知りたかった。

「わが国は戦争中だ」とレーニンはぶっきらぼうに答えた。「きみの国は戦時中にドイツで革命を起こそうとした……だからきみの国相手に、われわれも使える手段は何でも使う」。この「手段」には侵略、暴動、戦闘的プロパガンダが含まれていた。

レーニンはランサムと腹蔵のない会話をしたが、彼の言葉がそのままマンスフィールド・カミングに報告されているとは思いもしなかっただろう。ランサムが最終的にまとめた詳細な報告書には、ロシアの生活の政治的かつ経済的な面まで網羅されていた。ランサムはさらに労働、貿易、教育の各人民委員部から多数の文書を入手した。「実際に印刷物が入手でき、すべてロンドンに送った」

ボリシェヴィキ政府はここ数か月で「とてつもなく強力」になったとランサムは警告した。またレーニンとトロツキーは世界革命の実現に全力を尽くしていると強調した。ふたりは昔から世界中に暴力革命を広めると主張していたが、今やコミンテルンの創設により、それを実現する道具を手に入れたのだ。

◉コミンテルンの東洋政策

「箝口令《かんこうれい》が敷かれた中で」コミンテルンがモスクワで創設されたとき、ポール・デュークスはまだペトログラードにいた。そしてコミンテルン開催直後に、数名の重要な関係者がペトログラードを訪問する予定だと知った。事の重要性を理解したデュークスは、進んで彼らに会いにいくことにした。その中にコミンテルンの初代議長グリゴリー・ジノヴィエフがいた。

デュークスが初めてジノヴィエフに会ったのは革命前のことで、そのときは彼のことを単なる煽動家と思っていた。今こうして再び彼の辛辣な口調の演説を聞いていても――ボリシェヴィキの幹部に成り上がったものの――演説は昔のままで、何の進歩も見られなかった。彼は「傲慢な顔で悪意をこめて話す、低劣きわまりないデマゴーグ」に成り下がっていた。

コミンテルンの目的を探るために、デュークスは副外務人民委員のレフ・カラハンが書いた報告書を入手した。そこにはボリシェヴィキの東洋政策が記載され、革命を引き起こし、社会不安を煽ることを目的にした特別任務が詳述されていた。

カラハンの報告書は次のようなものだった。「この任務の最大の目的は革命家グループと人脈を作り、西トルキスタンに活動拠点を築いて東洋で革命運動を広めることだ。活動拠点ができたならば、印刷物を発行し、スパイを募集することができる。たとえ事件が起きても、連絡を取り合い、その時点でなすべきことを命じることができるだろう」

この報告書は非常に憂慮すべき内容だったので――入手してからかなり経っていたが――『タイムズ』紙に掲載された。寄稿したデュークスは、その特別任務には社会不安を煽るための「莫大な資金」が支給され、「どんな手を使ってでもインドで反英感情を煽り、同時に住民の激しい宗教感情に働きかけることが決議された」と報告している。コミンテルンは世界革命という自分たちのゴールのために、好戦的なイスラム教徒を利用しようとしたのだ。

デュークスはカミングに書類そのものを送るように常に心がけていたが、必ずしも実行できるわけではなく、密かに急いでメモを取ることも多かった。

そのメモの中には極秘の内容もあったので、見えないインクで書き写さなければならなかった。「私はインクを〇〇で作った。ああ、どうやって作ったかは問題ではない」とデュークスは回顧録に書いている。彼は高度な機密情報を報告するときは、インクとして精液を使うことを教えられていたのだろう。

デュークスはストックホルムに送るべきときが来るまで、自分のアパートに報告書をすべて隠していた。「報告書をトレーシングペーパーに極小文字で書くのはたいてい夜だったが、手元には鉛のおもりがついた十センチくらいのカウチューク［天然ゴム］の袋を置いていた」

彼は報告書を書いているときは、外でチェカーの車の音がしないか絶えず耳をそばだてていた。「危険が迫ったときには、書類はすべてこの袋の中に入れ、三十秒以内に洗濯用の桶の底か、水洗トイレのタンクの底に隠した」

そこは隠し場所としては申し分なかった。チェカーは隠した書類を探し出すためにアパートのものをすべてひっくり返したが、「洗濯用の桶の中を探す者も、水洗トイレのタンクの中に手を突っ込む者もいなかった」

だがロンドンに送るための報告書を準備することと、その報告書をロシアから持ち出すことはまったく別のことだった。デュークスはジョン・メレットの連絡係のネットワークを引き継いだが、それは満足のいくものではなかった。重要な連絡係のひとりが一九一九年一月に処刑されてしまったので、急遽、新しい連絡係を見つけなければならなかった。

結果的には、完璧な候補者を見つけることができた。その男はピョートル・ペトローヴィチと呼ばれているが、本名はピョートル・ソコロフ。「長身で筋骨たくましい」堂々とした体躯の持ち主で、「やや猫背で、ふさふさとした金髪。なかなかユーモアがあるが、はにかみ屋のところもある」。彼はどんな危険にも対処できた。「早撃ちで、一流の拳闘家」だった。

ソコロフはフィンランド、さらにはスウェーデンまで書類を届けるのに、徒歩で行くのを好んだ。「私の急ぎの報告書を初めて届けてくれたのは冬のことで、彼はスキーで向かった。夜に出発して、クロンシュタットの対岸にあるセストロレック近くの凍った海まで行き、雪に覆われた氷の海をスキーで滑走してフィンランドに向かった」

それは危険な旅だった。海岸線は赤衛隊に絶えず監視されている。かつてデュークス自身がそのコースを通り、赤軍兵士に追われたことがあった。「いきなり閃光がして銃声が響き、すぐにひっきりなしに銃弾が飛んできた。彼らはカービン銃で撃ってくるので、拳銃ではとても太刀打ちできない……銃弾が私の耳をかすった」とデュークスはそのときのことを記している。デュークスは犬ぞりから飛び降り、大事な報告書をしっかり握りしめたまま氷の上をすべった。追っ手は彼が犬ぞりから飛び降りたことに気づかず、空の犬ぞりを追いかけている。デュークスは海上に浮かぶでこぼこした氷の窪みに、兵士たちの姿が見えなくなるまで隠れていた。それから凍った湾を横断して、やっとフィンランドのテリヨキ［現在のロシアのゼレノゴルスク市］港に着いた。

「数時間後にフィンランドの険しい海岸によろよろ歩きながらたどり着いた私は、びしょ濡れの異様な生き物のように見えたに違いない」

第14章 白軍敗走

◉チャーチルの反共演説

一九一九年三月のコミンテルン創設から五週間後に、ウィンストン・チャーチルはロンドンのコンノート・ホテルで基調演説を行なった。

彼は陸軍大臣に任命されたばかりだったが、ソビエト・ロシアへの態度は露骨だった。レーニンとその閣僚を敵とみなし、手遅れにならないうちに軍事的に壊滅させるべきだと考えていた。「歴史上の独裁政治の中でも、ボリシェヴィキの独裁政治は最悪であり、最も破壊的であり、最も下劣だ」

彼は「〔共産主義は〕ドイツの軍国主義よりましだというふりをするのは実にばかげている」と断じて、多くの聴衆を唖然とさせた。

レーニンと彼の同志が手を汚した革命的残虐行為は、「その規模や数において、ドイツ皇帝よりもはるかにおぞましい」。今や彼らは、そうした残虐行為を世界中に輸出しようとしていると主張した。

チャーチルは、できるものならすぐさまロシアにイギリスの大軍を送り込みたかったに違いない。ところが彼の同僚である大臣たちが猛反対した。彼らは新たな戦争をまったく望んでいなかったし、世論が大規模な軍事介入を決して支持しないことを熟知していた。首相のデビッド・ロイド・ジョージは、コンノートでのチャーチルの演説を狼狽しながら聞いていた。「彼はボリシェヴィキのことばかり考えている。ロシアでの軍事作戦に夢中なのだ」

チャーチルの反共演説は、月日を追うごとにますます声高になっていった。そして、地上部隊の配備を含むロシアへの大規模軍事介入は絶対に必要であると閣僚を説得し始めた。

「共産主義は政策ではなく、病気だ」とチャーチルはコンノート演説の直後に下院で発言した。選挙区民への演説ではさらに過激になり、「文明は広い範囲に渡って完全に消滅しつつある。その一方で、ボリシェヴィキは町の廃墟や犠牲者の遺体のすぐそばで、獰猛なヒヒの群れのように飛び跳ねている」と語った。

チャーチルはこのヒヒの比喩が気に入り、数々の場で使った。「私はヒヒに負けるのを潔しとしない」と彼は聴衆に向かって大声で言った。また「共産主義を説く汚らしいヒヒに」立ち向かう必要も語った。

別の演説でも同じように面白おかしく語り、新生ロシアの政権は「負け犬、犯罪者、精神病者、狂人、精神錯乱者からなるチームだ」。彼らを支持する人間は「チフス菌を運ぶ害獣」だと脅かした。

チャーチルの表現は多くの人を怒らせた。保守系新聞の『タイムズ』でさえ、彼の言いまわしを嫌った。だがチャーチルは反省などしなかった。「『タイムズ』から敵意に満ちた批評をされるとは思ってもいなかった」と傲慢な感想を漏らした。

チャーチルは軍事介入を主張し続けた。白軍はボリシェヴィキと死にもの狂いで戦い、現在は膠着状態にあるが、彼らを支援するのはイギリスの道徳的な義務であると論じた。彼にとっては、白軍はロシアの危険な政権を倒す最後の希望を表していた。しかし白軍がいかに強く、いかに優秀であるかを冷静に判断する材料がない限り、イギリス議会は軍事介入を検討しないこともわかっていた。

白軍の軍事情報を得ることが最優先事項になった。イギリスはすでにアルハンゲリスクとシベリアに小規模な軍隊を上陸させ、さらにウクライナのドン地方で義勇軍の総司令官をしているデニーキン将軍を補佐するために軍事代表団を送っていた。

マンスフィールド・カミングがシドニー・ライリー、ジョージ・ヒルをロシアに送り込み、同時にポール・デュークスも送り込んだのは白軍の情報を収集するためだった。彼らの仕事はデニーキン将軍の美点と弱点を探り、ボリシェヴィキとの戦いで彼が勝ち馬になれるかどうかを見極めることだった。

◉デニーキン将軍

ライリーが新しい任務を遂行するためにジョージ・ヒルとともにロシア南部に向かった頃、モスクワでは本人不在のまま彼に死刑判決が下っていた。一九一八年十一月、ボリシェヴィキ革命裁判所はクーデター未遂事件に関与した者全員を欠席裁判にかけ、ライリーとロックハートに政府転覆を企てた罪で死刑判決を下した。ライリーはソビエト領内で逮捕されたら処刑されることを承知でロシア南部に向かったのだ。

ライリーは死刑判決にまったく動じていなかった。それどころか、ロシアに戻ることを楽しみにしていた。一方、ジョージ・ヒルは乗り気ではなかった。あまりにも急で、旅の準備をする時間がなかったからだ。

ライリーはヒルが嫌々ながらイギリスを去ろうとしていることを知ると、挑発した。「ヒル、きみは列車に乗りたくないんだろ。乗らないほうに五十ポンド賭けよう」。結果的には、ヒルは列車がヴィクトリア駅を出る直前に飛び乗った。約束どおり、ライリーはヒルに五十ポンドを払った。

列車はパリでしばらく停車した。ふたりの男は「素晴らしいワインを飲みながら」おいしい料理に舌鼓を打ち、「ブランデーはかくあるべき、とでもいうように、クリスタルのゴブレットで年代物のブランデーを飲んだ」。それから列車で南下してマルセイユ、マルタ、コンスタンティノープルを過ぎ、やがてロシア南部、ドン川流域のロストフ［現在のロストフ・ナ・ドヌ］に到着した。

変装して旅をする必要はなかった。というのも、彼らが訪れようとしている地域はデニーキン将軍の反ボリシェヴィキ義勇軍の支配下にあったからだ。だが情勢は不安定で、かなり危険もあった。ふたりはカミングの忠告に従い、黒海のロシア領の港で貿易を始めようとしているイギリス商人ということにした。ちょっとしたカモフラージュにはなった。

デニーキン将軍の最終目的は、ボリシェヴィキを権力の座から引きずり降ろして新政府を樹立することだが、その目的のために戦っているのは彼ひとりではなかった。シベリアでは、元ロシア帝国海軍提督アレクサンドル・コルチャーク率いる第二の反ボリシェヴィキ軍も同じ志を持っていた。兵力はおよそ二十万人で、その四分の一近くの兵士が連合国の国籍を持っていた。アメリカ人が七千五百名、イギリス人が千六百名もいた。

一方、イギリス軍がロシア北部の港に上陸して半年以上になるが、彼らは戦うためにそこにいるのではなかった。それどころか、「ロシア社会の規律を重んじる人々が、中央政府の下でつつがなく暮らせるように支援する」ためにいた。

この軍隊の大半は、自らを「ヘルニア大隊」と呼んでいたように実戦にはまったく不向きであり、チャーチルがほのめかしていたような軍事介入とは程遠いものだった。

さてここで第三の白軍が登場する。その指揮官であるニコライ・ユデーニチ将軍はバルト諸国を本拠地にしていたので、ペトログラードにとっては深刻な脅威だった。彼はペトログラードまで進軍し、赤軍がその防衛を強化する前に町を占拠したいと考えていた。

当時、イギリスの最大の関心事はデニーキン将軍だった。彼は将来の反ボリシェヴィキ新政府の期待の星のように思えた。ライリーとヒルはロストフに到着するや、一刻も早い将軍との面会を望んだが、新年の祝いごとが終わるまで待つようにと言われた。

仕方なくふたりはロストフのパレス・ホテルに向かい、豪華なボールルームでの華麗な夜会に出席することにした。毛皮とダイヤモンドでまばゆいボールルームに着くと、ヒルの脳裏に革命前のロシアの光景がいきなり蘇った——浮かれた人たちがオペレッタ『メリー・ウィドウ』の陽気な演奏にあわせて踊り、部屋の中央にある噴水からは水が勢いよく出て、コイが泳ぐ池へと流れていく……。

男たちの中には帝政時代の夜会服を着ている者もいた。最後に袖を通したのは戦前のサンクトペテルブルクの冬の夜会で、今晩のためにほこりを払ってきた、というところだろうか。その晩の夜会ひとつをとっても、革命の大混乱の爪痕はいたるところに認められた。「美しい女性たちは着古したブラウスに踵のすり減った靴をはいていた。それでいて、カルティエの店員ですら垂涎しそうな指輪や首飾りをしているのだった」とヒルは述べている。

だが宮廷の元貴婦人たちの華やかさはうわべだけだった。ほとんどの者が、金目のものや服をすべて屋敷に置いて命からがら逃げてきたのだ。彼女たちには「公爵夫人然とした雰囲気」があり、「豪華な毛皮のコート」を羽織っているが、「コートの前がしっかり留まっているか、常に気にしていた。たいていの場合、毛皮の下に着ている服は貧弱で、哀れなほどみすぼらしかった」

零落した人々を眺めながら、ヒルは物悲しい気持ちになった。一方ライリーは、昔からの習慣が完全に廃れたわけではないと知って元気づけられたようだ。楽団がロシア帝国の国歌「神よツァーリを護り給え」を高らかに演奏し始めると、ライリーは踵を鳴らして気をつけの姿勢を取った。「私はライリーの顔を観察した。高いまっすぐな鼻、射抜くような黒い瞳、大きな口、オールバックにした髪。彼はトルココーヒーを飲み、たまに氷水を口にし、ロシアタバコを次から次へと吹かした」

ヒルは、ライリーがタカのように人々を観察し、目に入ったものすべてを記憶していることに気がついた。「翌日になってわかったのだが、こうした観察をもとに注意深く分析した結果が、細部まで正確な彼の報告書に反映されているのだろう」

夜中の十二時が近づくと、コサック連隊のトランペットが新年を祝い、幸運を象徴する子豚がボールルームに放たれた。ヒルは飲み過ぎて、目はかすみ、くたくただったので、最後には足をよろめかせながら自分の部屋に戻った。彼がベッドに入ろうとしたとき、「オールド・ハンターズ・マーチ」のメロディーが聞こえてきた。ロシア最古の精鋭部隊であるプレオブラジェンスキー連隊の行進曲だ。聞いているうちに幸福な思い出が蘇った。ヒルはパジャマの上にイエーガー［イギリスの高級ブランド］のガウンを羽織り、階段を駆け下りた。

「私は何かに取りつかれていた」とヒルは回想している。「私はひと言も言わずに、自分についてくるように楽団の指揮者に合図した。一九一九年の新年の朝、ウールの部屋着をだらしなく羽織った背の低いぽっちゃりしたイギリス人に率いられ、ドン・コサックの大楽団は大勢の客を引き連れて、ロストフにあるパレス・ホテルの廊下や階段を上がり下りし、屋根裏部屋に入りこみ、キッチンを抜けて行進した」

この背の低いぽっちゃりしたイギリス人がイギリス秘密情報部の有能なスパイだと見抜いた者は、新年のお祝いでどんちゃん騒ぎをしている人々の中にはいなかったはずだ。

新年の深酒のせいでまだ足取りがおぼつかなかったが、ライリーとヒルはデニーキン将軍と彼の将官たちに会うために、ロストフから二百キロ以上離れたエカテリノダール［現在のクラスノダール］に向かった。

面会してすぐに、ライリーはこの五十歳の将軍の物腰に感銘を受けた。彼には威厳があり、教養も備え、話が非常に明快だった。「寛容で高尚な考えを持ち、決断力に富み、さらにバランスのとれた人物」とライリーは記している。しかしデニーキン将軍の統率力については首を傾げ、絶えず権力争いをしている部下たちを抑えきれていないのではないかと感じた。

一番厄介な人物は、屈強なドン・コサック連隊の司令官、クラスノフ将軍だった。高潔ではあるが自己中心的な独裁者タイプで、不本意ながらデニーキン将軍と同盟を結んだようだ。

ライリーは、この同盟関係は長続きしないのではないかと恐れた。「クラスノフ将軍は、ルイ十四世の『朕は国家なり』を体現したような人物だった……当然のことながら、状況説明をするときは、いつも彼から始めなければならなかった」

ライリーとヒルはデニーキン将軍自身の将官も調べたが、あきれるほど無能な連中であることがわかり、ますます不安になった。また、デニーキン将軍の軍隊では暴力行為が蔓延している証拠があり、職権濫用も至るところで見られた。

「そうした状況は、深く憂慮せざるをえない」とライリーは報告書を締め括っている。

この報告書には書かれていないが、のちに彼が注目するのは、デニーキン将軍の将官たちが悪意に満ちた反ユダヤ主義者であることだった。ボリシェヴィキの幹部の多くがユダヤ人出身であるという理由で、ポグロム（ユダヤ人虐殺）は正当化されていた。

ライリーとヒルはロシア南部滞在中にあちこち旅をした。カミングへの報告書は——たいていはライリーが書いたのだが——正確で偏りがなかった。彼らはデニーキン将軍の指導者としての資質と義勇軍勝利の可能性について的確に評価した。

将軍は、援軍として少なくともイギリス陸軍十五師団と、さらに戦車ホイペットと戦闘機が必要だとふたりに伝えた。

元イギリス陸軍航空隊将校のヒルは、戦闘機を飛ばせば義勇軍を加勢できるだろうと賛成した。

「空爆、低空飛行、機銃掃射の効果は絶大なものになるだろう。わが軍のパイロットが命を落とす危険性はゼロに等しい。ボリシェヴィキの軍隊は戦闘機の操縦技術が稚拙であるからだ」とヒルは報告している。

もっとも、デニーキン将軍が要求したイギリス陸軍十五師団がロシアに派遣されていたとしたら、彼らは戦場でかなり危険な目にあっていただろう。赤軍の兵力はここ数か月で増大し、今や約五十万人の兵士を擁するまでになった。そして「兵力は総動員され、春までには百万人以上の兵士を戦場に送り出せるだろう」とライリーは報告している。その大部分がデニーキン将軍の義勇軍に猛攻をかけてくるのだ。

◉チャーチルのM爆弾

デニーキン将軍率いる義勇軍の現状をありのままに伝えた報告書を読んでも、チャーチルはロシアへの軍事介入をあきらめたりはしなかった。その後数か月間、政府を説得して、三つの白軍に大量の軍需品や援助物資を船で送った。軍事介入に断固反対のイギリスのマスコミは、それを「チャーチル氏の私的な戦争」と呼んだ。

しかし彼の戦争がどれほど私的——それどころか極秘——なものであったかを知っていたのは、ごく少数の内輪の人間だけだった。ライリーとヒルが報告書を送り続けているあいだ、チャーチルはボリシェヴィキへの化学兵器使用という、のちのち物議を醸しそうな決定を下した。

ウィルトシャー州のポートンダウンにある国立研究所——関係者のあいだでは「実験場」と呼ばれていた——の科学者たちは、最高機密の「M爆弾（M Device）」を開発したばかりだった。

この爆弾は、ヒ素から作られた有毒性のガスを放出する。研究開発の責任者であるチャールズ・フォークス少将は、「これまでの発明の中で最も効力のある化学兵器」と呼んだ。有効成分は毒性の強い化学薬品ジフェニルアミンクロロアルシンで、熱発生器を使ってこの化学薬品を濃い煙に変える。運悪くこの煙を吸い込んだ兵士は、戦闘能力を失うことになる。

ポートンダウンでの実験で、この毒ガスは実に恐ろしい新兵器であることがわかった。ガスを吸い込むと激しい症状が現れ、ひどく不快になる。強い吐き気に襲われ、喀血し、すぐに重い倦怠感を覚えるというのが共通した症状だ。

「この頭痛は、入浴中に真水が鼻の中に入ったときに生じる痛みに似ているといわれているが、もっと激しい痛みだ……耐えがたい精神的苦痛を伴う」と著名な生物学者のJ・B・S・ホールデンが『カリニコス――化学兵器戦への防衛 *Callinicus: A Defence of Chemical Warfare*』という大胆なタイトルの本〔「カリニコス」はギリシャ語で「美しい勝利者」の意〕の中で述べている。即死することはないが、犠牲者は倦怠感のあまりに倒れ、長いこと気分が落ち込んだままになる。

フォークス少将はそもそもこの新兵器をドイツ軍相手に使いたかった。実際、彼のこの「秘蔵計画」――彼自身が命名――では、イギリス軍は「途方もない規模でガスを放出」したあとに、窒息して死にかけているドイツ兵が横たわる塹壕を迂回して攻撃するという段取りだった。

ところがフォークス少将がこの化学兵器を使う前に戦争は終わり、化学薬品と熱発生器が大量に残されたままとなった。そこでチャーチルは、ロシア北部の港に少人数で駐留しているイギリス軍に、この兵器を配備させたかった――ボリシェヴィキと戦うために。

極秘裏に五万個のM爆弾とその発射用の兵器が船に積まれ、アルハンゲリスク港に送られた。「貴下の軍隊でガス弾を存分に活用されるべし。あるいはロシア〔白〕軍へ供与されるべし」とチャーチルはアルハンゲリスクの総司令官アイアンサイド少将へ書き送った。

するとイギリス帝国陸軍参謀本部のメンバーのひとりが、そうした兵器の使用が公に知られた場合の懸念を表明した。チャーチルもその点については案じていたが、あえて危険を冒す覚悟はできていた。「公表できるものなら公表して、是非ともボリシェヴィキに〔化学兵器攻撃を〕敢行したい」とチャーチルは答えた。化学兵器の使用こそが、手遅れにならないうちにボリシェヴィキを壊滅させる、最速かつ最も有効な手段だと彼は信じていた。

化学兵器製造部門の責任者であるサー・キース・プライスも兵器使用に全面的に賛成した。それは「ボリシェヴィキに対する正しい処方だ」と明言し、ロシア北部の森で「うまい具合に漂っていくだろう」と語った。

彼もまたチャーチル同様、化学兵器によってソビエト政権は直ちに崩壊すると考えていた。「一度でもガス弾を浴びれば、ヴォログダのこちら側にはボリシェヴィキはひとりもいなくなるだろう」

チャーチルにとって実に腹立たしいことに、閣僚の中に化学兵器使用に猛反対する者がいた。実はチャーチルはM爆弾をロシアだけでなく、インド帝国北部の反抗的なイスラム部族にも使いたいと考えていた。彼らがボリシェヴィキと同盟を結ばないようにするためだ。

「私は未開の部族への毒ガス使用に全面的に賛成する」とチャーチルは当時の覚書の中で述べている。彼は閣僚たちの「弱腰」を非難し、「毒ガス使用にインド省が反対したのは解せない。毒ガスは強力な爆弾よりも慈悲深い兵器であり、ほかのどんな戦争行為よりも人命の損失が少ないから、敵に決断を迫ることができる」

彼は覚書を次のような不謹慎なブラックジョークで結んだ。「イギリス軍砲兵が爆弾を発射するのがなぜ卑怯だと言うのか？　その爆弾で上記の土着民がくしゃみをするだけの話じゃないか。実にくだらん」

チャーチルは閣僚たちの心配をよそに、国立研究所にインド北西辺境州の山岳地帯で使用できるような毒ガスの研究開発を指示した。陸軍省の内部メモには、「反抗的な部族に対してインドの地形で使用できるようなガス弾を製造するために、実験は継続すべきである」とあった。

しかしながら至急手を打つべきなのはインドではなく、ロシアだった。化学兵器によるイギリス軍の空爆は、一九一九年八月二十七日午後十二時三十分に始まり、アルハンゲリスクから約二百キロメートル南にあるイェムツァ駅を攻撃目標にした。昼食時にガス弾は五十三発投下され、夕方にはさらに六十二発が投下された。濃緑色の毒ガスの雲が地上にいた赤軍兵士のほうへ漂ってくると、彼らは慌てて逃げ出した。

次の日にもガス弾攻撃は続き、プレセツカヤ駅周辺で投下された。そのうちの一発が、赤軍第四十九連隊のボクトロフというロシア人兵卒の近くに落ちた。彼はそびえるようなガスの雲から何とか逃れたが、多少吸ってしまった。イギリス軍に捕まったボクトロフは、どんな症状になったかを語っている。「めまい、耳垂れ、鼻血、喀血、涙、呼吸困難の症状あり。二十四時間、非常に具合が悪かったと患者は言う」とカルテには書かれていた。

ガス弾が落下した場所のすぐそばに多くの兵士がいた、とボクトロフは答えている。「彼らはその雲の正体を知らずに、その中に突入した。体が動かなくなってその場で死んだ者もいれば、しばらくよろよろしていたが、やがて倒れて死んだ者もいた」

ボクトロフは、彼の部隊の二十五名が死亡したと主張した。緑色の毒ガスの雲は近隣の村まで漂っていき、完全に消えるまで十五分間、空中に浮かんでいた。

攻撃は九月に入っても続き、チュノワ、ヴィフトワ、ポーチャ、チョルガ、タヴォイゴル、ザポルキといったボリシェヴィキが支配する村や多くの場所にガス弾が投下された。大量に使用された村もあり、ヴィフトワ村には百八十三発も投下された。

毒ガスが放散するや否や、ガスマスクをかぶったイギリス軍と白軍が攻めてきて、残っているロシア兵を掃討した。イギリス軍と白軍の兵士は、地面を素手で触らないように、どんな水も飲まないように厳命されていた。運悪く残留ガスを吸ってしまった場合には、タバコを吸うと症状が軽減すると言われた。

のちにドナルド・グランサムというイギリス人中尉が、毒ガスにさらされたときのことについて多くのロシア人捕虜に聞き取り調査をしている。ガスを吸った兵士は「なす術もなく地面に横たわり、全員が鼻と口から血を流していた」と彼らは答えた。極端な場合には、せき込んで大量に喀血する者もいたそうだ。

またガス弾攻撃により、戦場では士気の低下が広く見られた。ガスを吸わなかった兵士のあいだでさえそうだった。しかし、ガス弾はチャーチルが望んだほどの効果はもたらさなかった。彼が信じたような赤軍の崩壊にも、北部戦線での大進撃にもつながらなかった。第一の敗因は気候にあった。毒ガスは、湿気の多い、もやの立ち込めるロシアの早秋では効果があまりなかったのである。

九月には、イギリス軍がアルハンゲリスクとムルマンスクからの撤退の準備を始め、ガス弾攻撃は停止、やがて永久に使用されなくなった。陸軍省宛ての報告書によれば、全部で二千七百十八発が赤軍の軍事拠点に投下され、四万七千二百八十二発が未使用のまま残された。

残ったガス弾をイギリスに送り返すのは危険すぎると判断され、九月半ばになると白海に投棄するという決定が下された。軍用タグボートがドヴィナ河口から北へ約五十キロの場所までガス弾を曳航し、海中に投棄した。

それらのガス弾は今なお、白海の約七十五メートル下の海底に沈んでいる。

◉白軍敗走

シドニー・ライリーとジョージ・ヒルはデニーキン将軍と会談すると直ちにロンドンに戻り、

マンスフィールド・カミングとホワイトホールの高官に調査報告をした。「多くの有益な情報」がもたらされたと、ある外務省高官は彼らの任務を評した。

彼らが白軍の指導力不足について警告したにもかかわらず、チャーチルは思い止まることなく、一九一九年秋も白軍支援を主張し続けた。確かに彼のこの賭けがうまくいきそうに思えた瞬間もあった。コルチャーク提督率いる白軍がシベリアを横切って西進し、デニーキン将軍の軍隊が大攻勢に出て北進すると、町や村を次々と占領していった。じきにデニーキン将軍はモスクワから四百キロのところまで進軍し、確実に赤軍を撃破しそうに見えた。気の早いことに、「モスクワに勝利の入城をするときにはどの馬に乗るべきかと考えていた」と将軍の軍事顧問だったイギリス人中尉が回想している。

ロシアの北西部では、バルト諸国を本拠地にするユデーニチ将軍も快進撃しているかのように見えた。彼はペトログラードに向けて進軍し、破竹の勢いだった。一九一九年十月には、彼の軍隊はペトログラードからわずか二十キロにまで迫った。レーニンはパニックになり、「やつの息の根を止めろ」と赤軍の創設者であるトロツキーに死にもの狂いの電報を打った。「さっさと殺せ」

トロツキーは十月の第三週に劇的な反撃に出て、ユデーニチ将軍をペトログラードの市門から遠ざけた。同じ週に赤軍はデニーキン将軍を猛反撃で苦しめ、将軍の前線を撃破した。勇猛な反乱軍の指揮官が後方にあった主要な三つの町を占領して間もなくのことだった。

数日後、赤軍はシベリアでも勝利をおさめ、コルチャーク提督の軍隊に大攻勢をかけた。提督はその後まもなく最期を迎えた。戦場で大敗北を喫したコルチャーク提督は一九二〇年初めにイルクーツクのボリシェヴィキ［軍事革命委員会］に逮捕され、銃殺された。屈辱的なことに遺体は川に捨てられ、氷の張った川底にたちまち消えていった。

コルチャーク提督が処刑された日に、赤軍は黒海沿岸のオデッサに勝利の入城をし、デニーキン将軍が占拠していた領土をほとんど取り返した。

ジョージ・ヒルは、赤軍が入城した日にたまたまオデッサにいた。彼は息を切らして知らせにきた友人に叩き起こされ、逮捕される前に逃げろと急き立てられた。「赤軍が前線を突破したんだ！」。ぐずぐずしてはいられない。

だがヒルは慌てることなく冷静に対応した。ゆっくりと顔を洗い、ひげを剃ってから、きれいに洗濯された白いスパターダッシュを靴の上部につけ、ホテルをチェックアウトした。赤軍の兵士が入城したのは、彼が町を出た直後のことだった。

オデッサが赤軍の手に落ちた頃、ユデーニチ将軍もロシアの北西部で敗北を喫していた。一時はペトログラードまであと一歩のところまで進軍し、町のきらめくドームや尖塔が見えるほどだった。ところがトロツキー率いる赤軍はとどまるところを知らず、ユデーニチ軍をバルチック諸国まで追い払ってしまった。

ソビエト・ロシアに対するイギリスの軍事介入は、チャーチルが望んだ規模とは程遠いものだったが、白軍への軍事協力で三百二十九人のイギリス兵が命を落とし、一億ポンドという莫大な金が使われた。その一年間に大量の軍需品が船積みされ、白軍の三人の将軍や提督のもとに送られた。デニーキン将軍に送られた「最後の小包」はそれまでのものより小ぶりだったが、それでも中身は野砲八十挺、戦闘機のエンジン二十五基、大量の冬用衣類――百万足の靴下と八万五千本のズボンなど――というものだった。

イギリス帝国陸軍参謀総長のサー・ヘンリー・ウィルソンは、チャーチルのロシア政策の失敗を検証し、彼の判断ミスをあげつらった。「チャーチルの軍事作戦がまたもや惨憺たる結果に終わった……彼の判断は常に誤っており、彼が権力を握るとろくなことにならない」

しかしチャーチル自身は反省している気配はなく、「巨大で邪悪なものが世界に、とりわけイギリスに襲いかかろうとしている」と軍事介入反対のアメリカ大統領ウッドロウ・ウィルソンに宛てて手紙に書いている。「われわれは統一されたボリシェヴィキとすぐにも対決することになるだろう。彼らは強い軍隊で混乱している反対勢力を容易に打ち負かして国力をつけていくことだろう」。チャーチルはこれまで以上にインド帝国の北西辺境州のことを気に掛けるようになったが、世界全体に対しても同様だった。

一方、カミングは別のことを心配していた。彼の最高の諜報員であるポール・デュークスが行方不明になっていた。チェカーに逮捕されてしまったのだろうか……。

第15章 オーガスタス・エイガー

◉ポール・デュークス救出作戦

ポール・デュークスはロシアに再入国したばかりの頃は定期的に報告書を送っていた。軍事や政治に関する報告のほかに、国内情勢についての月間報告もしていた。ところが一九一九年春になると報告が間遠くなり、やがてまったく途絶えてしまった。

連絡がなくなったことについての説明は、どこからもなかった。デュークス本人から危険な状況に陥っているという知らせもなければ、ロシア政府が彼を逮捕したとほのめかすようなこともなかった。ストックホルム支局も手を尽くして調べたが、わからなかった。カミングは当惑し、不安になってきた。連絡がないまま数週間が過ぎると、カミングはとうとう前例のない決断をした。何が起きたのかを突き止めるために、人を派遣することにしたのだ。

この作戦の指揮官に選ばれたのが、若き海軍大尉オーガスタス・エイガーだった。休暇中の彼がロンドンのウォルドルフ・ホテルでくつろいでいると、思いがけず部隊長から電話があった。

「エイガーか？　任務だ。すぐに戻ってこい」

エイガーはこの呼び出しに小躍りして喜び、その任務が冒険へ導いてくれることを願った。四年間におよぶ戦争が終わり、平時の暮らしに慣れようと努力していたが、なかなか難しかった。「私はもっと戦時活動に従事したかった……それは刺激や冒険を、退屈な日常生活とは違う何かを意味した」とエイガーは記している。彼は荷造りして急いで駅に向かい、昼にはエセックス州のオシー島の海軍基地に戻っていた。

エイガーはかつて極秘の「沿岸モーターボート隊」で特殊作戦に従事していた。その作戦に使う平底のモーターボートは「水上滑走艇（ハイドロプレーン艇）」として知られ、画期的なデザインと先進技術の粋を集めたものだった。それは細長いカヤックのように見えるが、二基の大型ガソリンエンジンで動き、想像を絶するスピードで走る。船体は非常に軽い。エンジン以外に搭載機材はなく、攻撃の際に魚雷を二本搭載するだけだった。

しかし大戦の終結によって、ドイツ艦隊への攻撃計画は消え、水上滑走艇は倉庫に保管された。これまでの訓練が無駄になったと知って、エイガーは落胆した。

ところがオシー島に帰還してみると、彼に思いがけない転機がやってきた。

「さて、エイガー。きみは特殊任務に興味はあるかね？」と部隊長に聞かれた。特殊任務という言葉に好奇心をそそられたエイガーが仕事の具体的な内容を質問すると、部隊長は秘書に席をはずすように命じた。

「作戦が本格化するまでは、誰もきみの目的地を知らない。きみの部下でさえそうだ……何よりも大事なことは、イギリス国内、旅の途中、さらには目的の海域に到着したときでさえ、きみの活動に疑問を抱くような人間がいてはいけないということだ」

部隊長の話が進むにつれて、エイガーは自分が興奮してくるのがわかった。「言うまでもないが、きみの任務は政治的にきわめて重要であり、それゆえに極秘である」。それから部隊長は翌朝ロンドンの海軍本部に行くように命じ、そこでさらに詳細な指示が伝えられることになるだろうと言った。

エイガーはロンドンに戻り、翌朝海軍本部に行くと海軍情報部に案内されたが、そこはその日の最終目的地ではなかった。

「私は廊下を通り、階段をいくつも上がり、小さな通路を通って別の建物に連れていかれ、さらに別の建物に入った」

やっと若い秘書が現れ、ある部屋に入るように促された。エイガーは言われるままにした。「大きな机に窓に背を向けて座り、書類を読むのに没頭しているように見えるその人は、私がこれまで出会った人の中で最も卓越した人物だった」。エイガーは彼の大きな頭や知的な風貌に感銘を受けたが、人が入室しても顔を上げずに書類を読み続けていることに面食らった。

「するといきなり書類を横に置いて、片手で机をバンと叩いて言った。『さあ、座りたまえ。やってくれるね』」

エイガーはまだ任務の目的も、目的地も知らされていなかったが、ひとつだけはっきりしていた。「波瀾万丈の冒険が始まろうとしていた。これが『C』――仕事の関係者全員からそう呼ばれていた――との最初の出会いだった」

それから一時間にわたって、カミングは任務の概要を説明した。目的地はソビエト・ロシア。「わけのわからん国だ。そして、われわれとは実質的に戦争状態にある敵国だ」

カミングは、自分の最高の諜報員がソビエト指導部の政策に目を光らせ、多くの政府機関からその極秘情報を入手してきたと語った。

「あるイギリス人――名前は明かされず、詳細は伏せられていた――が諜報活動をするためにロシアに留まっている。彼の任務はきわめて重要であり、どうしても彼と連絡を取らなければならない」

この諜報員を生きたままロシア国外に連れ出さなければならなかった。「彼はわが政府が至急必要な、ある案件に関する確実な情報を直接入手することができる唯一の人物だ」

救出にはひとつ問題があった。赤軍がフィンランド湾を広大な機雷原に変えてしまったことだ。クロンシュタットのあるコトリン島の北から南にかけて一面に機雷が敷設されていた。扇のような形の機雷原に囲まれたペトログラードへ、海から近づくことはほぼ不可能だった。

しかしエイガーの水上滑走艇なら、この危険な障害物を避けることができるのではないか？

ポール・デュークスの報告によれば、この機雷原は海面からわずか九十センチの深さに機雷が敷設されているという。従来の船ではフィンランド湾を航行するのは不可能だが、水上滑走艇は海面からわずか八十二・五センチの深さを航行するよう設計されているので、理論的には機雷原の上を航行できる。しかし危険に満ちた航行であることに変わりない。乗組員の命は、七・五センチの差にかかっている。

カミングはさらに具体的な話をした。エイガーが選抜する救出隊のメンバーは、全員が海軍からSISに移籍することになるという。唯一の選抜条件は、独身かつ身寄りがないこと。救出隊のメンバーはフィンランドに向かい、表向きはイギリス製モーターボートの販売促進のためにやってきた「ヨット愛好家のふり」をする。だが彼らの真の目的はフィンランド湾を横断し、ポール・デュークスと連絡を取ることだ。「それが計画の概要だ」とカミングはエイガーに伝え、細部はこれから詰めていくと言い添えた。

「彼は一瞬沈黙し、私の顔を見据えて言った。『さて、きみの返事は？』」

それから間髪を容れずにカミングは言った。「引き受けてくれなんて言わん。そうするのはわかっている」

エイガーは興奮したまま部屋をあとにした。頭がぼーっとしていて、案内係の美人秘書に支えられて歩いているような気分だった。

「戸惑っているようですね。こちらでタバコをどうぞ」

◉作戦準備

エイガーは翌日から準備に取りかかり、まず救出作戦に参加する若い将校を六名選び出した。全員「何事にも熱心で、好奇心旺盛」だ。次に十二メートルの水上滑走艇を二艇選んでエンジンを搭載し、プレジャーボートに見せかけるために船体を白く塗った。補給品はすべてフィンランドで調達することにし、エンジンをスタートさせるのに必要な特殊な空気圧縮機だけイギリスから持っていくことにした。

カミングと初めて面会した日から二日後に、エイガーは再びホワイトホール・コートに出向いた。カミングから水上滑走艇について再び質問された後、本作戦にはいくらお金がかかりそうかと聞かれた。

作戦費用のことを考えていなかったので、エイガーは頭に浮かんだ最初の金額を口にした――「千ポンド」。これは大金だとすぐに気づいたが、カミングは瞬きひとつしなかった。「Cがボタンを押して秘書を呼び、『持参人払い小切手と、現金千ポンドを用意するように』と平然と指示するのを聞いて、私は自分の耳を疑った」

またこの任務はエイガーのチームだけで遂行し、協力や後方支援は得られないと思っていたが、北欧には課報員の複雑なネットワークがあると知って安心した。

「各課報員には番号がついていた。私にも与えられた。その番号が通称となり、本部との連絡はこれで行なわれることになる」

エイガーのコードネームは「ST34」であり、ストックホルム支局が彼の任務に全面協力してくれることになった。

カミングは、これは危険きわまりない任務になるだろうと強調した。「『敵』に捕まったら、それはきみたち自身の死を意味する。そうした状況下では、きみたちを救出するために表立った行動は何も取られないからだ」

打ち合わせが終わると、エイガーは建物の最上階にある研修室に案内された。「とても巧妙な暗号表の使い方……〔と〕さまざまな種類の極薄の紙に見えないインクで書く方法を教わった」。報告書はブーツの中に入れて運ぶように言われた。「できるなら、靴底のあいだに」

エイガーがロンドンからフィンランドに向かう前日に、カミングから壮行会を兼ねたランチに誘われ、彼の行きつけの会員制クラブに連れていかれた。「大型のロールス・ロイスに乗せられ、彼の運転でクラブに向かった。運転中のカミングは少年のように楽しそうで、猛スピードでホース・ガーズ・パレード〔ホワイトホールに近いホース・ガーズにある施設。観兵式などイギリス王室の主要儀式が行なわれる〕の衛兵を通り過ぎ、建物のアーチを通り抜けた」。カミングは、こうした特権を享受できる、五名しかいないロンドン市民のひとりだった。

カミングは食事中、ロシアのことを話題にすることもなく、エイガーとの別れのときが来ても芝居がかった言葉をかけるわけでもなかった。「彼は私の背中をポンと叩いて、『それでは幸運を祈る』と言うと、車で走り去った」

翌朝、エイガーのチームはイギリスの東海岸にあるキングストン・アポン・ハル（通称ハル）へ向かい、そこから船でバルト海に向かった。フィンランドのオーボ（トゥルク）で下船すると、カミングのふたりの諜報員、ST30とST31が出迎えに来ていた。

◉孤立無援のデュークス

カミングがポール・デュークスの身を案じたのは正しかった。運よくチェカーに逮捕されずに済んだものの、デュークスのペトログラードでの暮らしは危険に満ちていた。

最初に身の危険を感じたのは、彼の最も身近な協力者であるゾリンスキー大佐が実はチェカーの手先であるという噂を耳にしたときだった。逮捕の危険を最小にするために、彼はまずペトログラードの最大の島であるワシリエフスキー島にある安全な隠れ家——信頼できる医師のアパートに引っ越した。

それから容貌を変えた。ここ半年のあいだ生やしていた毛むくじゃらのひげを剃った。これだけでも「私の容貌は驚くほど変わった」。髪を切り、黒く染めた。変装を完璧にするためには、最後にひと工夫することが必要だ。数か月間、彼の前歯は一本欠けていた。そのせいですぐに見分けがつき、ゾリンスキー大佐にとってもそれは目印のようなものだった。デュークスは欠けていた前歯を差し込み、ぽっかり空いていた隙間を埋めた。彼の「悪魔のような笑み」は普通の微笑みに戻った。

デュークスは鏡に映った自分をよく点検し、その姿に満足した。「〔医師の〕古い服を着て眼鏡をかけた私は、きれいにひげが剃られ、短髪でこざっぱりして見える。だが病弱で貧しい、満足な食事を取っていない『インテリ』そのものだった」。彼は「数日前までのぼさぼさ髪の、足の悪い、いかれた人間」とは別人だった。

デュークスと医師は知恵を絞り、彼がこの家に間借りしている理由をでっちあげた。彼はてんかん患者のふりをすることにした。生死にかかわる発作に苦しんでいるので、医師の近くにいる必要があるという設定だ。

デュークスは発作の真似が完璧にできるようになるまで、何度も練習した。ある晩、思いがけずチェカーがアパートにやってきたときに、それは大いに役立った。

「寝具の下から大きなうめき声をあげ、体をけいれんさせた。頭を左右に動かしながら体は突っ張らせ、拳をぐっと握りしめた」

彼は口から泡まで吹くことができた。チェカー部員は不安そうに彼を見ると、急いで出ていった。

デュークスは困難な状況にもかかわらず、情報を集め続けた。「私はソビエト政府の国内政策に関する定期報告書と、赤軍の現状をトロツキーに具申する特別報告書をモスクワから入手した」

ある時期デュークスは、政策決定の中枢にさらに近づくために、モスクワに引っ越すことさえ考えた。しかしペトログラードにコミンテルンの本部ができることを知って、この北の町は「諜報活動の基地として非常に重要」だと認識した。

医師のアパートが再び家宅捜索されたので、もうここを出る潮時だと考えた。彼はアパートを出てからは、ヴォルコヴォ墓地の、ある分離派教徒［ロシア正教会から分離した保守的な一派］の草生《くさむ》した墓の陰で夜を過ごすようになった。

住む家がなくなったために、報告書を国外に持ち出すのはますます困難になった。「私は孤立無援だった……報告書を国外に持ち出してくれる連絡係は見つかったが、誰も私のところには戻ってこなかったので、きちんと運ばれたのかどうかもわからない」

連絡係のチーフは依然ピョートル・ソコロフで、彼はペトログラードからフィンランドを経由してストックホルムへ多数の報告書を届けてくれた。だがあるときから彼は戻ってこなかった。手を尽くして調べたが、ソコロフの身に何が起こったのかはまったくわからなかった。

「一か月過ぎても杳《よう》として彼の消息は知れず、私は不安になった。二か月以上過ぎても消息がつかめず、私は最悪の事態を考えるようになった」

報告書を国外に持ち出す方法はほかにないかと、デュークスは必死になって探した。ペトログラード無線電信局の職員を買収しようとさえしたが、この男は大金を要求したのであきらめた。敵の手に渡らないようにするために、やっと入手した情報を廃棄するというつらい立場にまで追い込まれていた。

孤立無援の彼は、なす術もなく途方に暮れていた。

◉作戦開始

オーガスタス・エイガーは、デュークス救出作戦の基地にテリヨキという名のフィンランドの漁港を選んだ。ロシア革命前はサンクトペテルブルクの貴族たちのヨットクラブがあったが、今ではその村は廃れ、木造の別荘は空き家になっていた。おかげで詮索好きな人々の目にさらされることなく、エイガーは作戦を進めることができた。

水上滑走艇は北海を通って特別輸送され、数日でテレヨキに届いた。エイガーは救出作戦の詳細な計画を練り始めた。

最初の仕事はフィンランド湾に敷設された機雷原のロシア語海図を入手することだったが、これは難なく手に入った。「まるで手品師のように、ＳＴ30がロシア語の海図を取り出した」。その海図には、フィンランド湾沿いにある、砲台が設置された要塞と要塞を結ぶ潜堤《せんてい》がすべて記載されていた。

ストックホルムの諜報員は、デュークスの連絡係であるピョートル・ソコロフも見つけ出していた。ソコロフはとくに危険な任務を遂行したあとなので、フィンランドに一時避難しているように命じられていた。こうして彼はテレヨキに連れてこられ、デュークス救出作戦に役立ちそうな情報を提供した。エイガーはすぐにソコロフが気に入り、「胆力と勇気にあふれた人物」と評した。ソコロフもエイガーに同じことを感じ、快く彼の作戦に参加した。もっとも、そのせいでソコロフは再び危険を冒すことになるのだが。

エイガーの計画では、まず水上滑走艇でフィンランド湾の機雷原を横切り、ペトログラード北西部にある鬱蒼とした林の海岸にソコロフを降ろす。そこからソコロフはペトログラードに徒歩で向かい、デュークスを見つけ出す。同じ海岸に彼と一緒に戻り、数日後にエイガーに救出される。作戦の決行日は、夏至直前の六月十日の白夜と決まった。

六月十日の夕方、エイガーのチームは互いの時計を合わせ、拳銃をチェックしてから夜の海に乗り出した。午後十時ちょうどだった。空は暗くなっていたが、白夜のせいで暗い時間は短く、ほんの数時間で作戦を遂行させなければならない。

フィンランド湾の横断は危険きわまりなかった。クロンシュタットとロシア本土をつなぐ延々と続く重装備の要塞と潜堤を通過しなければならないし、機雷原も横断しなければならない。

要塞に近づくとエイガーはエンジンを切り、のろのろと進んだ。ロシア人警備兵に自分たちの存在を知られないように、耳打ちさえしなかった。すぐに暗闇の中に海軍基地の狭間《はざま》胸壁［城壁にめぐらされた胸ほどの高さの凹凸状の壁。兵士はここに隠れて射撃する］がぬっと現れ、灰色の夜空を背景に黒いシルエットが浮かび上がった。

「まるで催眠術にかかったかのように、四対の目が狭間胸壁に釘付けになった。神経が高ぶり、筋肉が引き締まった。いきなりサーチライトの光がついたらどうする?」とエイガーは記している。

どうするかはわかっている。エンジンを全開にして逃げるだけだ。

結果的には、エイガーたちの乗った水上滑走艇は警備兵に気づかれることなく要塞を通過し、すぐに半円形の機雷原に近づくことができた。ようやくエイガーはエンジンを全開にした。水上滑走艇は一瞬で反応して前のめりになり、やがて海面をかすめて飛んでいった。機雷に触れることはなかった。

彼らはあっという間に機雷源を突破し、十五分もかからずにネヴァ川の三角州に到着した。エイガーはエンジンを切り、水上滑走艇に結び付けてきた小さなボートのひもをソコロフがほどくのを手伝った。ソコロフは岩だらけの岸までボートを漕いでいった。

「私は彼からの合図を待った。合図はすぐに来た。ボートが進んでいった方向から、懐中電灯が三回短く点灯した」。ソコロフは無事に岸に着き、作戦の第一段階は難なく終了した。

エイガーはエンジンをかけ、テリヨキに引き返した。彼の計画では、三日後にデュークスを迎えに行く予定だった。

◉奇跡の再会

ポール・デュークスとソコロフの再会は、まったく奇跡のようだった。デュークスが冬宮の庭園を散歩していると、見知った顔が公園のベンチに座っていた。

「私は顔をのぞきこんだ。心臓がどきりとし、何とも言いようがない嬉しさがこみ上げてきた。

驚いたことに、長いこと帰りを待ちわびていた私の連絡係がそこにいたのだ」

ソコロフはエイガーのことや彼の高速の水上滑走艇について説明しようとしたが、デュークスには何のことだかさっぱりわからなかった。ソコロフは「謎めいたモーターボート」やフィンランド湾で行なわれた奇妙なイギリスの作戦について語った。「彼の取り留めのない話の中に、『エガー、エガー』という名前が繰り返し出てきた。ピョートルが『エガー』と呼んでいる男が、その日の朝早くに彼をここペトログラードに、奇跡のような方法で送り届けてくれた人物だとすぐにわかった」

デュークスは彼の話を途中でさえぎり、最初から話してくれと頼んだ。ソコロフは先ほどの話を繰り返し、どうやってエイガーが、見たことがないほど素晴らしいボートとともにイギリスからやってきたかを説明した。ボートは超高速で海面を飛ぶように進み、両側に山のような波ができるという。

「私は魔法にかかったように、この驚くべき話に聞き入った。そして、質問攻めにしては話を中断させた。事件が次から次へと起こり、その内容がどんどん過激になっていくからだ」。とくに仰天したのは、「エガー」がフィンランド湾の機雷原を横断してきたことだった。

ソコロフはマンスフィールド・カミングからの手紙を預かってきた。その手紙には、できることならロシアに留まってほしいと書かれていた。「だが去るべきときだと私が判断すれば、迎えの者と一緒に戻ることができた」。ソコロフは、しばらくのあいだはペトログラードに残るつもりだった。

デュークスはロシアにもう少しいたかったが、資金不足に往生していた。するとソコロフが救いの手を差し伸べ、ロシア・ルーブル札の分厚い束を彼に手渡した。それはロンドンのカミングのチームが精巧に偽造したものだった。おかげで問題は解決した。デュークスはもう一か月ペトログラードで過ごし、七月にエイガーに迎えにきてもらうことにした。

◉巡洋艦オレークへの夜間攻撃

この時期にバルト海に配備されていたイギリス海軍は、オーガスタス・エイガーのチームと水上滑走艇だけではなかった。一九一九年一月、サー・ウォルター・カウアン提督率いるイギリス艦隊は、独立したばかりのエストニアとラトビアの海岸線を警備するためにバルト海に派遣されていた。彼が受けた命令は、バルト海を航行する商船のためにシーレーンを確保することだった。

エイガーはカミングの指示どおりに、バルト海に着くとカウアン提督に面会した。提督は親しみやすく、何か力になれることはないかと申し出てくれた。エイガーには頼みたいことが実際にあったが、それはカウアン提督が考えていたようなことではなかった。エイガーは、水上滑走艇に搭載する魚雷を二本融通してくれないかと頼んだのだ。

「敵対行為とみなされるような作戦はすべて回避しろとロンドンでは厳命されたが……魚雷があれば自分を守るのに非常に役立つだろうと私は説明した」

カウアン提督は躊躇した。艦隊の旗艦に積み込まれた魚雷は、これまで製造されてきた中では最強のもので、大型艦艇を簡単に沈めることができた。しかしエイガーは執拗に頼み、とうとう提督は折れた。

エイガーは実際に自己防衛のために魚雷を使うつもりだったのかもしれない。彼がテレヨキにいた頃は、クロンシュタット要塞の守備についていたロシア人水兵による小規模な反乱の時期と一致する［これらの蜂起は一九二一年三月の「クロンシュタットの反乱」の前哨戦にあたる］。これはレーニン政権にとって深刻な脅威だった。トロツキーの対応はいかにも彼らしい残酷なものだった。彼は要塞を砲撃して反乱兵を投降させるように命じた。

それを知ったエイガーはきわめてイギリス人らしい憤りを感じ、多少無鉄砲でも大胆な逆襲はできないものかと考え始めた。しかし、「命令も受けずに、それも単独で、砲撃中の軍艦を攻撃してよいものかどうか？」と悩んだ。

例の魚雷で大損害を与えられるのはわかっていたが、同時にロシア艦隊を攻撃すればロンドンからの命令に背くことになる。エイガーは攻撃許可を求めることにし、ストックホルム経由でロンドンに暗号文を送った。

返事は数時間で届いた。「ボートは諜報活動のためにのみ使用されるべし。バルト海の海軍将官による特別な命令がない限り、行動は控えるべし」

あいまいなところのない、はっきりした返事だった。許可は下りなかった。しかしエイガーは

「海軍将官による特別な命令」という部分はいかようにも解釈できると考えた。カウアン提督なら反乱兵を激励したいだろうと確信していたので、エイガーはその日の夕方にボリシェヴィキの軍艦を攻撃する、という重大な決断をした。

一九一九年六月十七日午後十一時頃、エイガーは水上滑走艇に乗り込んだ。あたりはすっかり暗くなっていた。彼も部下も、ロシア艦隊に近づくにつれて緊張が高まる。気づかれないようにギアをローに入れた。エイガーはすでにターゲットを決めていた。停泊中の一番大きな軍艦、防護巡洋艦オレークに魚雷をぶちこむつもりだ。唯一の問題は、オレークが駆逐艦や巡視船に囲まれていることだ。エイガーは魚雷を発射する前にこの非常線を突破しなければならない。

夜陰に乗じてエイガーの水上滑走艇は滑るように進み、船の非常線を通り抜けた。ロシア艦隊はどこも静かで、昼の砲撃で疲れ切った歩哨は持ち場で眠りこけていた。

エイガーは目の前にぼんやりと浮かび上がったシルエットに目を凝らした。暗闇の中でそのシルエットはだんだん大きくなり、やがて巡洋艦オレークの姿がはっきりと見えた。攻撃時間が迫ってきたことを知り、エイガーはアドレナリンが体内を駆けめぐるのを感じた。

エイガーは迷わず手首を素早く動かし、スロットルを全開にした。水上滑走艇の舳先が海面から持ち上がり、二基のガソリンエンジンが轟音を立てる。たちまち巡洋艦オレークと並んだエイガーの水上滑走艇は、至近距離から魚雷を発射した。発射後すぐに水上滑走艇の向きを変え、全速力で逃げ切った。

「魚雷が命中したのを確認するために振り返ると、大きな閃光が巡洋艦の前方の煙突のところで光った。ほとんど同時に巨大な黒煙の柱があがり、フォアマスト（前檣）の先端まで届いた」

水上滑走艇に向かって機銃掃射されていなかったら巡洋艦の損害を見極めることができただろうが、スピードを上げて命からがら逃げるのがせいいっぱいだった。数秒後、エイガーは射程外に逃れることに成功した。

巡洋艦オレークに大損害を与えたエイガーは、テレヨキに意気揚々と帰還した。自分は正しいことをしたと確信していたので、後悔はなかった。カウアン提督に夜間攻撃の報告をするときは柄にもなく緊張したが、心配する必要などまったくなかった。カウアン提督は大喜びで、この攻撃のおかげで彼自身の威信が高まったとさえ言った。「おかげで、やつら［ボリシェヴィキ］がクロンシュタットから少しでも鼻先をのぞかせたら、いつでも針でつつけるんだぞと脅すことができた」

エイガーはロンドンの反応が気がかりだと正直に述べたが、カウアン提督はその点も問題ないと請け合ってくれた。「私の行動を全面的に承認すると言ってくれ、外務省が私の命令違反を問題にしたら、私の立場を明らかにし、私を擁護するとまで言ってくれた」

エイガーは心からほっとした。「部屋に入ったときは、気が重く、不安で、ややびくびくしていたが——出たときはまったく逆だった」

その晩、エイガーはカウアン提督からシャンパン付きディナーに招待され、その二日後に再び提督の旗艦を訪れたときには英雄として歓迎された。艦隊の全艦艇の甲板に水兵が並び、歓声をあげた。「この瞬間を決して忘れることはないだろう」とエイガーは記している。カウアン提督の支持を得られたことは幸運だった。彼の夜間攻撃はイギリス政府内で大問題になったからだ。もっとも、カミングの課報員による任務逸脱は、今回が初めてではなかったが。

カミング自身は、エイガーの夜間攻撃を知って喜んだ。いかにもカミングが好きそうな――急ごしらえで行き当たりばったり、さらに大胆で突飛な――作戦だった。エイガーへの報償はどうすべきか。カミングはそんなことまで考えていた。

一方、ソビエト政府は面白まるつぶれだった。エイガーの首に五千ポンドをかけた。チェカーが逮捕すれば、即刻処刑すると警告した。

◉デュークスの大活躍

ポール・デュークスは、ピョートル・ソコロフが運んできた偽札で課報活動が再開できると喜んだが、この偽札は使えないとすぐに判明した。

「[偽札は]デザインと文言は正しかったが、紙が薄く、インクは不良で、一部の紙幣の文字が不明瞭だった。使われた紙は基準どおりの厚さではなく、色も違った」。この偽札を使えば、とんでもない危険な目にあうことになる。

しかし資金がなければ課報活動はできない。協力者や連絡係に支払う金が必要だし、「部屋を借り、食料や服を買う金、旅費、連絡係を送り、『偽造業者』［密かに偽造証明書を販売している者］やスパイに支払う金、情報を買い、チップを与え、買収する金、臨時出費」のための資金も必要だった。

事ここに至り、デュークスは活動資金を得るために最後の手を使うことにした。ペトログラードにまだ残っているイギリス人実業家から借りるのだ。彼らは自分たちの事業を守ろうと孤軍奮闘していた。デュークスは、そんな彼らから現金を前借りできないだろうかと考えた。

そうしたイギリス人の中にユナイテッド・シッピングカンパニーのジョージ・ギブソンがいた。ギブソンはチェカーに絶えず尾行され、ペトログラードの刑務所にしばらく投獄されていたことがある。監視下の生活によるストレスで、彼は疑り深くなっていた。だから、ひげ面の赤軍将校が彼の事務所に現れ、実はポール・デュークスだと囁いても、にわかに信じなかった。

ギブソンは何か月もデュークスに会っていなかった。それどころか、彼がまだペトログラードに残っているとは思ってもいなかった。だがギブソンがこの赤軍将校姿の男の鼻先でドアを乱暴に閉めようとしたとき、男の口から「ヘンリー・アールズ」という言葉が聞こえた。ギブソンは男の顔をまじまじと見た。「ヘンリー・アールズ」というのは、イギリス外務省とペトログラード在住のイギリス人とのあいだで取り決められた合言葉で、助けが必要な諜報員を意味した。ようやくデュークスは部屋の中に招き入れられた。

デュークスはお金がどうしても必要だとギブソンに訴えた。するとギブソンは気前よく三十七万五千ルーブル、現在の金に換算すれば約二十五万ポンドも貸してくれた。引き換えにデュークスは「マクニール大尉」と署名した領収書を渡した。「マクニール大尉」というのは、ＳＩＳでの彼の仮名だった。彼はギブソンに、借りたお金は二か月以内に返済されると請け合った――結果的にはもう少し時間がかかったが、最終的にはギブソンに返済された。

資金を得たデュークスは諜報活動を再開できるようになり、いつものように冷静に仕事に取りかかった。

一方、ロシア共産党はここ数か月、国民に入党を勧める組織的な活動をしていた。党員になれば仕事にありつけると期待して大勢が入党した。トロツキーはそうした人たちを「ラディッシュ（ハツカダイコン）」と呼んだ。外側だけ赤いからだ。

ところが一九一九年夏になると、共産党員は激減した。全党員を前線に動員するという命令が下り、大多数が離党したのだ。「臆病なろくでなしどもが党から逃げ出した。いい厄介払いだ」とレーニンは吐き捨てるように言った。

デュークスはこれを好機ととらえた。彼は新しい身分証で入党願いを出した。すぐに入党は認められ、彼は体制支持者という立場を得られた。

「党員証は魔法の呪文のような効果があった。提示すれば、どこでも最初に通された。市電や列車は無料だった」

ロシアにいるのもあとわずかなので、デュークスはできるだけ有益に過ごそうと決め、赤軍にも志願した。入隊できれば、赤軍兵士の忠誠心や軍隊の機能に関する情報を集めることができる。彼は第八軍の軍用車両部隊に配属されたが、その部隊長は彼の重要な協力者だった。

「入隊したことで、測り知れない利益がもたらされた」。赤軍の内部組織を知ることができるようになっただけでなく、「赤軍兵士へ支給される食料は民間人の配給よりもはるかに良かった」ので、ようやく腹いっぱい食べることができた。

またデュークスは、赤軍の代議員がペトログラード・ソビエトの非公開会議にいつも出席していることを知ると、立候補して正式に代議員に選ばれた。してやったり、と彼はほくそ笑んだ。これで「代議員になってソビエトの会議に出席するという私の野望を達成することができた……私はわが連隊の正式な代議員だ」

デュークスはこの時期モスクワに行き、反ボリシェヴィキの「国民センター」という秘密組織とも接触した。そのとき、信じられないような噂を耳にした。コミンテルンが革命指導者や煽動家の養成学校を作ろうとしているというのだ。主な目的は、「革命指導者や煽動家を育てて外国に派遣すること。階級闘争を巻き起こし、ストライキをあおり、西欧諸国の軍隊で煽動的なプロパガンダを行なう」ことだった。

生徒の大半は、もっぱらインド帝国攻撃の先兵となるように教育される。「とくに高給取りの大勢の革命指導者や煽動家は、インドの混乱を悪化させるために派遣さることになる」。彼らはまず最も不安定な――イギリスの統治がうまくいっていない――北西辺境州でストライキを打つつもりだ。

デュークスはフレデリック・ベイリーが似たような情報をインド政府に送っているのを知らなかった。彼は外の世界の情報から完全に遮断されていた。そろそろロシアを去り、ロンドンのカミングに状況説明をするべきときが来たと感じていた。ここ数週間で多くの貴重な情報を入手した今、その思いは強くなった。

「長いこと別人になりすまして暮らしてきたストレスや、冒険に満ちた暮らしのために、私の神経がすり減っていないとは言い切れないだろう。私は疲れ果て、この生活をさらに長期間続けるのは無理だとはっきり自覚した」

しかしこの国を出ることは、入ることよりも何倍も難しかった。

◉救出作戦の結末

オーガスタス・エイガーの当初の計画では、七月某日に水上滑走艇でフィンランド湾を横切り、予め決めた集合地点でデュークスの到着を待つというものだった。その際、デュークスはソコロフが置いていったボートをひとりで漕いで、エイガーの水上滑走艇にたどり着くことになっていた。ところがボートは赤軍の警備兵に発見されて持ち去られてしまったことを知ったエイガーは、計画日の変更を伝えるためにふたり目の連絡係と二隻目のボートを手配しなければならなかった。

この件についてはすべてうまく運んだ。ゲフテルという名の連絡係はペトログラードでデュークスに会い、決行日が八月十四日の夜に変更になったことを伝えた。その日になったら、デュークスはゲフテルとふたりでフィンランド湾へボートで漕ぎだし、集合地点でエイガーの水上滑走艇と落ち合うことになった。

八月十四日午後十時頃。まだ薄明るい空の下でふたりの男がボートに乗り込み、湾に向かって漕ぎ出した。ふたりは不安そうに地平線を見た。不気味な雲の塊がこちらに向かってくるのに気づいたからだ。

「しばらくすると空は暗くなり、風が強まった。さざ波は大波に変わり、ボートをなでるような波は、叩きつけるような波に変わった」とデュークスは述べている。

同じように気がかりなのは、ボートが普通よりずっと低い位置で浮かんでいることだった。ゲフテルは何が原因なのかを調べ、とんだしくじりを犯したことに気づいた。

ゲフテルはボートの中央に備え付けられた生け簀に栓をするのを忘れていたのだ。栓をしようとした頃には、もう手遅れだった。海水がボートの中にもの凄い勢いで噴き出て、ボートは海中へ沈み始めた。

どんな気候でも、水浸しのボートというだけで一大事なのに、嵐が近づいているとなれば命の危険にさらされる。風はますます強くなって強風に変わり、海水は音を立てながらボートの中にどんどん入ってくる。じきにデュークスとゲフテルの腰まで上がってきて、どんなに水をかい出しても無駄だった。

船べりが海面に隠れたとき、ふたりの男は絶体絶命の危機に陥った。

デュークスとゲフテルの乗ったボートが波に飲み込まれたまさにそのとき、オーガスタス・エイガーのチームはフィンランド湾の集合地点に近づいていた。

エイガーは水上滑走艇を操縦して延々と続く要塞を通り過ぎ、無事に機雷原も突破した。やがて錨で固定された灯台船の黒いシルエットが見えてきた。彼はリシー・ノス岬に向かって一キロ近く進んでから、エンジンを切った。時間ぴったりに集合地点に着いた。

エイガーは懐中電灯の合図の光が見えないかとじっと海を見つめたが、一向に合図はない。エイガーは不安そうに高波に目をやった。デュークスとゲフテルは、この高波の中で小さなボートを操っているのだろうか。

だいぶ経ってから、とうとうエイガーは岸に向かって懐中電灯の合図を送った。ロシアの沿岸警備兵に水上滑走艇の位置を知らせることになるから、危険なことだとはわかっていた。だがその光をたどって、デュークスたちが漕いでこられるのではないかと願ったのだ。

五分経っても、十分経ってもデュークスからの合図はなかった。さらに四十分待った。東の空の水平線が曙光で明るくなると、エイガーはしぶしぶ水上滑走艇のエンジンをかけ、ボートの向きを変えてテレヨキに向かった。夜明け前に要塞を通り過ぎなければならない。

エイガーはふたりと落ち合うことができず落胆したが、それよりもふたりがチェカーに逮捕されてしまったのではないかと心配だった。しかし実際にふたりが陥った苦境は、もっとドラマチックなものだった。

デュークスとゲフテルの乗った手漕ぎボートが波に飲み込まれたとき、ふたりにはエイガーの水上滑走艇が見えていた。だが勢いの強い、そびえるような波が押し寄せてきて、岸に戻るしかなかった。

海水は氷のように冷たく、逆巻く波のせいで速く泳ぐことができない。泳ぎの得意なデュークスはどうにか岸にたどり着いたが、ぐったりして倒れる寸前だった。ゲフテルはもっと深刻な状態で浜辺に打ち上げられた。血の気が失せて顔面蒼白になり、急性低体温症に苦しんでいた。

安全な場所まで歩いていこうとしたが、ゲフテルは裸足だった。海中で溺れかかり、足を振って重くなったブーツを脱ぎ捨てた。そのために今はとがった岩の上を裸足で歩かざるをえず、足は傷だらけでひどく出血してきた。デュークスはゲフテルを肩にかついで運ぼうとしたが、重すぎて座りこんでしまった。ふたりが夜気にあたり震えていると、いきなりゲフテルが前のめりになって倒れた――息をしていない。

「一瞬パニックになったが、私は彼を一生懸命さすり始めた。彼の口を自分の口でおおい、直接空気を送り込んだ。肺いっぱいに空気を送り込み、次に彼の腹部を圧迫することを繰り返した」

恐ろしい数分が過ぎ、ゲフテルは大量に海水を吐き出した。彼の目がきょろきょろ動き、手もかすかに動いた。最後には自分できちんと座ることができ、顔に血の気が戻ってきた。青みがかった灰色の空に夜明けが訪れると、デュークスは漁師小屋に彼を運び、ゲフテルを看病してくれるように頼んだ。それからペトログラードに戻っていった。

◉国王ジョージ五世への拝謁

エイガーはデュークスをロシアから救出しようと粘ったが、失敗に終わった。そのうえ帰りのフィンランド湾では彼の水上滑走艇は機雷原の中に突っ込み、あわや吹き飛ばされるところだったが、運よくテリヨキに生還することができた。

その後の救出作戦は、カウアン提督のフィンランド湾での軍事行動により断念させられた。水上滑走艇の活躍を目の当たりにしたカウアン提督はイギリスから数艇運ばせ、それを使ってソビエト艦隊に壊滅的な攻撃を仕掛けた。その結果、戦艦ペトロパヴロフスク、戦艦アンドレイ・ペルヴォズヴァーンヌイ、当時、潜水母艦の役目を担っていた元装甲巡洋艦パーミャチ・アゾーヴァは、どれも撃沈されたか、使用不能になった。

この攻撃の直後に、エイガーはマンスフィールド・カミングにこれまでの報告をするためにロンドンに戻った。ホワイトホール・コートに着くと、フィンランドに出発する前日に見かけた秘書に出迎えられ、カミングの執務室の前の廊下で待っているようにと言われた。

エイガーが廊下で待っていると、すぐに執務室のドアが開いて、黒い髪の長身の男性が出てきた。「彼の雰囲気や物腰が私の注意を引き、彼のことをよく知っているような気がした。そう感じたのは、彼の鋭い眼差しのせいなのか、引き締まった顔の表情のせいなのか、わからなかった」

エイガーは一瞬立ち止まった。その男から目が離せなかったのだ。

「やがて直感がひらめき、ある考えが浮かんだ。『そうだ、彼に違いない』と私はつぶやいた。最初に声をかけたのは私だった。『デュークスさんですよね?』。『はい』と彼が答えた」

エイガーが自己紹介すると、デュークスは顔をほころばせて言った。『Cはこういった、ちょっとしたいたずらをするのが好きなんです』。その瞬間、ふたりは声を立てて笑い、握手をして、Cの執務室に一緒に入った」

カミングはデュークスの脱出劇をすでに聞いていた。あれからデュークスは広大な湿原を歩き続け、ロシアとラトビアの国境を成すルバンス湖岸にたどり着いた。赤軍の国境警備兵を物ともせずに、半ば捨てられたボートを盗んで、対岸のラトビアまで漕いでいった。岸にたどり着いたとたんにラトビアの国境警備兵に逮捕されたが、最後には釈放され、そこからストックホルムを経由してロンドンに戻った。

カミングはデュークスの胸躍る冒険談を聞いて大満足だった。今度はエイガーの冒険談を聞きたくてうずうずしていた。エイガーの話もカミングの期待を裏切らなかった。「彼は愉快なエピソードになると大笑いし、われわれのしてきたことをすべてほめてくれた」とエイガーは記している。

エイガーは巡洋艦オレークへの夜間攻撃を叱責されるのではないかと恐れていた。しかしそれは杞憂に終わり、カミングは何か褒美を与えたいと考えているようだ。さらに「作戦を開始するときに支給された千ポンドの話になると……何に使ったかはどうでもいいから、残金だけを返却するようにと言われた」

カミングとの面会が終わってから、エイガーはバッキンガム宮殿に連れていかれ、国王ジョージ五世に拝謁した。国王もフィンランド湾での彼の活躍に大いに興味を示した。

エイガーはもう一度、自分の冒険談を語った。国王はいかにも楽しそうに聞いていた。それからエイガーにヴィクトリア十字勲章を授け、さらに殊勲従軍勲章も授与した。そのとき国王は、デュークスもヴィクトリア十字勲章に値する働きをしたが、これは軍人対象の勲章なので彼に与えるわけにはいかないとエイガーに告げた。「国王は、デュークスには彼の功績に見合うような表彰をするつもりだと仰せられた」

国王は約束を守った。デュークスはその数か月後にナイトの爵位を与えられた。サー・ポール・デュークス――諜報活動により叙勲された唯一の人物だ。

カミングは、エイガーとデュークスの功績が誇らしかった。とくにデュークスは、彼の期待をすべて上まわっていた。デュークスの活躍は、増え続けるSISの経費を正当化するのに役立った。今やカミングは、エイガーとデュークスにささやかながら感謝の意を伝えたかった。

「Cと彼のスタッフ――いつも自分の『トップメイト』と呼んでいた――数名が……ポール・デュークスと私のためにサヴォイホテルでささやかな晩餐会を開いてくれた」

集まった人々がブランデーをがぶ飲みしている中、カミングはエイガーに銀盃を贈った。そこには「トップメイトから」という言葉が彫られていた。

「食事が終わると、ナイトクラブに場所を移した。Cはクラブにいた一番の美女――われわれのまったく知らない女性――の手を引いて、私と踊るように言った」

エイガーは美女の申し出を断るような無粋な男ではない。彼は美女の腰に手をまわし、ダンスフロアへと導いた。これこそ、カミングが望んだことだった。

「彼はいつも自分のやり方を通した」とエイガーは述べている。

第16章

ウィルフリッド・マルソン

◉ベイリーのタシケント脱出

ポール・デュークスは運よくペトログラードから脱出することができた。ペトログラードがラトビアの国境に近かったことや、ストックホルム支局の支援――国境を越えてから必要になったものはすべて提供してくれた――が得られたことが幸いした。

この点が、フレデリック・ベイリーとはまったく違った。ベイリーは一九一八年の夏にタシケントに到着してから、一年二か月近く潜伏生活を送っていた。もし彼がイギリス領インド帝国に無事に戻りたかったら、世界で最も荒涼とした土地を横断しなければならない。そしてその土地はどこもボリシェヴィキの支配下にあった。

彼にはタシケントから一刻も早く脱出しなければならない理由があった。インド帝国が直面している脅威について重要な情報を集めていたが、すぐにそれをインドの諜報機関に送らなければならなかった。だがモスクワの政府当局直轄の「特別部」——主な仕事はスパイや反逆者を根絶やしにすることだ——に逮捕される危険が日に日に増していた。いつも誰かに見られているような気がしたが、チェカーが「新たに私を探そうとしている」のを知ったときには不安がピークに達した。

そもそも脱出そのものが危険を伴った。ほんの数日前にフランス人スパイのカプドヴィル大尉がタシケントから脱出を試みた。チェカーはすぐに彼を追い、カシュガルとタシケントの中間にあるオシという町でついに逮捕した。大尉の逮捕でベイリーは窮地に追い込まれた。インド政府に届けてほしい機密文書を彼に託していたのだ。

カプドヴィル大尉のかばんの中に入っていたライスペーパーの束には、ベイリーの機密文書がはさまれていたが、運よくチェカーに気づかれずに済んだ。彼らはライスペーパーをタバコの巻紙に使った。

「紙は薄く清潔で、巻紙にちょうどよい薄さだった。秘密のインクが熱に反応したら何が起こるのか、想像しただけで面白い」とベイリーは記している。

タシケントで暮らしているあいだ、ベイリーは結局六人の人物になりすましたが、今やその最後の人物になるときが来た。この町を脱出するためだ。彼はヨゼフ・カスタムニというアルバニアの戦争捕虜に変身し、それに相応しい経歴を作り上げた。

セルビア義勇軍に所属するアルバニア人傭兵という設定だ。アルバニア人にしたのは賢明な選択だった。タシケントでアルバニア語を話す人間と会うことはまずなかったからだ。ベイリーはそこまで考えて、アルバニア人にしていた。

とはいえ、カスタムニの軍服姿の証明用写真を撮るのは、思った以上に難しかった。「タシケントにはセルビア兵の軍服がなかった……だがオーストリア兵の軍服から肩章を切り取り、ケピ帽を前後ろにかぶって写真を撮れば、十分に通用するとわかった」

友人に手伝ってもらって、軍帽につける特別なバッジを作った。普通紙と厚紙でこしらえたのだが、そのバッジを軍帽につけるための「糊がなかったので、手に入る唯一べとべとしたもの――一種のアプリコット・ジャムで、写真を撮るあいだだけ一時的にくっつけた」

ベイリーは出来上がったパスポートを、帝政ロシアの警察組織に勤務していた信頼できる協力者に見せた。「彼は、自分なら見破れるが、ここの警察官や政府の役人がちらっと見るくらいなら、十分通用するだろうと言ってくれた」

国外脱出のほうが国内潜入よりもずっと難しいことをベイリーは知っていた。タシケントから脱出するルートはふたつあった。カシュガルに向かう東ルートと、ペルシャのマシュハドへ向かう西ルートだ。両方とも何百キロにもなる陸路の旅で、すべての道と駅の警備は厳重なため、非常な困難を伴うだろう。

熟慮の末、ベイリーはまずブハラという古くからのオアシスの町に向かうことにした。ブハラはタシケントから西へ五百キロほど行ったところにあり、イギリスに友好的な反ボリシェヴィキのアミール（国王）が支配していたので、その先にある広大なカラクム砂漠を横断する手助けをしてもらえる可能性があった。砂漠を横断してペルシャ国境を越えることができれば、もうそこは味方の領土である。

だがまずはタシケントを脱出することだ。ベイリーはいいアイデアを思いついた。それは彼らしい大胆不敵なものだった。軍事管理部として知られる、チェカーの防諜担当部門に応募するのだ。仕事は、西トルキスタンで活動している外国人スパイを見つけ出して逮捕することだ。この組織に入ることができれば、旅に必要な特別許可証が得られるだろう。しかし応募すること自体が、きわめて危険なことだ。

軍事管理部の部長はドゥンコフという残忍な共産党幹部で、タシケントでは悪名高く、逆らった者は全員処刑された。ベイリーは彼のことを「最も危険なタイプ」の人間と述べている。共産党員でないと知ると、誰彼かまわず見下すような男だった。その狂信さが高じて、「反対意見の持ち主と思われる人物を捕らえ、処刑させた」

ベイリーは軍事管理部の活動をくわしく調べた結果、潜り込む方法がひとつだけあることを知った。イギリス軍がブハラで反ボリシェヴィキ軍を訓練しているという噂を聞いたドゥンコフは、その真偽を至急確かめようと十五人のスパイを次々と送り込んだが、全員捕らえられ処刑されてしまった。当然のことながら、十六人目のスパイのなり手が見つからず、困り果てていた。

これだ、とベイリーは考えた。ブハラ行きを志願すれば、軍事管理部に入れる可能性が高くなる。しかしそのためには部長のドゥンコフに直接会わなければならず、それはきわめて危険なことだった。

「私は、精鋭のスパイたちが机に向かって仕事をしている細長い部屋を歩いていかなければならないだろう。その中には、私のことを長い間尾行していた者もいる。さらにドゥンコフとの面接では、難しくて細かな話をしなければならないだろうから、彼に疑われる可能性もあった」

結局は、そうしたスパイの目にさらされずに済み、さらに、仲介してくれた協力者のおかげでドゥンコフとは挨拶の言葉を交わすだけで済んだ。

ドゥンコフは、ベイリーがブハラ行きを志願したことに驚くと同時に大喜びして言った。「すぐに出発し、イギリス軍の噂は真実かどうか、見極めてきてくれ」

数時間もしないうちに必要な書類がすべて用意され、その中には制限なしの通行許可証も入っていた。これでベイリーはタシケントを離れ、好きな場所に好きなときに行けるようになった。

◉カラクム砂漠横断

一九一九年十月半ばにベイリーはタシケントから列車に乗り、ブハラまでの長い旅に出発した。彼は軍事管理部の将校服を着て、ヨゼフ・カスタムニの身分証明証を携えていた。目の粗いウールでできた赤軍の軍服に、赤軍のバッジ（赤い星に鎌と槌の飾り）がついた帽子をかぶっていた。

列車はブハラからわずか南東へ三キロのところにある、カガンというボリシェヴィキが支配する町に着いた。到着するや、彼はタシケント参謀本部長から「イギリス領インド帝国の情報将校ベイリー大佐に関する情報を収集し、すべて送られたし」という電報を受け取った。ベイリーはにんまりした。自分自身を探るように要請されたのだ。

カガンの共産党幹部たちは、この軍事管理部の無謀な将校に感銘を受けていた。「〔彼らは〕私のことをとても勇敢な男ととらえていた。ソビエトの大義のために、ブハラで壮絶な死を迎えることになるからだ」

実際は、ブハラは彼にとってインドを発ってから初めて足を踏み入れる安全な土地だった。彼は市壁に囲まれたブハラの町に入りこみ、ブハラのアミールに拝謁することができた。アミールは白髪交じりの独裁者だが、高齢で病弱であるにもかかわらずハレムには四百人もの美女が侍《はべ》っていた。

ベイリーは西トルキスタンを抜けるには西ルートと東ルートのどちらのルートを取るべきか決めかねていた。だがアミールからカラクム砂漠横断に協力すると言われ、このまま西に向かっていくことにした。カラクム砂漠を越えればマシュハドにたどり着くことができる。そこにはウィルフリッド・マルソンというイギリス人将校がおり、ソビエト・ロシアに対して盛んに破壊活動をしていた。ベイリーはマルソンに報告書を送ったことがあった。すべて計画どおりにいけば、すぐにマルソンと直に会うことができる。

アミールはカラクム砂漠横断にガイドを五人つけると約束したが、その見返りとして、七名の白系ロシア人将校と二名のインド軍将校（目的地はペルシャ）を一緒に連れていってくれと頼まれた。彼ら全員が西トルキスタンから脱出しようとしていた。ほかにもマンディチというセルビア人反政府主義者とその新妻がこの一行に加わった。ベイリーが望んでいたような身軽な旅とは程遠い、総勢十二名にガイドが五名加わった大人数の旅になった。

一九一九年十二月十八日。一行は夜の闇に紛れて出発した。予定していた日よりかなり遅れた。彼らはトルクメン［トルクメニスタンの旧称］の部族民に変装し、シープスキンの大きな帽子をかぶり、ウールのハラト［たっぷりした丈の長いコート］を着た。貧しい農民の格好をしていれば、獲物を探して砂漠をうろついているトルクメン人の凶悪な山賊に襲われることもないだろう。ブハラの厳冬を考えたベイリーは、服の下にコーデュロイの半ズボンをはいた。

一行はポニーにまたがって旅をし、クリスマスの日に大河オクスス川［アムダリヤ川の古代名］に到着した。ここからカラクム砂漠に入る。オアシスもなければ、貴重な井戸もほとんどない不毛な土地だ。

砂漠の横断は想像していた以上に過酷なものだった。誰もが倒れる寸前だった。砂ぼこりや砂利が身を切るような冷たい強風に舞い上がり、目に入ってきて痛い。また、烈風はどこからともなく暴風雪まで運んできた。数分で七、八センチもの雪が積もり、数少ない陸標を埋めてしまう。「ステップ（大草原）は……荒れ狂い、嵐の海、それも凍った海の波間を行くようなものだった」とベイリーは述べている。

雪のせいで彼らの旅はさらに過酷なものになった。「私たちは数日間、食べる物がまったくなかった。あるのはポニーの飼料だけで、それぞれの好みに応じて炒ったり、ゆでたりして食べた」彼らはすぐに重度の低体温症に苦しむようになった。もし遊牧民と出会っていなければ、砂漠で人知れず死んでいたかもしれない。遊牧民から三頭の羊をわけてもらうと、すぐに殺してライフル銃の洗い矢［銃腔掃除用の棒］に突き刺して焼いて食べた。

疲労困憊していたにもかかわらず、ベイリーの動植物への情熱は衰えることがなかった。砂漠のこの地域に生息している珍種のガゼル——コウジョウセンガゼルを彼は射止めたかった。ガゼルを撃ち殺せるほど近くまでは接近できなかったが、死んだばかりのガゼルを偶然見つけた。「私はその角を持って帰った。それは現在、ボンベイ歴史学会博物館に展示されている」

ブハラを出発してほぼ三週間で、ベイリーの一行は雪をいただいたペルシャの山脈を見ることができた。雪山は冬の日差しを浴びてキラキラ輝き、疲れ果てた旅人に希望を与えた。「たとえはるか彼方でも、自由な土地を垣間見ただけで、私たち全員の気分がどれほど高揚したことか……」

ペルシャとの国境では、赤軍の国境警備隊と小競り合いが生じ、銃撃戦になってしまった。もし警備兵の射撃の腕が良かったら、死傷者が出ていたかもしれない。唯一の損害はマンディチ夫人のサドルバッグで、中にブハラ製の絹のドレスが十数着入っていた。取りに戻ることはできなかったが——夫人はさぞ口惜しかっただろう——、一行はペルシャ領内の国境の町サラフスにポニーで乗り入れることができた。ここでベイリーはウィルフリッド・マルソンに電報を打って無事であることを伝え、すぐにマシュハドにあるマルソンの本部に意気揚々と向かった。

ところが本部のイギリス人衛兵は中に入ろうとするベイリーをとがめた。ベイリーのソビエト製の服をひと目見て、彼のことをロシア人ボリシェヴィキと思い込んだのだ。ベイリーはすぐに自分の正体を明らかにした。するとすぐに将校用の食堂に案内され、ボリュームたっぷりの昼食をご馳走になった。

「こうして私の危険に満ちた過酷な暮らしは終わりを告げた。兵舎の上に翻るユニオンジャックを見てどれほど嬉しかったことか。別の国旗の下で長期間暮らしたあとではなおさらだ」

タシケントでのベイリーの冒険談はとても興味深かったので、『タイムズ』紙に掲載された（もちろん編集され、慎重に検閲されてからだ）。見出しは「中央アジア冒険奇譚」。長い間ベイリーがロシアの秘密警察をいかに出し抜いてきたかが得意げに語られている。

一方、ソビエトの新聞には、まったく違った内容の記事が載った。ベイリーはペルシャ国境で銃撃されて死亡し、陸軍葬が営まれたと報道された。

ベイリーの長期にわたるタシケント任務は、敵国において単独で諜報活動をする利点と弱点を浮き彫りにした。ソビエト政府とインド人革命家が手を結ぼうとしているという情報を入手するのは比較的簡単なことだったが、逆にこうした情報を国外にこっそり持ち出すのははるかに難しかったからだ。

ベイリーはマルソンに面会し、気がかりな新たな脅威についてくわしく報告した。また、ボリシェヴィキの究極の目的は相変わらず世界革命であることも伝えた。

「彼らは手をこまねいているわけではない」とベイリーは報告書で結論づけた。「彼らの目的は常に世界革命である……東洋がソビエト政府を国として承認したときには、全世界もそれを受け入れざるをえないだろう」

◉マルソンの軍事攻撃

フレデリック・ベイリー、ポール・デュークス、アーサー・ランサムといった諜報員は機密情報を入手するのに長けていたが、ウィルフリッド・マルソンは入手した情報を謀略に利用するのが得意だった。

マルソンはボリシェヴィキを昔から異常なほどに憎悪し、世界革命という彼らの夢を摘み取るために全身全霊を捧げることを密かに誓っていた。そして彼は手強い敵になった。

そもそもマルソンがペルシャに派遣されたのは、アフガニスタンとペルシャの国境に駐留するイギリス領インド軍を率いるためだった。この小規模な警備隊は「東ペルシャ警戒線」として知られ、ペルシャにおけるイギリスの権益を守るために設置されたものである。

しかし状況は刻々と変わり、短期間で劇的な変化が起こった。マルソンはモスクワとタシケントから送られてくる情報を利用して新たな仕事に挑戦することにした。ソビエト政府をスパイする――彼らの通信を傍受し、彼らがインド帝国に革命を拡散しないようにあらゆる手段を講じるのだ。「一刻の猶予もならず、インド政府はおちおちと眠ることもできなかった」と後日マルソンは記している。

ソビエト政権が強大化していくのを目の当たりにしたマルソンは、何か決定的な手を打つ必要があると考えた。そしてこの新しい任務に取りかかる前に、自分の権限を明確にしてほしいとインド政府に電報を打った。

返電には「現場にいる私には自由裁量が任されている」とあった。彼は好きなように活動することを許されたのだ。

後年マルソンは王立中央アジア学会の講演で皮肉たっぷりにこう語った。自由裁量を任されるというのは、「ギリシャ人の贈り物［トロイの木馬をさす］と本質的に同じだ」。もしうまくいけば、「三千キロ離れた高原［インド帝国の夏の首都シムラ］の安楽椅子に腰かけた紳士たちが、その功績を独り占めするだろう」。逆に失敗すれば、彼は「足蹴にされ、拒絶され、無情にも見捨てられるだろう」

だがマルソンは負け癖などついていなかったし、今回も勝つつもりだった。ソビエト政府とインド人革命家のあいだに生まれたばかりの親密な関係をぶち壊すのは大変な仕事だろうが、必要なものは揃っていた。彼が「精鋭部隊」と呼ぶ第二十八軽騎兵連隊と第十九パンジャブ連隊。心から信頼できる諜報員のチーム。そしてインド政府との密接な連携。

現存するマルソンの写真から、彼が典型的な軍司令官タイプであったことがうかがえる。先端が上を向いた立派なカイゼルひげを生やし、カメラを睨んだ瞳は明るく輝いている。しかし眼差しは氷のように冷たく、強固な意志がうかがえる。マルソンの部下は彼の「冷静沈着な性格」や感情の徹底的な欠如を恐れていた。

「彼の態度は、取り組んでいる仕事に左右された……周囲の活気あふれる生活などまったく眼中にないようだった」とある将校が述べている。

マルソンは猟銃と拳銃を蒐集し、時間があればアシガバート［現在のトルクメニスタンの首都］の上空から飛んでくる猟鳥を射止めて過ごした。彼に仕えた者たちは彼を「型破りで、反骨精神があり」、人に対してはとくに「皮肉屋」だったと評した。また孤独を愛する男ではあるが、「とくに自分の興味のある事柄について議論するときだけ、くつろいでいるように見えた」

マルソンはロンドンのインド政治情報部に雇われているわけでも、マンスフィールド・カミングに雇われているわけでもなかった。彼はインド政府に仕えていたが、エリザベス一世時代の私《し》掠船《りやくせん》の流儀で活動し、愛国者としての義務から大混乱を巻き起こした。ただし、私掠船のように戦利品を分捕るのではなく、敵陣に虚偽の情報をばらまいた。

彼がいかに容赦がないかは、一九一八年八月に赤軍へ密かに軍事攻撃をしかける際の彼の決意によく表れている。彼は軽騎兵連隊とパンジャブ連隊を率いて国境を越え、赤軍の大軍が暴動を煽動しようとしていた西トルキスタンに入った。二晩にわたる強行軍の末、マルソンの連隊はドウシャクというカラクム砂漠にある小さな町で赤軍を見つけた。マルソンはこれまでは白昼堂々と攻撃をしかけていたが、今回は夜明けとともに攻撃を開始するように命じ、容赦するなと部下を叱咤した。戦闘が始まると、赤軍が塹壕の中から重機関銃で撃ってきたが、彼の連隊は銃弾の雨をかいくぐって進軍し、勇猛果敢な戦いぶりを見せた。

まずパンジャブ連隊が敵の塹壕にたどり着き、銃剣で襲いかかった。赤軍兵士がパニックになり町の背後にある丘に逃げ込むと、待ち伏せしていた軽騎兵連隊が躍り出て彼らを全滅させた。

この戦闘で多くの兵士が命を落とした。マルソンは六十名の部下を失い、赤軍は千名以上の兵士を失った。

インド政府は、自分たちの与えた白紙委任状をマルソンが好き勝手に解釈したことに危機感を覚え、直ちに攻撃を中止するように命じてさらなる進軍を禁じた。インド政府はソビエト・トルキスタン［タシケントの革命政府］との全面戦争を望んではいなかったのである。

マルソンは攻撃を中止したが、ほぼ冬のあいだ、西トルキスタンに軍隊を駐留させ、春になってようやくマシュハドに戻った。そしてマシュハドの本部で、次の謀略をめぐらし始めた。

◉プロパガンダ活動

マルソンはフレデリック・ベイリーの報告書の写しを読み、インド人革命家たちが数か月前にタシケントに到着したことを知った。そして今、さらに危惧すべきニュースが彼のもとに届いた。

彼の諜報員のひとりが一枚のビラを持ってきた。革命の煽動家アブドゥル・ハーフィズ・バルカトゥラがイスラム戦士に向けて書いたもので、すでに広く出まわっているという。マルソンはビラを詳細に検討し、それがソビエト政府に支援された聖戦（ジハード）への呼びかけだと知って驚愕した。ソビエト政府は、「強奪者であり暴君であるイギリス帝国」に対して聖戦を目的にした同盟関係を結ぶことを望んでいる、とビラには書かれていた。

「おお、イスラム教徒たちよ！」という書き出しで始まり、「この神聖なる呼びかけに耳を傾けよ。ロシアの同志レーニンとソビエト政府からの自由、平等、友愛のこの呼びかけに応えよ」と続いている。

このビラがひどく有害である理由は主にふたつあった。ひとつは非常に煽動的な文章で書かれ、イスラム教徒のイギリスに対する悪感情を過度に刺激していることだ。もうひとつは、ボリシェヴィキとイスラム教徒の共通目的であるイギリス領インド帝国の崩壊を力説していることだ。聖戦を目的としたこの同盟により、「近隣諸国を征服し、人々を奴隷化しようと待ち構えている獰猛な狼」を倒すことになると説いている。

さらにもうひとつ有害な理由があったが、マルソンがそれを見逃すはずがなかった。ビラの作者は、イスラム教とレーニン主義との類似性を強調していたことである。そして、共産主義にそもそも内在する無神論についてはまったく言及しないまま、レーニンの経済政策と、「バイト・アルマール」という貧者・弱者救済のためのイスラム諸国の慈善的な政治システムを比較していた（バイト・アルマールは「国庫」という意味で、イスラム諸国では何世紀にもわたって国庫金が貧者・弱者救済のために使われてきた）。

マルソンはビラの内容に愕然とした。事実の甚だしい歪曲だった。彼は直ちにインド帝国にそのビラを送ったが、インド政府もこの事態を重く受けとめた。

「ビラはきわめて危険なものだった」とあるインド政府高官が述べている。このビラをできるだけ多く入手して廃棄するように、マルソンは命じられた。

彼はこの件について全力で対処した。部下の諜報員にはどこで印刷されたものであろうがすべて押収するように命じ、その一方で反撃に出ることにした。ソビエト政府が煽情的なプロパガンダ活動に融資するつもりなら、こちらも同じことをやるまでだ。マルソンは著名なイスラム学者ジャラルディン・アル＝フサイニーを雇い、辛辣な反論用のビラを書かせた。

ジャラルディンの反論はいつもよりも出来が良く、聖なるイスラム教徒が「豚を食べるロシアの無神論者」と同盟関係に入るという考え方そのものを嘲笑した。そして共産主義とバイト・アルマールは同じ経済目標を持つという主張を否定し、バイト・アルマールがイスラム教の最も高潔なる政治システムであることをイスラム教徒に思い出させた。

ロシア共産党は単なる「略奪のための団体」であり、「ロシア人のくず、無宗教で愛国心のない罪深き人々、ユダヤ人、異教徒、強盗、スリ、血に飢えた暗殺者」が集まった組織だとこきおろした。

ジャラルディンは熱が入り、共産主義は「イスラム教徒の規定や法令に反する」無神論的な教義であると、口をきわめて非難した。その指導者たちは信用できない、なぜなら彼らは「呪われており、不道徳で無宗教な暴君」だからだと。

ジャラルディンは、中央アジアのイスラム教徒が「そうした非道な異教徒と結託して協力し合う」のを禁じるために、イスラム教の創始者ムハンマドを引き合いに出した。高名なイスラム学者が書いたこのビラはかなり重視され、広く注目を集めた。

この一件はマルソンにとっても示唆に富んだものだった。ボリシェヴィキを相手にするとき、もはや守りに徹するだけでは不十分だ――マルソンはこのことをまさに実感したのである。ソビエト・ロシアの脅威から世界を守りたいならば、さらに謀略をめぐらす必要があるようだった。

◉謀略

この時期のマルソンが最も気にしていたのは、彼の本拠地マシュハドに潜入した敵のスパイだった。

「ボリシェヴィキのスパイや防諜活動専門のスパイの数は、ペルシャでは増加の一途をたどっている。〔彼らは〕自由に入国し、スパイだとわかっていても、私は手出しをすることがほとんど何もできない」とマルソンは記している。

かたや彼の諜報員のうちの二名がつい最近、敵の手で銃殺されてしまった。彼はインド政府に、逮捕したスパイを処刑する権限を与えてほしいと求めた。

返事はなかったが、マルソンのほうもとくに催促はしなかった。彼のモットーは「行動は先、報告は後」である。彼は思い切り自由に行動した。

マルソンは自分の諜報員と情報提供者のネットワークを劇的に拡大し始めた。彼らは道徳心などないかのような男たちで、マルソンもマンスフィールド・カミング同様、彼らのことを「悪党」「ごろつき」と呼んでいた。彼らの多くはこの地域出身の高学歴の男たちであり、ボリシェヴィキの組織に潜入して直に情報を得る能力に長けていた。

彼らの多くは重要な電文を傍受することもできたので、マルソンは最高機密の電文を多数入手することができた。たとえば、レーニンとトロツキーがタシケントの革命政府やインド人革命家やアフガニスタンのアミール宛てに送った電文だ。

マルソンはそれらの電文に驚いた。部隊の移動や武器の輸出から、コミンテルンとソビエト政府からの命令に至るまであらゆることが詳述されていた。まるで情報の宝の山のようだった。

マルソンがインド政府に送った報告書から、彼の諜報員や情報提供者のネットワークがどれほど広範囲にまたがっていたかを多少知ることができる。ある月を調べただけでも、彼は、クシュク［アフガニスタン北西部］、カブール、ユラタン、サラフス、ブハラ、テジェンとケルキ［両方ともトルクメニスタン南東部］、ダラガズといった中央アジアの町や、トルキスタンの国境沿いの各駐屯地から報告書を受け取っている。

「この傍受作戦は中央アジアで進行中の出来事の、高度な情報を収集するのに適している。だがその一方で、仕事量が急速に増えている。傍受した電文を書き留めるのに日に五十枚のフールスキャップ（大判洋紙）が必要であり、さらに読むのに数時間はかかる」とマルソンはインド政府に書き送っている。

当然のことながら、彼は広大な地域を網羅する自分のチームを誇らしく思っていた。「私の部下には、数か国語を話せる、きわめて優秀な将校がいる。千六百キロ以上も離れたボリシェヴィキの政府機関にさえも私の課報員がいる。私が重要だと考えた地域には交替で絶えず出入りする男たちがいる」

彼は怪しげな人物の動きにとくに目を光らせていた。「中央アジア鉄道の列車にはわれわれの課報員が必ずひとり乗っているし、重要なターミナル駅では二、三名の課報員が見張っている」マルソンがインド政府から白紙委任状を得たように、彼の課報員もマルソンから自由裁量を任され、最善と思われる方法で容疑者を逮捕し、尋問した。荒っぽいやり方で尋問しても、彼らが罰せられることはなかった。

「旅行者と見れば誰でもどこでも尋問した。課報活動はすぐには結果は出ない。時間をかけて築き上げていくものだ。始めは数名の課報員だけだったが、大勢の課報員を抱えるまでになった」マルソンのもとに届く情報は週を追うごとに増えていった。「われわれが担当する広大な地域の隅々から送られてくる大量の情報を……われわれは〔インド帝国に〕送った。信頼する将校たちが短期間で築き上げた、効率よく機能する素晴らしい諜報システムは、まさに大傑作と言えた」

このシステムのおかげで、マルソンは西トルキスタンで進行中の出来事をきわめて正確に知ることができた。それだけでなく、ソビエト政府とアフガニスタンとの関係が強化されていることがわかった。この二国が同盟を結べばインド帝国にとって深刻な脅威となるだろう。この同盟により、ロシアはインドの国境沿いに軍事基地を設置することができるようになるからだ。

マルソンがモスクワとカブールとの親密な関係に初めて気づいたのは、一九一九年春のアフガニスタンのアミール、アマーヌッラーによるインド侵攻のときだった〔第三次アフガン戦争〕。マルソンの諜報員たちは大量の秘密電報を傍受し、インド侵攻を支援するソビエト政府の意図を明らかにした。

たとえば、「弾薬や戦闘機部品などの軍需品を積んだ五百頭のラクダがじきにクシュクに到着し、ヘラートに向かうだろう。七名の機体整備士も一緒だ」という電報がカブール総督のもとに送られ、直ちにアフガン軍に伝達された。

こうした軍需品の輸送はブラヴィンという職業革命家が仕切っていたが、マルソンはこの男のことをすでに突き止めていた。

もっとも、ロシアから武器が到着する前にアフガン軍は敗走していた。だがボリシェヴィキとイスラム教徒による組織的攻撃の危険が日毎に増大していたのは間違いない。マルソンは、アフガン軍がソビエトの武器を注文する電報を多数傍受した。その多くは長い買い物リストのようだった。「戦闘機七機、マシンガン二十四挺、手榴弾二千個、ライフル銃五万挺……」

傍受した電報から、ソビエト政府の高官たちがアフガニスタンへの支援を増大しようとしていることがわかったが、モスクワの外務人民委員からタシケントの外務人民委員宛ての電文には、とくに不安をかきたてられた。

「アフガニスタンへの軍事支援物資は、タシケントまでの鉄道網が復旧され次第、無償で送られるだろう……戦闘機はごく近い将来に急送する予定」

レーニンとアマーヌッラーとのあいだの電報も傍受された。このふたりの指導者が親密な関係であることを示す、具体的な証拠をインド政府は手に入れたのだ。

「ロシアの手で共産主義という旗が掲げられた今、全世界からロシアは感謝されていることをアミールはここに明言する」とアフガニスタンの指導者は宣言した。それに対してレーニンは「東洋で長いこと待ち望まれていた炎が燃え上がり、その火はイスラム教徒を結集させようとしている」と返信している。

遠いモスクワのチェカー本部は、マルソンがこれらの秘密電報を傍受していることにすぐに気づき、電報を送るときはさらに慎重を期するようにと、政府の高官たちに警告した。「今後は暗号電文には暗号電文で返信すること。暗号化されていないと、イギリスに傍受される」。これ以降のソビエト政府の電文はすべて暗号化されたが、マルソンの暗号チームは数日で解読した。

ロシアとアフガニスタンとの友好的な関係がどれほど危険なものであるかを痛感したマルソンはさっそく手を打った。反ボリシェヴィキのトルクメン人に軍事機密情報をもらし、代理戦争をさせることにした。革命が西トルキスタンに飛び火して以来初めて、トルクメン人戦士たちは効果的な反撃に出ることができた。

反撃の標的としては、テジェン〔トルクメニスタン南東部〕という町がぴったりだった。マルソンはここの赤軍駐屯地の守備が手薄であることを知ると、この情報をトルクメン人戦士にに伝えた。「〔彼らは〕直ちにテジェンを襲撃し……赤軍の駐屯兵を虐殺し、駐屯地を壊滅させた」。こうした襲撃がこの地域で頻発し、ソビエト政府をひどく動揺させた。

マルソンは、ソビエト・ロシアとアフガニスタンは同志にはなりえないと確信していたので、陰で糸を引き、彼らの友情にひびが入るようにした。

「われわれは彼らの『計画をぶち壊す』ために全力を尽くした」とマルソンはいつものように気が咎めるようすもなく認めている。謀略をめぐらすのがうまかったので、両陣営の秘密情報を利用してかなり効果的に「計画をぶち壊す」ことができた。

「アフガニスタン人とボリシェヴィキの軍事同盟計画が完成しないように、あらゆる手を尽くすのがわれわれの仕事になった」

彼が最初に取りかかったのは、アフガニスタン陣営に不和の種を蒔き、イスラム教の宗派同士（西のシーア派と東のスンニ派）の憎悪を利用することだった。

シーア派への血なまぐさい虐殺がカンダハール〔アフガニスタン西部にある大都市〕で起こると、マルソンのプロパガンダ・チームはシーア派の多い地域で非常に煽動的なビラを何千枚も配った。ビラには、虐殺はスンニ派の仕業であり、少数派であるシーア派へのこの屈辱的な仕打ちに怒りを表明しようと書かれていた。「われわれはこれ〔宗派の対立〕をもっと利用できる」とマルソンは上機嫌に記している。

こうしたプロパガンダ作戦が大成功したので、マルソンはこの手を使ってアフガニスタンとその新しい友人であるソビエト・ロシアとの関係にひびを入れようとした。レーニン政権が無神論を掲げ、宗教に対して容赦のない攻撃をしていることについて、悪意に満ちたビラを印刷し、アフガニスタン国内に密かに持ち込ませたのだ。

「〔ビラは〕われわれが読んでほしいと願っている人々——部族長やムッラー〔イスラムの宗教諸学に深く通じた人への尊称〕——のあいだで広く回覧された。そこには『ボリシェヴィキの悪名高き無神論者ぶり』を物語る多数のエピソードが載せられていた」

マルソンが次に着手したのは、カブールを中心に活動している諜報員に、アフガニスタンのエリート層である政府高官と接触するように指示したことだ。政治顧問になりすました諜報員は、「神から与えられた王国にとってかかる危険な人々」と同盟を結ぶ前に、モスクワから領土に関する誓約を取り付けるのが賢明であるとアドバイスした。

領土に関する誓約はアフガニスタンを喜ばせ、逆にソビエト・ロシアを怒らせるものだとマルソンは確信していた。それは一八八五年にロシア帝国に強引に奪われたアフガニスタンの一地方、パンジェ地方［トルクメニスタンのアムダリア川の南側にある地方］の返還を意味していた。その地方は今ではソビエト・トルキスタン領になっており、彼らには返還する気などまったくなかった。

マルソンはさらに火に油を注ぐことにした。数週間もしないうちに、パンジェ地方の返還問題がアフガニスタン政府内で公然と議論されるようになり、彼らは間もなく政府特使をモスクワに派遣してパンジェ地方の返還を要求した。こうした領土問題に決着をつけることは、正式な同盟関係を結ぶための必要不可欠な前提条件だった。

当惑したソビエト政府はアミールに玉虫色の回答をし、「かかる譲歩への強い意志」を述べ、「国境委員会」の設置と「この地方の住人による国民投票」の実施をあいまいに約束した。

アフガニスタン政府はこれに満足せず、直ちに要求をエスカレートさせ、パンジェ地方だけでなく、隣接する広大な地域――遺跡で有名なメルブ［トルクメニスタンのマル］の東部一帯の返還を要求した。さらに、ソビエト・トルキスタンとの西側の国境の再画定を主張した。主張が真剣であることを示すために、強硬派のムッラーをその地域に派遣、国民投票を左右しようとした。

ムッラーはもともとボリシェヴィキを信用していなかったが、この機会を利用してレーニンの無神論的な政策をこきおろした。彼らは現地の人々に向かって、ロシアとの関係をすべて絶つべきだと説き、「中央アジアから……異教徒だけでなく、とくにボリシェヴィキを根絶させる」決意であることを語った。

マルソンはマシュハドの本部から、二国間の関係が悪化していくようすを満足そうに眺めていた。「両陣営にいる大勢の諜報員から、現場では何が起きていて、どんなふうにこの興味深い二国が相手に一杯食わせようとしているのかを逐一報告させた。われわれはそれを元に、両陣営に相手の背信行為をせっせと密告した」

アフガニスタン政府はタシケント東部の山岳地帯にあるフェルガナ盆地で反ボリシェヴィキの大暴動［第9章の「ベイリーの苦肉の策」参照］が起きたのを知ると、贈り物を携えた使者を反乱の指導者たちのもとへ送った。

マルソンはこれをカブールの諜報員から知った。利用価値の高い情報がまたひとつ増えたわけだ。「この情報をボリシェヴィキに知らせるのが、われわれの義務だと感じた」

レーニンとトロツキーはアフガニスタンとの関係がぎくしゃくしていくことに頭を抱えていた。そこで、今にも壊れそうな関係を修復するためにアフガニスタンの使節団をモスクワに招待すると、彼らに領土返還を約束し、ロシアと軍事的な協力関係を結ぶ見返りに軍需品と資金の提供を申し出た。

カブールにいるマルソンの諜報員はこれを大げさに取り上げ、多くのアフガニスタン人が外交の勝利と感じるように仕向けた。ソビエト政府はアフガニスタンの協力を必要としていると思わせるようなビラを印刷したのだ。アフガニスタン人が図に乗ることを計算してのことだ。「アフガニスタン人はますます傲慢になり、要求が激しくなっていった」

さらにアフガン軍がこの揉めごとに加わった。彼らは北西に進軍し、クシュク［アフガニスタン北西部にある国境沿いの町］へ向かった。ムッラーたちもそのあとに続いた。「この件をボリシェヴィキに知らせたところ、相当慌てたようだ」

モスクワの指導者たちはクシュクに赤軍を派遣することでそれに対処した。ソビエト・トルキスタンのトップも一緒に派遣した。彼がクシュクに到着するとアフガニスタン人の暴徒に脅かされたが、それこそがマルソンの狙いだった。「こうしてゲームは続いていった」とマルソンは記している。

マルソンは二十世紀版の「グレート・ゲーム」をけしかけ、冷静沈着に手札を出していった。その後の数か月間、彼の諜報員たちはアフガニスタンがレーニン政権に効果的に逆らうように仕向けた。

ソビエト指導部はアフガニスタンとの関係がこれほど急激に悪化した理由がわからなかった。マルソンがめぐらした謀略の数々を知らない彼らは、アフガニスタン人が手のひらを返したように友人から敵に変わった理由がわからず、当惑するのみだったのである。

マルソンはその後もゲームを続けた。やがてロシアとアフガニスタンの軍事同盟的な関係は、一九二〇年春に破綻した［結局、一九二一年にソビエト＝アフガニスタン友好条約が締結されたが、パンジェ地方とメルヴの返還はあいまいなままだった］。その功績の多くは自分たちに帰すると、マルソンが主張したのもうなずける。彼が権謀術数をめぐらしてアフガニスタンの外交政策をソビエト政府に密告したからこそ、「彼らへのボリシェヴィキの熱い思いは大いに冷めてしまった」のだ。

こうして巡り巡って、「何百万〔ポンド〕もかかり……多数の戦死者や、疾病による大量の犠牲者を生む」戦争は、回避されたのだ。

マルソンは、彼と彼の諜報員たちが果たした役割を公式に認めてもらうべく、イギリス軍最高司令官、インド政府、インド省、陸軍評議会［一九六三年以前のイギリス陸軍を統轄した組織。長は陸軍大臣］に願い出たが、すべて徒労に終わった。

「将校たちの活躍は恩賞を与えられてしかるべきにもかかわらず、誰ひとりとして公報に載ることはなかった」とマルソンは最終的にイギリスに帰国したのち、ロンドン王立中央アジア学会で聴衆を前に語った。

彼の仕事ぶりに当惑したインド政府は、彼の紳士らしからぬ策略とは無関係でいたかったのだ。確かにマルソンのやり方は掟破りであり、自分勝手で狡猾なものだった。

しかし彼はイギリス政府がまさに理解し始めたこと——諜報活動をし、謀略をめぐらせれば、昔ながらの戦争よりも徹底的に敵を叩くことができる——を立証したのだ。それは近い将来において心に留めおくべき教訓だった。

第17章 神の軍隊

◉インド人革命家マナベンドラ・ナアト・ロイ

一九二〇年十一月。ボリシェヴィキ革命三周年記念日の数日後に、大規模な軍事派遣団がモスクワのパヴェレツキー駅から密かに出発した。

彼らの乗った列車は偽装され、厳重に警備されていた。列車がモスクワを出てゆっくりと南下していくと、徐々に荒涼とした景色に変わっていく。警備兵は異変はないかと上空を凝視していた。三台の車両の屋根には機関銃が設置され、空からの攻撃に備えている。

ソビエト政府の数名の最高幹部と、この作戦――極秘裏に準備され、数か月もかけて立てられた計画だった――の参加者しかその目的を知らなかった。列車には大量の軍需品が積み込まれ、モスクワからタシケントに輸送されようとしていた。

「われわれ一行は二本の列車で向かった」とこの秘密輸送部隊の責任者は記している。「一本目は三十トン積み貨車の二十七両列車で、武器（拳銃、ライフル銃、マシンガン、手榴弾、小型砲など）、十分な量の軍需品、戦場機器（無線受信器や送信機など）が積み込まれた」

二本目の列車には、金貨と銃弾、大量の解体された戦闘機と空軍大隊の全補給物資が積み込まれ、軍事訓練校の教官が乗っていた。残りの七両は軍人でいっぱいだった。

この作戦が極秘である理由を、列車に乗り込んだ誰もが知っていた。彼らの仕事はソビエト＝イスラム「解放軍」を作り上げ、イギリス領インド帝国に深く侵攻することだった。まずは北西辺境州の山岳地帯に進軍し、反英的な部族民の住むその地域を占領するつもりだ。

占領後はそこを解放地区の拠点にしてインドのほかの町へ攻撃をかけ、インドに火を放つ――これこそが西洋をじわじわと崩壊させる唯一確実な方法であると、レーニン自身が主張していた。「植民地住民による反乱の成功が、ヨーロッパの資本主義を倒す条件である」

解放軍の総司令官になる人物はロシア人ではないうえ、ロシア語を話すことさえできなかった。ロベルト・アレンという名前だが、これはいくつもある偽名のひとつにすぎず、彼がマナベンドラ・ナアト・ロイであることは同志には周知の事実だった。一九一八年にインドで革命を企てた罪で本人不在のまま起訴された職業革命家であり、それ以降、逃亡生活を送っている人物だ。

ロイはメキシコに渡り、ロシア以外で初めて共産党を創設してさらに有名になった。一九二〇年春にモスクワに招待されると、彼はすぐにレーニン政権の最高幹部たちに大歓迎された。

副外務人民委員のレフ・カラハンがまずロイと面会した。ふたりはインドで暴動を起こすこと

――ロイが前々から考えていたことだ――について話し合った。カラハンはロイの洞察力に感心し、「ソビエト政府はできる限り支援する用意がある」と告げた。

ロイは次に外務人民委員のゲオルギー・チチェーリンと面会した。チチェーリンは欧米では酷評されていたが、ロイは好印象を持った。彼は「貴族出のギャング」を連想させた。「高い教養のあるヨーロッパ紳士そのものといった感じだ。内なる自己を意識するあまり、外見には無頓着だった」

チチェーリンもロイに好印象を持った。ロイは知性と情熱を兼ね備えているように見え、国境の向こうで革命を推進するのに最適の人物に思えた。またロイのモスクワ到着は絶妙なタイミングだった。チチェーリンはロイに熱く語った。「植民地世界は炎に包まれている」。今やその炎に油を注ぐべきときである。「革命は東に向かって広がるに違いない。世界革命の第二戦線はアジアで始まるだろう」

ロイにとっては、願ってもないことだっただろう。インド帝国の打倒は彼の十年来の野望だった。コミンテルンと是非共同戦線を張りたいと彼は正副外務人民委員に伝えた。

またロイは、革命は血を大量に流すことによってのみ達成できるという持論も展開した。無血革命は草食のトラのように異様である、と後日述べている。「インド人の自由への闘争は、革命的なものである。暴力という最終段階を経ずして、革命は成功しないだろう」

カラハンとチチェーリンはこの若き革命家の虚勢に好感を抱いた。ロイはコミンテルン本部を予約なしで見学することを許され、そのあとでレーニンのもとに案内された。このときレーニンに認められていなかったら、彼が支援を必要とするふたつの組織——コミンテルンと革命軍事会議の力を得ることはできなかっただろう。

レーニンの部屋に入るときは緊張でこちこちになっていたとロイは告白している。二十八歳にも満たないロイは、レーニンを革命の英雄として尊敬していた。そんな自分が、レーニン個人の書斎に案内されたのだ。

「私の視線は、はげた丸い頭にすぐに吸い寄せられた。その頭は、部屋の中央に置かれた広い机の上にひどく前屈みになっていた。私は緊張したまま、机に向かって歩いていった。ほかにどうすればいいのかわからなかったのだ」

いきなりレーニンは立ち上がり、彼を迎えるために駆け寄ってきた。ロイと握手し、やがて彼の顔をまじまじと見た。まるで間近でよく調べたいかのように。「頭ひとつ分近く背が低かった彼は、頭をのけぞらせ、赤毛のあごひげをほぼ水平の位置まで上げて、私の顔をいぶかしげに見た」

ロイはかすかに微笑んだ。「私は当惑し、言うべき言葉が思いつかなかった。彼は軽口をたたいて、私を助けてくれた。『若造だな！　あごひげを生やした東洋の賢人を想像していたよ』」

レーニンの冗談のおかげでロイの緊張はほどけた。ふたりはすぐに打ち解け、植民地主義やインドのイギリス支配を終焉させる最も効果的な方法について突っ込んだ話をした。

ロイは自分の革命戦略を説明した。それは二段階にわたる戦略で、インドを国内外の両方から攻撃することも含まれていた。第一段階では、高度に訓練された工作員のチームを主要な都市に潜入させる。そして武器を不正入手して抵抗運動のセンターとなる「闘争拠点」を作らせる。同時にタシケントで解放軍を作り、それを率いてアフガニスタンを抜け、インドの国境を越える。ペシャーワル［現在のパキスタン北部の市。当時の北西辺境州の中心地］周辺の紛争地帯に到着次第、解放軍の司令官は、すでに暴動を煽動していた反英的なイスラム部族と合流し、連携する。「国境地帯を活動拠点として利用し、イスラム部族の傭兵の協力を得て、解放軍はインドに進軍し、いくつかの領地を占領し、できるだけ早く民政を敷く」

ロイがインド侵攻を提案したタイミングはまさに絶妙だった。マハトマ・ガンジーの不服従運動によって、ヒンドゥー教徒とイスラム教徒はインドを支配するイギリス人エリート層に対抗してすでに団結していた。いくつかの主要都市で暴動が発生していたが、こうした頻発する暴動へのインド政府の対応は強圧的で残虐なものだった。前年春［一九一九年四月］に起こったアムリットサル虐殺事件では、千三百人以上の市民がインド軍の発砲で死亡し、それがインド北部全体に暗い影を落としていた。ロイの解放軍は間違いなく、現地の人々から大歓迎されるだろう。

彼の戦略はそれほど奇抜なものではなかった。それだけでなく、ここ数か月間で、政情不安な北西辺境州に住む約五万人の好戦的なイスラム部族が国境を越えて、アフガニスタンと西トルキスタンに入ってきていた。

彼らは大英帝国とその同盟国がオスマン帝国を衰退させたことに憤慨し、オスマン帝国の君主

（スルタン）が昔から兼任していたカリフの制度が廃止されることを恐れ、陸路を通って、トルコまでの三千キロ以上の旅に出ようとしていた。そしてトルコでイギリス人と一戦を交えるつもりだった。

彼らこそ、ロイが自分の解放軍に入隊させようと考えている男たちだった。彼らは狂信的な反英主義者で、宗教的な情熱ですぐに燃え上がった。また、ゲリラ戦はお手の物で、とくにヒンドゥークシュ山脈の険しい山道には精通していた。彼らに軍事訓練を施し、インドに送り返して戦わせれば、容易に反乱を起こすことができるとロイは読んだ。

アフガニスタンとの軍事的な協力関係が崩壊した今、ロイの戦略はモスクワの高官全員に強い感銘を与えた。ロイはコミンテルンの最高幹部に紹介され、彼の計画を実現する際にはコミンテルンができる限りの支援、つまり資金、指導力、専門知識を与えると約束してくれた。さらにロイが中央アジア局――インド侵攻計画を直接担当する部署――を立ち上げる手助けもしてくれることになった。

ロイは中央アジア局の最も重要なメンバーとして入局し、一部にいまだ抵抗が見られる「トルキスタンとブハラで革命を遂行し、隣接する国々に革命を伝播させる……責任者になった」。コミンテルンの当面の目的はインド帝国での革命だが、中国領トルキスタン（東トルキスタン）もその視野に入れていた。

コミンテルンからの支援は多くの恩恵をもたらした。ロイはソビエト政権の重要人物から協力を仰ぐことができた。たとえば、中央アジアのソビエト軍総司令官であるグリゴリー・ソコルニコフだ。彼が中央アジア局の会議に出席してくれたおかげで、ロイは自分の軍隊に必要な武器や物資をすべて入手することができた。

成功したければ、迅速に行動しなければならない。そのことをロイはよくわかっていた。「ヨーロッパでの戦争は終わり、じきにイギリス領インド軍が戻ってきて、北西辺境州防衛のために再配備されるだろう」

彼はインド侵攻のための兵站《へいたん》業務に着手し、莫大な量の軍需品を入手するために夜昼なしに働いた。軍需品には「大量の兵器、送受信機などの戦場用機器、軍事訓練校の教官、多額の資金」も含まれていた。

一九二〇年十一月には準備万端整った。武器は密かに列車に積み込まれ、赤軍の精鋭部隊二個中隊も乗り込んだ。彼らの司令官は文字どおりの巨人だった。「二メートル十センチ近い長身で、それに見合った肩幅の広さだった」とロイは述べている。

この輸送部隊はまずタシケントを目指した。ここはロイの本拠地になる予定だ。ここで解放軍の中核となる兵士が募集され、訓練され次第、インド侵攻計画の第二段階へ速やかに移行する。つまり、「カブールに前進基地を、インド国境に作戦基地を設置する」のだ。

数か月にわたる秘密会議と秘密交渉の末に、とうとうインド侵攻計画が動き始めた。

◉コミンテルンの東方諸民族大会

マナベンドラ・ナアト・ロイが自分の軍隊の装備を入手するのに躍起になっていた頃、コミンテルンはかつてない大規模なプロパガンダを仕掛けようとしていた。カスピ海沿岸の都市バクーで東方諸民族大会を開催し、ソビエト・ロシアの革命家とイスラム聖戦士を集め、共通の目的の下に団結させようとした。

およそ千八百人の代議員が一週間にわたる大会に招待された。一九二〇年九月のことだ。コミンテルン議長のグリゴリー・ジノヴィエフはモスクワからバクーまでやってきて、西洋民主主義を一掃する聖戦の開始を宣言した。

ジノヴィエフは民衆煽動家としてすでに知られ、彼の演説は民衆を煽ることで有名だった。バクーでも、これまで以上の名演説で聴衆を沸かせた。演壇から立ち上がると、彼は会場を一瞥した。会場は期待に満ちた代議員で満席で、赤軍のカーキ色の軍服を着た者もいるが、多くは色鮮やかなハラト［たっぷりした丈の長いコート］を羽織り、中央アジアのターバンをかぶっている。会場が静まりかえるとジノヴィエフは演説を始め、「聖戦」を熱狂的に呼びかけた。

「同志よ！　兄弟よ！　強奪者や抑圧者への、真の人々による聖戦に取りかかるべきときが来た。共産主義インターナショナル［コミンテルン］は今日、東洋の人々に向かって呼びかける。『兄弟よ、われわれは諸君を聖戦に招集する。まずはイギリス帝国主義への聖戦だ！』」

彼の呼びかけは轟くような喝采で迎えられた。拍手喝采があまりにも大きかったので、数分間、演説を中断せざるをえなかったほどだった。

「この宣言がロンドンやパリ、資本主義者がいまだに政権を握っている全都市にまで届かんことを！　大英帝国の圧政を東洋で終焉させるというこの宣言に、東洋の何千万の労働者の代表によって誓われたこの厳粛なる宣言に、資本主義者が耳を傾けんことを！」

これもまた轟くような拍手喝采で迎えられた。熱狂した代議員たちは剣や偃月刀《えんげつとう》を抜いてかざした。中には拳銃を取り出し、空中で振りまわす者もいた。聴衆の歓声がさらに大きくなると、楽団が革命歌「インターナショナル」を演奏し始め、三回も繰り返した。演奏中、代議員たちは「コミンテルン万歳！　東洋を団結させた人々万歳！」と叫んだ。

イギリスの『タイムズ』紙は後日、この大会の憂慮すべきようすを載せた。小ばかにしたような論調でコミンテルンが世界にもたらす脅威を警告し、ジノヴィエフとバクーに来ていたハンガリーの革命家クン・ベーラを揶揄することに紙面を割いた。

「ここ数年に起きた奇妙な出来事の中でも、ふたりのユダヤ人の見世物ほど珍奇なものはなかった。そのうちのひとりは有罪判決を受けた盗人なのだが［クン・ベーラは公金横領で告発されたことがある］、イスラム世界に聖戦を呼びかけていた」

◉神の軍隊の誕生

一九二〇年十一月。ロイと赤軍の二個中隊は、タシケントまでの長く危険な列車の旅を続けていた。モスクワからタシケントまでは赤軍の支配下にあったとはいえ、それは名ばかりのことだった。

「山賊まがいのことをしている白軍の別働隊が、ウラル川を越えたステップに出没していた」とロイは記している。「彼らはしばしば線路を爆破し、列車強盗をした」。ロイの列車には武器と資金を積んだ貨車があり、彼らにとっては魅力的な標的だった。ロイはそのことをよく承知していた。

モスクワからヴォルガ川までたどり着くのに二日かかり、さらに一日半かかって西トルキスタンと接するオレンブルクの町に到着した。ここから列車はさらに千六百キロを走って、荒涼とした風景のキルギスステップ［現在のカザフスタン中部のステップ地帯］を横断する。

ロイはロシア皇室御用列車の豪華な客車で旅行できるという特権を与えられた。今やそうした客車は党の幹部や政府高官専用になっている。ビロードのカーテンや豪華なクッションに囲まれていると快適そうに見えるが、十一月の身を切るような寒さへの対策はほぼ皆無だった。七日間の旅を終えて、列車がようやくタシケントの駅に入ったときはほっとした。

ロイがプラットホームに降り立つと、ソコルニコフ将軍が出迎えに来ていた。将軍はロイの解放軍の軍事基地と訓練所の開設に協力することになっている。

だがまずはロイのタシケントでの本部となる建物に案内された。それは市街地にあり、彼のスタッフが寝泊まりするのに十分な広さだったが、タシケントの大邸宅の多くがそうであるように、革命による暴動ですっかり略奪されていた。家具は壊され、電線は切られ、水道管は凍りつくような気候のために断裂していた。

「明滅する蠟燭の火で多少明るくはなったが、灯油ランプが二、三台では、人気《ひとけ》のない屋敷の陰鬱な暗さを払いのけることはできなかった。また、厳冬が訪れるまで、大きな陶器のストーブに火が焚かれることはなかった」

快適とは言い難い生活ではあるが、ロイも彼の部下も革命への情熱を失うことはなかった。むしろ、修行僧のような喜びを感じていた。「何百年も虐げられてきた民衆の解放に参加できる喜びは……人生を豊かにした」

彼のタシケントでの初仕事は、コミンテルンのタシケント支部を開設することだった。コミンテルンは彼の革命運動に資金提供してくれているので、この仕事をうまくやり遂げることが次のステップへの重要な鍵となるだろう。

支部として選ばれた建物は、かつてはロシア帝国銀行所有の屋敷で、金庫室にはトルキスタン総督の戴冠用宝玉や宮廷貴族の最も高価な（そして今や接収された）品々がいまだに保管されていた。この建物の荘厳さが、何よりコミンテルンの役割の重要さを象徴していた。この一件で、ロイはそうした建物選びの重要性に気づいた。「〔それは〕まるで革命の高価な戦利品が、世界の労働者階級の管理下に置かれたかのような印象を与える。そして私はその委託物を預かる栄誉に輝いた」

ロイ自身がコミンテルンの毎週の会議の議長を務め、退陣させられたロシア帝国の総督の豪華な椅子に座った。特注品のその椅子は、見事な彫刻が施された高級木材に深紅のビロードが貼られ、ロマノフ家の紋章［双頭の鷲］が金糸で刺繍されていた。

ロイは自分が立てたインド侵攻計画のスケジュールにまったく余裕がないことをよく承知していた。大戦後のインド帝国の防衛体制が整う前に侵攻できるように、数か月以内で自分の軍隊を編制したかった。彼はすぐに軍事訓練所を作るために動きだし、所内に訓練施設、射撃練習場、プロパガンダを伝授するための教室を設けることにした。これは数週間で出来上がり、すぐに第一期の兵士を募集した。応募してきた兵士は、インド軍から脱走したパシュトゥーン人［アフガニスタン中南部とパキスタン北西部（当時はインドの北西辺境州）に住むイスラム教徒］兵士のグループで、ほかにはペルシャ人革命家の小グループもいた。

彼らは直ちにタシケント軍事訓練所に入り、ソビエト製軽砲の使い方を学んだ。「彼らはライフル銃の扱いに慣れていたので、すぐにマシンガンの使い方を覚え、大砲も扱えるようになった」

数週間もしないうちに、非正規の旅団が編成された。「赤軍初の国際旅団である。実験は成功した」とロイは述べている。

ほかの脱走兵も訓練所に入所し、やがて非正規軍に入った。非正規軍は、カスピ海東岸からウズベキスタンに至るザカスピ鉄道を警備することになった。

ところが多くの兵士は、航空隊のパイロット訓練を受けたがった。航空隊創設はロイの考えで、実際、大量の解体された戦闘機をタシケントに運び込んでいた。陸戦における戦闘爆撃機の重要性をロイは理解していた。一九一九年の第三次アフガン戦争では、イギリス軍航空隊の空爆によってアフガン軍に大混乱が生じ、北西辺境州の険しい地形では空爆がいかに効果的かが立証された。「飛行機の操縦を覚えることが熱狂的なブームになっていた。緊急発進がかかったように、誰もが先を争って操縦を習いたがった。タシケントで飛行訓練を受けた兵士の少なくとも一名は、のちに赤軍航空隊のエースとなった」

ロイは計画が着々と進んでいくことに満足を覚えた。「インド解放軍の中核作りが一歩前進した」。この「中核」を最初はロシア人が指揮していたが、じきに元脱走兵のインド軍兵士が将校に昇進して指揮を執ることになった。それに励まされて、さらに多くの脱走兵が入隊した。「国際旅団はすぐに実動の赤軍外人部隊となった」。マシンガンで武装した彼らは、ペルシャ国境のインド軍を奇襲して殺害し、ゲリラ戦に長けていることを証明した。「国際旅団のペルシャ人部隊はさまざまに変装して自国に深く潜入し、マシュハド南部を進軍中のイギリス軍を側面攻撃して彼らを悩ませた」。それは、まさにインド国内で戦争を仕掛けるのに必要な戦術だった。

自信にあふれていたロイは、今度は中央アジアを放浪している五万人のモハジール［ウルドゥー語を話すイスラム教徒］の中から兵士を集めた。さまざまな経歴の持ち主がいたが、もちろんインド軍からの脱走兵もいた。

「手に負えない連中を突き動かしているのは、熱狂的な信仰心だけである」。ロイはまず五十人を自分の軍隊に入れたが、彼らのイスラム教への狂信ぶりに驚いた。彼らは革命闘争にはあまり関心がなかった。彼らが憎きイギリスと戦うのは、「聖戦のために命を捧げることで天国へ行けるかもしれない」からだ。

熱心に神に祈る彼らを見て、ロイの部下たちは、彼らは「解放軍」ではなく「神の軍隊」を作ろうとしていると軽口をたたいた。その言葉が人々の心に残ったのだろう。それ以後、ロイでさえ自分の軍隊を「神の軍隊」と呼ぶようになった。「天はわれに味方せり」という印象を与えるからだ。

ロイはインド帝国打倒にエネルギーを注いでいたが、赤軍への協力も惜しまず、西トルキスタンの広大な僻地で散発する抵抗運動を一掃する赤軍を支援した。親英家のアミールが治めるブハラ――フレデリック・ベイリーはタシケントからここへ逃れた――は赤軍に襲撃され、占領されてしまった。ロイがタシケントに到着する二か月前のことだ。

白髪交じりのアミールは命からがら逃げた。居合わせた者によれば、「逃走中に踊り子の寵童《ちょうどう》をひとりまたひとりと置き去りにしていった」という。

ロイはブハラに革命政府を作り、逃走したアミールと親密な関係にあった者をすべて免職にした。しかし旧体制の名残がひとつだけ残った。四百人のハレムの女たちが後宮から出ることを拒んだのだ。

「革命によりハレムの束縛から解放された今、おまえたちは自由に好きなところへ行くがよい」とロイは彼女たちに伝言を送ったが、誰ひとりとしてその安全な囚われの場所から離れようとはしなかった。とうとうロイは彼の最も忠実な部隊にハレムを襲撃するように命じた。若き兵士たちが嬉々として襲撃に参加したのも無理からぬことだった。彼らは「戦利品」として、ハレムの女をひとり連れて帰ってよいとロイから言われていた。

慈愛に満ちたおじのようにその部隊を指揮していたロイは、ハレムの女性たちは彼ら同様、襲撃を楽しんだと主張した――が、証拠は何もない。「高齢の老人では当然、性的満足を得られなかっただろうから、女性たちにとっては新しい経験だった」

だが現実は、ほぼ間違いなく悲惨なものだっただろう。ロイでさえ、ハレムの女性たちは「おびえたウサギのようだった」と認めている。世間から隔絶した存在である女性たちが、規律に欠ける、欲求不満の兵士の一団に蹂躙されて震え慄いていたに違いない。

ロイの究極の目的はインド帝国の崩壊だが、まずは赤軍に協力して、フェルガナ盆地の反ソビエトの武装蜂起を鎮圧しなければならなかった。ここはタシケントから東へ百六十キロのところにある、高高度の渓谷が連なる危険な地域だ。フェルガナ盆地に潜んでいる反抗的なトルクメン人は、ゲリラ戦に長けていた。彼らは長年にわたる戦いで鍛えられており、その地形にも精通していた。

攻撃は赤軍が指揮し、二手に分かれて奇襲した。「一方の部隊は正面攻撃で反乱軍をはるか遠方へ押しやり、もう一方の部隊はインドの国境に近い彼らの主要基地を攻撃した」

ロイはその場にいて、自分たちの勝利を目の当たりにした。赤軍が敵を一掃して南進し、パミール山脈の最高峰に赤い旗を記念に立てたときもその場にいた。それは感動的な瞬間だった。今やインドの玄関先に立っているのだ。そしてインド亜大陸は大きな東洋の絨毯のように眼下に広がっていた。

「世界の屋根から、私は双眼鏡でインドを眺めた」

ロイは気づいていなかったが、インドもまたロイを眺めていた。

第18章 ひとり勝ち

◉インド帝国の反撃

マナベンドラ・ナアト・ロイがタシケントに到着した頃には、彼がインドの諜報機関に監視されるようになってからすでに五年近くの月日が経っていた。

彼は多くの偽名――ミスター・ホワイト、マーティン神父のほかに、最も新しいところではロベルト・アレン――を使うことで知られていた。また第一次世界大戦中は、反政府活動のために銃の密輸に関与していた。

当時のインド総督、第三代チェルムスフォード男爵フレデリック・セシジャーは、ロイとコミンテルンが企てたインド侵攻の計画を深刻に受け止めた。彼らの最初の目標が北西辺境州であることも承知していた。政情不安が高まっている地域で、そこに住むイスラム系住民は必ずやロイの軍隊を温かく迎えることだろう。

神の軍隊がペシャーワルを占領できたら――それは決して不可能なことではなかった――、ロイはそこに基地を作り、四百キロ離れたパンジャブ地方［現在のパキスタン北東部の州］に向かって南東へ進軍するだろう。ここでもロイは地元民から歓迎されるだろう。パンジャブ地方は、アムリットサル虐殺事件以後、ずっと深刻な政情不安に陥っていた。

この危機を回避するために、セシジャー総督はまず諜報活動費を増額するように命じ、ペシャーワル支局の職員数を増員した。この支局は「とくにボリシェヴィキのスパイを見つけ出す仕事を任された」

総督はアフガニスタン国境からほぼ八十キロのところにあるクエッタにも新しい支局を設置した。ここもまた、ソビエト・ロシアからの脅威に直接対処するのが仕事だった。

次に総督は、ロイの活動を間近で監視するために直接タシケントに諜報員を送り込んだが、これは非常に危険な任務であることが判明した。不運にも諜報員のひとりはロイに逮捕され、即座に処刑されてしまった。

とはいえ、諜報活動はインド帝国の安全に不可欠だ。「ボリシェヴィキのスパイを逮捕し、文書を奪うことの重要性を全関係当局はよく理解している」と総督は書き記している。

だがこうした活動はインド国内でできることではなかった。「広大な国境地帯を持つわが国が、ボリシェヴィキの主要な活動拠点で諜報活動をして彼らの情報を傍受するのは当然のことである」

神の軍隊のニュースがインドに届くと、総督は主に謀略を専門とする反ボリシェヴィキの専門家部隊を作ることにした。彼らの仕事は、ウィルフリッド・マルソンと彼の諜報員たちがしていたこととほとんど同じだった。

「仕事は、特別に任命された将校たちが仕切った。彼らは反プロパガンダ活動をし、インド国内外の諜報活動を調整した。ボリシェヴィキのスパイやそのプロパガンダ活動をインドから排除するために組織的な対策を講じた」

ほどなくこの専門家部隊は、インドへの第一回武器輸送（百五十挺の自動拳銃）を傍受すると、押収に成功した。その直後には大量の拳銃と弾薬も押収した。ロイは気づかなかったが、神の軍隊への包囲網はじりじりと縮まっていた。

◉カミングの反撃

コミンテルンへの包囲網も縮まっていた。だがジノヴィエフが率いるこの組織の誰ひとりとして、マンスフィールド・カミングがその活動を傍受していることに気づいていなかった。もっとも、イギリス政府の閣僚ですら、カミングがどれほど広範囲に諜報活動をしているのかを知らなかった。とくにここ数か月の諜報活動は極秘だったので、彼のスタッフですら限られた者しかその内容を知らなかった。

ポール・デュークスのロンドン生還後、カミングはこれまで以上に秘密めいた新しい本部に引っ越した。ホワイトホール・コートから、西ロンドンのホランド・パークにあるメルベリーロード一番地の大邸宅にオフィスを移したのだ。

出窓と大きな煙突のあるこの大邸宅は、通りに並ぶほかの屋敷と似たり寄ったりに見えたが、ここを訪れる客は近隣の屋敷のどんな訪問客よりも個性的だった。詮索好きな隣人がカーテン越しに覗いて、なぜこの風変わりな老人の家には一癖も二癖もありそうな人たちが出入りしているのだろうと思ったとしても不思議はない。

カミングは屋敷の二階を自分の住まいに、一階をオフィスと研修室にした。ここメルベリーロードに「従来の本部とはまったく別個の、わが組織の新しいもうひとつの本部」を作り、「ここから極秘の計画やプロジェクトを遂行できるようにした」

秘密であることは、カミングにとって常に最重要事項だった。「課報機関にとって何よりも必要な要素は、秘密であることだ」とカミングは課報活動についての覚書で述べている。だがこれは「計画を立てるときには最初に忘れられ、実行に移すときには最後に思い出されることである」と皮肉っぽく述べている。

カミングは一九〇九年にこの要職に任命されて以来ずっと、秘匿することを自分の人生のモットーとしてきた。実際、自分自身を匿名というマントで覆ってしまうことに喜びを感じていた。「C」という頭文字の名前に隠れ続け、自分の任務について公に活字にすることは決してなかった。彼はかつて、もし自伝を出版するとしたら四つ折り版のベラム（子牛皮紙）で装丁した四百ページの本になるだろうが——すべて白紙だ、と冗談を言ったことがある。

彼の手帳には、ポール・デュークスのイギリス帰国後の大変な時期に、日常業務がどのようなものであったかを窺わせる記述はほとんどない。ホワイトホールの高官との面会リストが載っているだけだ。しかし興味深い記述が二、三あり、彼の諜報員たちが遂行中の極秘任務を窺い知ることができる。

「ジャックに即金で七百五十ポンド。モスクワから戻る費用に七百五十ポンド。第三インターナショナル〔コミンテルン〕の会議に出るという条件のもと、その報告が卓越したものなら五百ポンドを支払うと約束」

「ジャック」の正体は謎のままだが、ソビエト政権内を自由に動きまわれる立場の人間（スパイ）であったことは間違いない。コミンテルンが世界革命の実現を目指す組織であることを考えれば、その会議に出られるということがきわめて重要だったのだろう。

ロンドンに戻ったジョージ・ヒルも、ロシア国内で活動しているスパイグループの存在をほのめかしている。彼は回顧録の中で「この秘密活動に従事した人々の実名以外の名前を二十ほど」明かしている。「彼らは遂行した仕事や排除した障害について語ってくれた。ありえない話のように聞こえるが、誇張などまったくない」

ヒル自身が一九一九年のある時期にそうした謎の「別名」を持つスパイのひとりをリクルートした可能性がある。そうだとしたら、快挙だ。この匿名のスパイはその後何年にもわたって活躍し、手品師のようにソビエト政権の最高幹部の鼻先から極秘文書を奪い取ることになったのだから。彼は極秘の（そして大量の）情報を暗号化し、メルベリーロード一番地に届くようにした。彼の正体は（そして彼が携わった秘密の仕事も）、今後十年は明らかにされることはないだろう。マナベンドラ・ナアト・ロイが神の軍隊を訓練していたその時期に、カミングの最も謎めいたスパイは――深い闇に包まれたまま――自分の仕事を果たしていたのだ。

そのようにモスクワから入手した極秘文書のひとつに、副外務人民委員のレフ・カラハンが書いたものがある。コミンテルンのスパイに関するもので、彼らは「インドで革命運動を組織することに積極的に従事していた」とあった。また、防衛ラインを限界まで広げるためにほかのイギリスの領土でも暴動を起こそうとしていた。

「われわれは別のグループと連携し……彼らの活動とエジプト、アラビア、トルコの活動を統合することに成功した」

カラハンはインド帝国の転覆こそが、すでに破綻している西洋の経済を完全に崩壊させる決め手となると確信していた。「〔それは〕ヨーロッパ全体に多大な影響を与えることになるだろうし、ボリシェヴィキの世界政策に勝利をもたらす手段と考えられる」

カラハンのその覚書のおかげで、カミングはソビエト政府とコミンテルンとのつながりを証明する確固たる証拠を入手した。両者のつながりを、レーニンの人民委員たちは絶えず否定してきた。コミンテルンは国際組織であり、ソビエト政府から完全に独立した機関であると。ロイのインド侵攻計画における直接的な役割から距離を置くために、彼らはこの嘘を押し通さなければならなかった。

一方カミングはインド帝国の諜報機関の人間と定期的に連絡を取り合い、増大する脅威について情報を共有した。両方の機関の報告書を照合し、まとめると数百ページにもなったが、非常に気がかりな内容ばかりだった。ロイの神の軍隊は警戒態勢のレベルに入っており、すぐにでもインド北部の国境を越える準備ができていた。

◉英ソ通商協定の締結

本来、情報を収集することと、それを活用することはまったく別の行為である。しかしウィルフリッド・マルソンは、情報を活用すれば圧倒的な成果をあげられることを証明した。権謀術数に長けた彼の功績により、一九一九年夏にソビエト・ロシアとアフガニスタンの同盟計画は頓挫させられたのである。

そして狡猾さもまた、好結果を生むことがある。ロシアンルーレットという危険なゲームでは、よく練られた手を意外な手で負かすことができる。

偶然だが、ロイの神の軍隊の形成時期に、ロシア国内の経済は破綻した。工業生産の不振と穀物生産の劇的な落ち込みでソビエト経済は壊滅し、「戦時共産主義」という大々的に発表された政策は大失敗した。数百万のロシア人が餓死寸前となった。

一九二一年春、戦時共産主義に代わる新経済政策（ネップ）をレーニンは導入した。農民による余剰生産物の自由販売や、小規模な商店や工場の経営が認められた。そうした政策転換は貿易にも現れた。貿易再開のために、レーニンのふたりの幹部、レオニード・クラーシン（貿易産業人民委員）とレフ・カーメネフ（ソビエト最高会議幹部会議長）がロンドンに派遣された。

イギリスの大臣らは彼らとの協議に多くの時間を割かなければならなかった。話し合いはときにとげとげしい雰囲気になり、いくつかの協議では完全に決裂した。イギリス側には、ロシアの交渉チームを信用できない十分な理由があった。ロンドンとモスクワとのあいだでやりとりされている電話、電報、手紙のすべてをイギリスは傍受していた。

「あのいけすかないロイド・ジョージは、人を欺くことに何のためらいも恥ずかしさも感じていない。やつの言葉を信じるな。逆にやつの三倍だますんだ」とレーニンはある電報でクラーシンに命じている。

その暗号電文は送られてから数時間以内に解読され、ロイド・ジョージ首相の執務室の机に置かれた。ソビエト指導部の意図や方法を明らかにした厖大な裏付け資料のひとつだ。ロイド・ジョージは閣僚に、傍受により「ボリシェヴィキの関心事と政策を読み解くこと」ができると語った。一九二一年春にはソビエト経済は崩壊の瀬戸際にあり、レーニンはイギリスとの貿易協定の調印に漕ぎつけようと必死だった。国際貿易は経済的苦境からロシアを救い出す、唯一の方法と考えられた。

レーニンはソビエト最高会議幹部会でのスピーチで、イギリス政府は条約締結賛成派と強硬な反対派に分かれていることを認めた。

「それはわれわれの利害に直接関わることである。条約締結のために奮闘している〔ロンドンの〕賛成派一同を励ますために、できうる限りの支援をすることがわれわれの義務である」

イギリス外相のカーゾン卿は、レーニンが喉から手が出るほど欲しい条約締結を、絶好のチャンスとして利用すべきだと以前から閣僚に説いていた。「さまざまな情報源から、ロシア政府は完全な経済破綻に直面し、援助を得るためならいかなる犠牲も払う用意があることをわれわれは知っている。われわれは……その援助を与える立場にいるのだ」

カーゾン卿がロシアに望む代価は、貿易とは無関係のものだった。彼は神の軍隊のことを考えていた。「単なる商品の交換よりも、われわれにとって重要な領土でのボリシェヴィキの敵対行為を止めさせることに、その代価は支払われるべきである」

彼はロイの軍隊の即時解体を望んだ。

ただしこの手を使うには問題がひとつあった。神の軍隊の解体というこの条件は、諜報活動で得た情報をもとにしたものであることを認めなければならない。だがそうすれば、モスクワやタシケントで活動中のイギリスの諜報員たちの命を危険にさらすことになる。

さらにもうひとつ問題があった。イギリス国民がマンスフィールド・カミングの組織の存在をまったく知らないことだ。ここ何年にもわたって行なわれてきた諜報活動や通信傍受についても同様だった。

官房長官のモーリス・ハンキーは、諜報活動は極秘であり、ホワイトホールの人間ですら何が行なわれてきたのかまったく知らないと閣僚に告げた。「この状況を国民が知れば、衝撃を受けるだろう」

ウィンストン・チャーチルは、思い切った手を打つべきだと閣僚に発破をかけた。彼はイギリスの諜報員が入手した秘密情報をソビエトの人民委員の目の前に差し出したかった。暗号解読した電文を突きつけたかった。たとえ暗号が解読されていることを警告することになるとしてもだ。結局、もっと賢明な意見が採用された。彼らに譲歩させるために、慎重に選び抜いた情報だけを活用することになった。

通商協定案には厳しい添え状が添付された。そこには、イギリスの閣僚は「ソビエト政府がその諜報員や下部機関や関連機関を使って企ててきた陰謀に、以前から気がついていた」と明記されていた。また、中央アジアで暗躍するインド人革命家についても熟知していることと記し、陰謀の中心人物としてロイの名前を挙げた。ソビエト指導部が、「こうした紛れもない反逆者たちの現在の活動を仮に知らなかったとしても、彼らがソビエト政府の下で働いていたという事実は、ソビエト政府のイギリス領インド帝国に対する誠意に大いなる疑念を抱かせるに足るものである」

ロイの軍事訓練所に関する選りすぐりの情報もまた、添え状に記載された。「タシケントにはインド侵攻のための前進基地が作られ、政治部や軍事技術センターも作られた。そして集まってきたインド人全員に、革命戦略が伝授されている」

暴露は延々と続き、ソビエト政府の背信行為に関する取って置きの事例が記載されていた。どれもカミングやインドの諜報機関のために働いているスパイが入手したものだ。もしイギリス政府が貿易協定を締結するつもりなら、そうした諜報活動を中止、それも即刻中止しなければならないだろう。一方ソビエト政府もインド侵攻計画を永久に中止しなければならない。双方とも敵対行為を完全に停止することが、「当然のことながら、二国間の条約締結に不可欠となる」

このイギリスの暴露により、インドに対する自分たちの陰謀があやうくなったこと、そして自分たちの行動が白日の下にさらされたことを、モスクワの指導者たちは確信せざるをえなかった。また、イギリスがあれほど大量かつ詳細に情報をつかんでいることを考えれば、ロイのインド侵攻が実現するとは到底思えなかった。加えて、レーニンが最終的に必要としているものは、ロイの神の軍隊よりもイギリスとの通商条約のほうだった。

議論を重ねたのち、レーニンと最高幹部たちは、自分たちは窮地に追い込まれており、インド帝国の北西辺境州侵攻計画はあきらめざるをえないという結論に――不本意ではあったが――達した。そして添え状のほかの条項すべてにも同意した。彼らは「イギリスの権益への敵対行為、あるいはイギリス帝国、とくにインドにおける敵対行為としてアジアの民衆をそそのかすような、軍事あるいはプロパガンダによるいかなる試み」も控えることを約束した。

ロシアが譲歩したというニュースが入ると、ホワイトホール・コートに密かに歓喜の声があがった。専門家による諜報活動がいかに重要であるか——それが見事に証明されたのだ。インドへの脅威は軍事力でも空爆でもなく、モスクワとタシケントで諜報活動をしているスパイと暗号解読者の小集団によって取り除かれたのだ。

ついに英ソ通商協定が一九二一年三月十六日水曜日に締結された。いかにもロンドンらしい、じめじめした曇りの日だった。派手な催しはなく、重要な発表もほとんどされることはなかった。『タイムズ』紙がそのニュースを掲載したのは翌日の十一面であった。

しかしロンドンとモスクワにいる両国の閣僚は、この条約の重要性を少しも疑っていなかった。「この外交文書は——対象範囲は狭いが——歴史的に非常に重要である」とのちに［一九三二年］ロンドンへ駐英大使として赴任するソ連の外交官イワン・マイスキーは述べている。なぜなら、ソビエト・ロシアとイギリスのあいだで、宣戦布告なしの情け容赦のない戦争が三年以上にもわたり続いていたことを公式に認めたことになるからだ。また、インド帝国を崩壊させるという彼らの陰謀——世界を暴力革命で飲み込むための第一段階——も公にされた。だからこそ、この条約は平和条約ではないが、それと同等の価値があるのだ。

条約の無味乾燥な文章からは、そこに隠された欺瞞や口実や陰謀を窺い知ることはできない。だがインドで騒乱や革命を煽動しようとしたレーニン政権の陰謀を暴くために、諜報員や潜入スパイや暗号解読者はパミール山脈に身を潜めながら、大活躍したのだ。

条約締結後、両国はともに勝利宣言をするだろう。本国の懐疑論者に条約の正当性を示さなければならないからだ。しかしながら、ここに完全な敗者がいる——神の軍隊だ。

◉神の軍隊の解体

マナベンドラ・ナアト・ロイは、インド侵攻計画を推し進める望みが絶たれたことを知った。今や大勢の者が彼の一挙手一投足に目を光らせている。さらにモスクワから、軍事訓練所を閉鎖し、軍隊を解散せよという、取り付く島もない命令書が送られてきた。

ロイ自身がその命令を彼の兵士に伝えた。兵を特別召集し、各大隊はすべて即刻解体されると伝えた。

兵士たちにとってはまさに寝耳に水だった。それまでの苦労が、連帯意識や過酷な軍事訓練などが水泡に帰してしまった。暴力革命をインド奥深くまで広めるという夢は、現実に事を起こす前に潰えてしまったのだ。これほど残酷な敗北はなかった。向こう見ずな夢で作られた神の軍隊は弾丸を一発も撃つことなく、負けた。

自分たちはこれからどうなるのかと、あえて尋ねた兵士がいた。ロイは肩をすくめることしかできなかった。実際、彼にも答えはわからなかった。わずかばかりの金を支給することを約束し、自分の道を進むように伝えた。

大部分の兵士がペルシャかアフガニスタンに流れていき、残りの兵士は西トルキスタンに留まった。反ソビエトの抵抗運動が盛んなブハラ東部の危険な地域を命がけで横断して、最後には北西辺境州からインドに舞い戻った者もわずかばかりいた。

そうしたひとりがアブドゥル・カディール・カーン［パキスタンの「核開発の父」と呼ばれたカーン博士と同姓同名だが、別人］だ。後日、彼は故郷までの過酷な旅について取材を受け、そのときのようすを語っている。彼は仲間とともに身を切るような強風に逆らってヒンドゥークシ山脈の氷点下のブロゴル峠を越え、国境の町チトラルの近くからインドに入ったが、すぐに逮捕されてしまった。

「インド当局は、われわれがインドの国境に向かっていることを数週間も前から知っていた。政治部の将校はわれわれの到着を知っても顔色ひとつ変えなかった……情報部はロシアのスパイたちが国境を越えて入国する可能性があると指示書を出していたそうだ」

アブドゥル・カーンが逮捕された頃、ロイは荷造りをし、有能な将校数名とともにモスクワに戻った。インド侵攻の夢があのような屈辱的な結果に終わったことに打ちのめされていた。「一年半前の私は、大きな期待を胸にモスクワを離れた」とロイは記している。

しかし今、そうした期待は失せてしまった。「このように私は人生の心躍る章を失敗という形で終えたが、悔いはない。自分の目標であるインド革命を実現するために、別の方法を探さなければならない」

ロイはその後の数年間も革命という夢を追い続けたが、夢の実現はますます遠のき、絶望的になった。コミンテルンにもソビエト指導部にも邪魔者扱いされたロイは、一九三〇年に革命への最後の試みとして、北西辺境州からインドへ密かに入国した。

彼はすぐに情報部の者に追跡された。一九三一年七月二十一日、ロイはムンバイで逮捕され、すぐにインド刑法百二十一項Aの「イギリス国王からインドの帝位を簒奪《さんだつ》すべく陰謀を企てた」かどにより告発された。

イギリス領インド帝国を転覆するという彼の陰謀は大志を抱いて始まり、インドの汚らしい刑務所で終わった。

終　章　後日談

神の軍隊が解体した直後に、イギリス外相のカーゾン卿は諜報員や暗号解読者たちが果たした役割について考える機会があった。彼は、第一次世界大戦直後は諜報機関は「贅沢品」と考えていた。

◉政府暗号学校

だが今回、諜報員たちは中央アジアの城塞都市や僻地で、ボリシェヴィキの組織に潜入し、通信を傍受し、つばぜり合いの接戦を――危険と隣り合わせの状況で――演じてきた。それだけでなく外交手段を一変させ、おかげでイギリス政府は英ソ通商協定でうまく立ちまわることができた。昔ながらの外交のやり方では、危機の際には限界があることが判明した。フロックコートを羽織った大使が一年かかってしまうことを、変装した諜報員は一日で成し遂げることができた。

カーゾン卿は彼らの仕事ぶりに深く感銘を受けた。彼らの仕事は、重大な脅威を緩和する効果が大いにあることが証明された。十数年前にインド総督を務めたカーゾン卿は現総督に手紙を送り、インドの諜報活動はさらに拡大する必要があるのではないかと尋ね、もしそう思うならそれなりの資金を用意しようと伝えた。

「有能で慎重な情報部員を選び出すことがいかに重要であるかを強調したい……あらゆる政府にとってこの脅威は世界的関心事である。だからこそ、できうる限りの手を打つべきであると私は強く思う」

ウィンストン・チャーチルもカーゾン卿と同意見だった。チャーチルはとくに、秘密電報を傍受する目的で新設されたある組織の重要性を強調した。

「政府暗号学校」として知られるその政府機関は、英ソ通商協定の交渉中にモスクワとロンドンのあいだでやり取りされた通信文をすでに傍受していた。その学校は今後の諜報活動においても重要な役割を果たすことになり、やがてブレッチリー・パークに移設され、才能あふれる暗号解読者たちは（その後何年間も）ナチス・ドイツのエニグマ暗号通信の解読に従事することになる。新設当初から、その仕事は政策決定のうえで不可欠であることを証明しつつあった。

「国政を正しく判断する手段として……国家が自由に使いこなせるいかなる他の情報源よりも、それら〔通信傍受〕は重要であると考える」とチャーチルは述べている。

コミンテルンが世界革命という目標をすっかりあきらめたと考えるイギリス閣僚は皆無に等しかったし、その考えが正しいことはすぐに証明された。英ソ通商協定が締結されてから数か月もしないうちに、モスクワの指導者たちはインド帝国への攻撃について再び密かに話し合った。だが数時間もしないうちに話し合いの内容はロンドンに届いていた。マンスフィールド・カミングがソビエト政府の中枢から情報を得ていたからだ。

この情報は驚くべき内容だった。ソ連共産党政治局（ポリトビューロ）の実際の会議議事録と、ソビエト最高幹部の一字一句違わぬ報告書だったからだ。またカミングは、トロツキーとヨシフ・スターリンなどの最高幹部のあいだで交わされた、白熱した議論の記録も受け取った。これが特筆に値するのは、外務人民委員のチチェーリンの私邸で、その秘密会議が開かれたからだ。

現存するタイプ原稿の多くには、イギリス秘密情報部（ＳＩＳ）の添え書きがついている。「以下の情報は信頼できる諜報員から直接入手したものである。機密文書の秘密と安全に関しては特別の警戒を要する」。それらの機密文書から、ソビエト政府はインド人革命家といまだにつながりがあることが明らかになった。

カーゾン卿はモスクワの二枚舌に激怒し、緊急に手を打たなければ、この欺瞞は「われわれの黒い髪が白髪交じりになり、白髪交じりの髪が白髪になり、白髪がはげになるまで」続くだろうとほかの閣僚に語った。

一九二三年春、時の首相はあの有名な「カーゾンの最後通牒」を送る許可を彼に与えた。それはソビエト政府とコミンテルンに、イギリスの権益に反する革命運動を煽動するようなことは今後一切しないことを要求するものだった。

イギリスは再び選りすぐりの機密情報の断片を公開し、自分たちの正当性を裏付けた。それどころか、カーゾン卿は傍受した通信記録を引用してソビエトの外相を非難した。「ロシア外務人民委員は一九二三年二月二十一日付の以下の通信文に間違いなく見覚えがあるはずだ……外務人民委員は一九二二年十一月八日付のカブールから届いた通信文にも間違いなく見覚えがあるはずだ……」

イギリスの左翼紙『デイリー・ヘラルド』はカーゾン卿の最後通牒に愕然とした。「一九一四年以前に、かかる通告が一大国から別の大国へ送られたとしたら、それは確実に戦争の開始を意味しただろう」

ソビエト政府も最後通牒の攻撃的な文章に驚きを表明し、カーゾン卿が通信記録を捏造したと非難した。しかしモスクワは長引く経済混乱期にやっと手に入れたイギリスとの貿易関係を断ち切るようなことはしたくなかった。そこで再び引きさがり、インド帝国への陰謀を永久に放棄すると、今回に限り約束した。

「ソビエト政府は、イギリス帝国のいかなる地域においても、住民の不満を広め、反乱を煽動するような目的を持つ人間、組織、機関を、資金あるいはいかなる形でも支援しないことを約束する」

こうしてさんざんだまされて後退したものの、ついに譲れぬ一線が引かれることになった。さすがにカーゾン卿も、危険はついに去ったと実感した。「私はソビエト政府に大差をつけて勝ったと公言してよいと思う。今後、彼らがより慎重に行動することを期待する」と彼は友人宛ての手紙で述べている。

◉ボリス・バジャノフ

この騒動がゆっくりと鎮まったときに、ひとつの疑問が残った。誰がモスクワからマンスフィールド・カミングに極秘情報を送っていたのか?

その男の正体を知るひとつの手掛かりは、彼はソ連共産党政治局の実際の会議議事録を入手できる立場にいたということだ。幹部同士の一字一句違わぬ会話も報告していたことを考え合わせると、カミングの凄腕の諜報員はボリス・バジャノフというロシア人スパイであるという結論に導かれる。

もしそうならば、これは快挙だ。バジャノフはソビエト政府の高官のひとりだった。彼は出世し、ヨシフ・スターリンと政治局の、両方の秘書官を務めるまでになった。

モスクワの連中は知らなかったが、バジャノフはイギリスの協力者だった。レーニンの側近たちがインド帝国を崩壊させる方策について議論しているとき、その議事録を取っている男がそれをそのままロンドンに送っているとは考えもしなかっただろう。

バジャノフはのちにフランス語で回顧録を出版している。タイトルは『クレムリンでのスターリンとの日々 *Avec Staline dans le Kremlin*』だ。一九一九年に共産党に入党した当初からずっとイギリスのスパイであり、内部から体制を弱体化させるために「共産主義者の城塞《クレムリン》」に潜入した「トロイの木馬」であると自分のことを呼んでいた。

「それは途方もなく危険な仕事だったが、危険だからといってやめるわけにはいかなかった。私は常に用心を怠らなかった。己の一言一句、一挙手一投足に気を配った」

そんな慎重さのおかげで、彼はみるみる出世していった。一年もしないうちに、ソビエト政権の重要な秘書官のひとりになり、スターリンと政治局が作成した秘密報告書をすべて入手できるようになった。

「私は反ボリシェヴィキ軍の兵士として敵の本部奥深くに潜入するという、困難で危険な仕事に着手した。そして目標を達成した」

彼の役目はカミングにとってきわめて重要だった。共産党政治局は、自国の政府並びに世界革命の問題について重大な決断をする機関だ。

「私は、ロシアの暗い運命が計画され、平和な文明世界への陰謀が企てられるこの秘密の機関へ、いつでも出入りすることができた」

バジャノフの行動はやがてスターリンに怪しまれるようになった。命の危険を感じたバジャノフはペルシャへとまんまと逃げおおせたが、秘密警察［チェカーは一九二二年に解散］は躍起になって彼を追いかけた。バジャノフはマシュハドでＳＩＳと連絡を取ったあと、自動車、隊商のラクダ、インド総督の御用列車に乗ってインド帝国に密かに入国した。インド政府のあるシムラに到着するや、諜報機関のチーフたちに、ソビエト政権の内部組織に関するさらに重要な情報を渡した。

バジャノフはその後もSISのために散発的に働き続ける。しかし第二次世界大戦が始まり、イギリスがスターリンのソ連と手を組んだと知るや、腹に据えかね仕事をやめた。

バジャノフの話は驚くべき内容であり、紆余曲折に満ちている。彼の回顧録がフランス語から英訳されたとき、不思議なことにスパイとして活躍した部分はすべて削除された。誰の命令でそうなったのか、彼は説明をしていないし、その理由も語っていない。

バジャノフは最終的にパリに落ち着いたが、首に五百万ドルの懸賞金がかけられたソ連のお尋ね者だった。暗殺未遂は少なくとも十数回あり、中でも有名なのは、家のガレージで殺し屋に刺殺されそうになったことだ。スターリンが刺客をさし向けていたことが、彼が真実を語っている何よりの証拠といえる。

フランス当局から取り調べを受けたとき、バジャノフは自分は一生追われる身だろうと告げ、こう断言している。「予め断っておくが、もし通りで見知らぬ私服の男に肩をいきなり叩かれ、走っている車の前に突き出されそうになったら、私は肌身離さず持っている拳銃で男を即座に撃ち殺す」

だがスターリンの殺し屋たちは、彼を見つけ出して殺害することはできなかった。バジャノフは天寿を全うした。

◉スパイたちの後日談

ジョージ・ヒル（一八九二〜一九六八）

バジャノフがソ連の官僚機構を性急に上り詰めていた頃、カミングの古くからの諜報員たちは、その多くが新しいゲームに進んでいた。ジョージ・ヒルは中近東での短期の諜報活動についたが、SISからの資金が底をつき、食べるものにも事欠く始末だった。帰国後は、妻とともにイギリス南東部のサセックス州［一九七四年以降は「イースト・サセックス」「ウエスト・サセックス」の二州に分割］で、トレーラーハウスで暮らした。

やがて第二次世界大戦が始まるとSISに呼び戻され、もともとの専門分野（妨害と破壊）の仕事に就いた。彼の最も優秀な生徒のひとりがキム・フィルビーという名のケンブリッジ大学出の青年で、フィルビーはのちに「ケンブリッジ・ファイブ［ソ連のスパイとして暗躍したケンブリッジ大学出の五人組］」のひとりとして悪名を轟かせる。フィルビーはヒルのことを「ジョリー（愉快な）・ジョージ」と呼んでいた。

ヒルは一九四一年に最後の、そして最も華々しい任務についた。その年、彼はチームを率いて同盟国の首都モスクワに向かった。イギリスの特殊作戦執行部［日独伊の枢軸国の占領下にあるヨーロッパ各地で、諜報、破壊、偵察などの活動、現地レジスタンス運動の支援などを行なう］とスターリンの秘密警察とが共同作戦を立ち上げるためだ。それはヒルの人生が一周して元に戻った瞬間だった。

そもそも彼は第一次世界大戦の同盟国であったロシア帝国で自分のキャリアをスタートさせた。二十五年後、気がつけば同じことをしていた。

ロシア革命直後の激動の時代にともに諜報活動をしたせいか、ジョージ・ヒルとシドニー・ライリーのあいだには揺るぎない友情が生まれた。ふたりは連絡を取り続け、ライリーが女優のペピータ・ボバディーリャ［旧姓バートン］と一九二三年に三度目の結婚をしたとき、ヒルは花婿付添人を務めた。

シドニー・ライリー（一八七四〜一九二五）

シドニー・ライリーはスパイの暮らしを思う存分楽しんでいたので、カミングの下で働き続けることを望んだ。しかし反ソビエト活動を提案して拒否されたライリーは、ボリス・サヴィンコフを頼ることにした。サヴィンコフは最も信頼できる反ソ活動家だった。一九二五年、ロシア国内のサヴィンコフ支持者と連絡が取れるという言葉に誘われて、ライリーはモスクワに舞い戻った。「危険がないという確信がなければ、旅行の計画を立てたりはしない……」とライリーはペピータに書き送った。

だがライリーは、まんまと罠に引っかかってしまった。ソビエトの秘密警察に逮捕され、長時間にわたる厳しい尋問を受けた。彼は一九一八年に欠席裁判ですでに死刑判決を受けていたので、速やかに刑が執行されることになった。一九二五年十一月にライリーは処刑され、「ルビャンカ」

と呼ばれたかつてのチェカー本部の中庭に埋葬された。

ロバート・ブルース・ロックハート（一八八七〜一九七〇）

ロバート・ブルース・ロックハートは、諜報活動に付き物の危険と陰謀を常に楽しむ男だった。また、天性の話し上手だった。一九三〇年代前半に、自伝『あるイギリス人スパイの回顧録 *Memoires of a British Agent*』を書き始めた。そして翌年に出版すると世界的なベストセラーとなり、ワーナー・ブラザーズで映画化された。彼はこの人気の本をシリーズ化して書き続け、さらに『イヴニング・スタンダード』紙のゴシップ欄「ロンドン子の日記」の担当編集者にもなった。

第二次世界大戦が始まるとＳＩＳに呼び戻され、ナチス・ドイツへの反プロパガンダ活動に協力した。だが彼の最盛期は過ぎていた。かつての名声や評判――「ロックハートの陰謀」として知られるようになった事件で果たした役割のおかげだが――に見合うような働きはできなかった。一九七〇年にこの世を去ったときは、毀誉褒貶の多かった人と評された。彼の臨終を看取った人の中に、愛するムーラがいたという。ムーラはイギリスの副首相、ニック・クレッグの曾祖母の妹として死後の名声を得ることになる。

ポール・デュークス（一八八九〜一九六七）

一九二〇年にナイトの爵位を与えられたポール・デュークスは、仲間の諜報員たちとはまったく別の道を選んだ。イギリス帰国後は反ソビエトの講演活動をしていたが、東洋の神秘主義に次第に惹かれるようになった。一九二二年にニューヨーク近郊のナイアック村にあるタントラ［インドに古くから伝わる聖典］のコミュニティー──「全能のおじさん」として知られる風変わりな医師ピエール・アーノルド・バーナードが率いていた──に参加している。

デュークスはバーナードの影響でヨガにも魅了され、ヨーロッパにヨガを紹介した。出版した本は人気のシリーズ本となった。

アーサー・ランサム（一八八四～一九六七）

カミングのチームの最後の重要なメンバーであるアーサー・ランサムは、一九一九年にエフゲニア・シェレピナと共にロシアを去った。その後、愛艇ラカンドラ号に乗ってバルト海沿岸を数年かけて航海してから、一九二四年についにエフゲニアと結婚した。やがてふたりは湖水地方にあるウィンダミア湖の古い石造りの家に引っ越した。そこでランサムは『ツバメ号とアマゾン号』を書き始めた。この作品は十二巻までシリーズ化され、児童文学の大ベストセラーとなった。

彼がカミングのために諜報活動をしていたこと（そしてそれをめぐる議論）は、長いあいだすっかり忘れ去られていた。ロシアでの彼の諜報活動に関する秘密ファイルは、親ボリシェヴィキのシンパを疑うＭＩ５の報告書を含め、二〇〇五年に情報公開されたばかりである。

フレデリック・ベイリー（一八八二〜一九六七）

　諜報活動という刺激的な生活のあとでは、普通の暮らしに馴染めない諜報員もいた。フレデリック・ベイリーはカラクム砂漠の砂をブーツから払い落とし、インド帝国に戻った。しかしすぐに新しい冒険を求めて出発する。シッキム王国のガントクに向かい、そこで新妻の男爵令嬢アーマと暮らした。

　彼はしばしばチベットを訪れ、第十三代ダライラマと親しくなった。また、蝶、ネパール産鳥類、剝製はすでに厖大なコレクションになっていたにもかかわらず、さらに収集を続けた。彼のコレクションは、最終的にはロンドンの大英博物館とニューヨークのメトロポリタン美術館に遺贈された。

　ベイリーはポール・デュークス、アーサー・ランサムと同じく、一九六七年に亡くなった。ジョージ・ヒルは翌年の一九六八年にこの世を去った。こうして、ＳＩＳの一時代は終焉した。

マンスフィールド・カミング（一八五九〜一九二三）

　さて、マンスフィールド・カミング自身のその後はどうだったのだろうか？　彼は最後までワーカホリックだった――持病の狭心症は悪化の一途をたどっていたにもかかわらずだ。最初の発作が起きたのは一九二二年のクリスマス直前のことだった。そしてその数日後に二度目の発作が起きた。

だが快復するや、ホランド・パークにあるメルベリーロード一番地のオフィスに戻った。もっとも、仕事を続けられないことは自分でもよくわかっていた。不本意ではあったが、スパイの小道具や秘密のインクを荷造りすることにした。ハンプシャー州サウサンプトン近郊のバースルドンで隠退生活を始めるべき時が来たのだ。

だが、その時は永久に訪れなかった。一九二三年六月二十三日、三度目の発作を起こして亡くなった日も、彼はまだ忙しく仕事をしていた。

その日カミングは、かつての部下のひとり、元諜報員で作家のヴァレンタイン・ウィリアムズと酒を酌み交わしていた。ウィリアムズはカミングが引退すると聞いて、別れの挨拶に来ていた。彼はカミングの引退後の幸福な暮らしを祈って杯を空け、オフィスをあとにした。ウィリアムズを見送ったカミングはソファーに腰をおろし、数分後に帰らぬ人となった。

「彼は仕事中に亡くなったが、彼のことだ、きっとそれを望んでいたに違いない」とウィリアムズは記している。仕事は彼の生き甲斐だったが、同時に死ももたらした――そう言っても過言ではないだろう。

遺体はバースルドンの「愛するわが家」のそばに埋葬された。墓の近くには第一次世界大戦の戦車が置かれているが、彼はその戦車でハンプシャー州の田舎をめぐるのが好きだったという。

彼の死は新聞の死亡記事に載ることもなければ、公報に載ることもなかった。彼は跡形もなく消えた。それこそ彼が望んだことだったのだろう。

◉ロシアンルーレット、再び

カミングの後継者は彼が急逝する前に選任されていた。海軍少将のヒュー・シンクレアだ。海軍情報部の前長官で、愉快なことが大好きな、葉巻愛好家だった。カミングはシンクレアが後任と知って喜び、シンクレアのことを「どこから見ても適任である」と述べた。シンクレアは政府暗号学校の校長も兼任し、暗号解読をＳＩＳの活動に組み入れた。

カミングは引退予定日の数か月前に、ＳＩＳはシンクレアの指揮の下、輝かしい未来に進むだろうとペトログラードの元支局長だったサミュエル・ホアに語っている。「有能な彼の手に委ねられたこの組織は、イギリス政府にとって非常に有益な――不可欠と言っても過言ではない――存在となるだろう」

実際、ウィンストン・チャーチルは、ＳＩＳの仕事は閣僚にとってすでに必須なものであると明言していた。ＳＩＳは「ならず者」や「悪党」やパブリックスクール出の冒険家から成る、今にも空中分解しそうなチームから始まった。それが十年そこそこで、敵の政府の中枢に潜入できるような、高度な技能を持つ洗練された組織になった。カミングがうまく采配を振るったからこそ、世界初のプロ集団による諜報機関が出来上がったのだ。

カミングがこの世を去った頃、ＳＩＳの新チームがモスクワとペトログラードで諜報活動を再開した。主な仕事は、ソ連の新しい化学兵器計画を探り出すことだ。

こうして再び欺瞞や口実や機密情報が飛び交うまったく新しいストーリーが始まることになった。もちろんマンスフィールド・カミングはもはやチーフではない。だが、ロシアンルーレットの最初のゲームが終わった頃にすでに次のゲームが始まったことを彼が知ったとしたら、さぞかし喜んだのではないだろうか。

謝辞

本書の資料の大半は、ふたつの公文書館に保管されている。現在は大英図書館内にあるインド省文書保管所(the India Office Records)と、ロンドンのキューにある国立公文書館である。

インド省文書保管所の頼りになるスタッフには、とくにお礼を申し上げたい。彼らがインド政治情報部の七百五十一ものファイルの案内をしてくれたおかげで、どれほど仕事がはかどったことか。また彼らのおかげでフレデリック・ベイリーが撮った写真コレクションも見ることができた。そのうちの二枚は、本書で使われている。

国立公文書館のスタッフは、重要文書の保管場所を突き止める手助けをしてくれた。たとえば、M爆弾の写真は、化学兵器開発に関係する多数のファイルの中から見つかったものだ。

歴史研究所にも感謝申し上げる。

大英図書館——本書の大半もここで書き上げた——の司書の方々は、これまでの私の著作すべてに言えることだが、今回も大変お世話になった。お礼を申し上げる。

参考文献は注記に載せたが、とくに刺激を受けた文献の著者についてひと言。いわゆる「グレート・ゲーム」研究の第一人者といえばピーター・ホップカークだが、彼の著作はどれも深い学識と、わくわくするようなストーリーが見事に結合している。新資料が最近になってようやく公開されたが、彼の著作は中央アジアの覇権争いをテーマにするときには、いまだに権威のある（かつ貴重な）参考文献である。

訴訟を起こされかねないのに、自らの経験を本にしてくれたスパイたちにも感謝している。コンプトン・マッケンジーの『ギリシャの思い出 *Greek Memories*』が出版されたとき、「課報機関が築き上げてきた秘密主義の根幹を揺るがしかねない……ページばかりである」とイギリス秘密情報部（ＳＩＳ）の覚書に書かれた。そこには、マンスフィールド・カミングについての記述があったからだ。

自伝などの一次資料はとくに注意して扱わなければならない。私が常に心がけたことは、スパイたちの、ときには誇張し過ぎの諜報活動の物語を、彼らの客観的な秘密報告書で確認し、バランスを取ることだった。

仕事熱心で、良きアドバイスをしてくれた私の著作権エージェントのジョージア・ギャレットにも心からの謝意を表したい。彼女のチームのロジャーズ、コールリッジ、ホワイトにも感謝している。

私の編集者リーサ・ハイトンにも感謝の気持ちを伝えたい。彼女の適切なアドバイスと励ましと支え、また企画から刊行に至るまでの協力のおかげで本書は誕生した。

フェデリコ・アンドルニーノ、ジュリエット・ブライトモア（写真担当）、タラ・グラッデン（校正担当）にも感謝している。

とりわけフランスの編集者ヴェラ・ミハルスキーにお礼を述べたい。彼女は最初から本書の企画に賛同し、脱稿する前にフランス語訳（とポーランド語訳）の版権を購入してくれた。

今後、本書を刊行して下さる外国の編集者の方々、とくにブルームズベリーUSAのピーター・ジンナとロシアのシンドバッド社の編集者にもお礼を申し上げる。

最後になったが、私の家族には鳴り物入りで派手に感謝の言葉を伝えなければならない。妻のアレクサンドラは原稿を繰り返し読んで、的確な（そして是非とも必要な）アドバイスをしてくれた。娘のマデリン、エロイーズ、オーリーリアは、諜報活動や不正や陰謀の世界の外には、普通の暮らしがあることを思い出させてくれた。心からありがとうを。

二〇一三年春、ブルゴーニュのマニーにて

訳者あとがき

本書は *Russian Roulette* (Sceptre, London, 2013) の全訳である。ロシア革命前夜の一九一六年春——今からちょうど百年前——から革命後の一九二一年春までの五年間にわたり、イギリス秘密情報部とイギリス領インド帝国の諜報員たちがペトログラード（現在のサンクトペテルブルク）、モスクワ、中央アジアのタシケントで繰り広げた命がけの諜報活動を描いたノンフィクションである。彼らの多くがロシアの秘密警察（チェカー）に尾行され、逮捕・処刑される危険にさらされながら、機密情報の入手に努め、それを暗号化してイギリスあるいはインド帝国に送り続けた。

イギリス人諜報員として登場するのは、すでに『人間の絆』を出版していた作家のサマセット・モーム、後年『ツバメ号とアマゾン号』シリーズで児童文学の大家となるジャーナリストのアーサー・ランサム、ジェームズ・ボンドのモデルと言われた「最強のスパイ」シドニー・ライリー、諜報活動の功績によりナイトの称号を与えられた「百の顔を持つ男」ポール・デュークス、ロシア人の協力者や連絡係のネットワーク作りに長けた愉快でおしゃれな陸軍航空隊将校ジョージ・

ヒル、著名な探検家でもあるインド帝国政治部の情報将校フレデリック・ベイリーほかである。そして彼ら（ベイリーをのぞく）の総司令官にあたるのが、本書のカバーでレーニンの後方に写っている片眼鏡の軍服姿の男マンスフィールド・カミング――イギリス秘密情報部の長官だ。彼は一九〇九年にこの新組織を立ち上げてから十年もしないうちに、世界中に千人以上の課報員を擁する一流の課報機関に作り上げた。

かたやレーニンも十一月革命で権力を掌握してから六週間もしないうちに秘密警察を創設し、その初代長官に任命したジェルジンスキーは数か月で数百名を擁する組織に作り上げ、ロシア市民、外国人スパイを問わず、反革命勢力の容疑者を即決裁判にかけて処刑する権限まで持つようになった。こうしてイギリスとロシアの課報機関は互角に渡り合う力をつけ、課報戦の火蓋は切られたのだ。

この五年間は、イギリスとロシアの両国にとってまさに試練の時代だった。ロシアは革命後の内戦の勃発、さらには戦時共産主義による経済の悪化に苦しみ、政権の存続も危うい綱渡り状態が続いた。一方、第一次世界大戦中のイギリスはドイツを相手に西部戦線で必死に戦いながら、東部戦線から離脱した、かつての同盟国ロシアの動きに目を光らせていた。ドイツ降伏後はようやく共産主義の脅威に目を向ける余裕ができ、反革命軍（白軍）に軍事支援を行なうが白軍は敗走してしまう。そんな中、レーニンが世界革命をめざしてコミンテルンを創設し、東洋、とくにインド帝国で暴力革命を煽動しているという情報をつかむ。イギリスは、ロシアが経済活動の切り札として切望する英ソ通商協定締結の代価として、彼らのインド侵攻計画を放棄させた。このように、イギリス政府が先手を取ることができ、インド帝国をめぐる無益な戦争を回避できたのは、ロシアの通信を傍受して情報を収集し、さらには赤軍、共産党、政府内の反ボリシェヴィキの協力者から機密情報を入手してカミングのもとに送り続けたイギリス人諜報員たちの活動の成果だと言える。彼らの功績ははかり知れないと著者は主張する。

現代では考えにくいことだが、彼ら諜報員はイギリス帰国後、自らの冒険談――もちろん機密情報については触れずに――を回顧録や記事として活字に残している（「注記」「参考文献」参照）。ミルトンは彼らのそうした主観的でやや誇張気味の文章と、彼らがカミング宛てに送った客観的な報告書の副本（一九九七年に情報公開）を照合しながら本書を書き上げた。これまであまり知られていなかったジョージ・ヒル、ポール・デュークス、フレデリック・ベイリーの活躍に光を当てると同時に、二〇〇五年に情報公開された資料をもとに、以前からささやかれていたアーサー・ランサムのボリシェヴィキシンパ説を正した。さらに、国立公文書館の厖大な資料の中から、チャーチルがロシア北部の赤軍相手に毒ガス兵器を使用したという事実を突き止めた。そのとき未使用に終わった四万七千発の爆弾は、今もなおロシア北部の白海沖の海底に投棄されたままだという。

著者のジャイルズ・ミルトンは日本でも人気の作家で、九作のノンフィクションのうち既に四作（『スパイス戦争〜大航海時代の冒険者たち』『コロンブスをペテンにかけた男』『さむらいウィリアム』『奴隷になったイギリス人の物語』）が邦訳され、本書は五作目にあたる。訳者は十年前に徳川家康に仕えたウィリアム・アダムズ（三浦按針）を描いた『さむらいウィリアム』を訳して以来著者のファンになり、出版されたものはほとんど目を通している。登場人物を描くときの著者の温かい眼差しと、同時に彼特有の皮肉交じりの文体に引かれる。

本書の中に出てくるさまざまな機関や団体の名称についてひと言述べておきたい。本書が扱う五年間はまさに歴史の過渡期であり、種々の機関の名称も流動的だった。「イギリス秘密情報部（ＳＩＳ）」は、そう呼ばれるようになるのは第一次世界大戦後であり、それまでは組織自体も名称も変更の連続なので、訳出するにあたり、あえて「イギリスの諜報機関」というややあいまいな表現にした箇所もある（なお、「ＭＩ６」という名称が使われるようになったのは一九三〇年代以降である）。ボリシェヴィキが「ロシア共産党」に名称変更するのは一九一八年以降であることから、それ以前は「ボリシェヴィキ」とした。「ソビエト連邦」という名称が使われるのは一九二二年以降であるので、本書で描かれる時期に俗称として使われていた国名「ソビエト・ロシア」を使用した。中央アジアの西トルキスタンは、この時期は反ソビエトのイスラム系住民による反乱が頻発し、ロシアが全域を支配できていたわけではないので、「ロシア領トルキスタン」とはせず、「西トルキスタン」とした。また、原書の年月日はすべて太陽暦（グレゴリオ暦）で記述されている。よって、たとえばロシア暦（ユリウス暦）の「二月革命」「十月革命」は、「三月革命」「十一月革命」となっている。

本書を訳すにあたりさまざまな文献を資料として活用したが、とくにキース・ジェフリー著『MI6秘録』上下（高山祥子訳、筑摩書房、二〇一三年）とロバート・サーヴィス著『情報戦のロシア革命』（三浦元博訳、白水社、二〇一二年）は大いに参考になった。前者はイギリス秘密情報部の正史ともいえる大著。後者はイギリス対ロシアだけでなく、フランス、アメリカなどを含めた連合国対ロシアを国際関係論的に描いた名著である。ここに記して感謝申し上げる。

最後になりましたが、私のこまごまとした質問に丁寧に回答してくださった著者のジャイルズ・ミルトンさん、的確なアドバイスをしてくださった原書房の中村剛さんには心からお礼申し上げます。

二〇一六年二月

築地誠子

参考文献

革命後のロシア国内でイギリス人諜報員が繰り広げた諜報活動についてさらに詳しく知りたい方には，下記の著作がお勧めである。興味深く読まれることだろう。本書を書くにあたって参考にした全著作，記事，未刊の文書，インターネット上の資料については，「注記」を参照のこと。

Agar, Augustus, Baltic Episode: *A Classic of Secret Service in Russian Waters*（London, 1963）.

Footprints in the Sea（London, 1959）.

Showing the Flag（London, 1962）.

Andrew, Christopher, *Secret Service: The Making of the British Intelligence Community*（London, 1985）.

Bailey, Frederick, *Mission to Tashkent*（London, 1992）.

Bazhanov, Boris, *Avec Staline dans le Kremlin*（Paris, 1930）.

Brogan, Hugh, *Signalling from Mars: The Letters of Arthur Ransome*（London, 1997）.

The Life of Arthur Ransome（London, 1992）.

Brook-Shepherd, Gordon, *Iron Maze: The Western Secret Services and the Bolsheviks*（London, 1998）.

The Storm Petrels: The First Soviet Defectors（London, 1977）.

Bruce Lockhart, Sir Robert, *Memoirs of the British Agent*（London, 1932）.

Diaries, ed. Kenneth Young（London, 1973）.

Bruce Lockhart, Robin, *Reilly: Ace of Spies*（London, 1983）.

Brun, Alf Harald, *Troublous Times: Experiences in Bolshevik Russia and Turkestan*（London, 1931）.

Buchanan, Meriel, *Ambassador's Daughter*（London, 1958）.

Buchanan, Sir George, *My Mission to Russia*（London, 1923）.

Bywater, Hector, *Strange Intelligence*（London, 1931）.

Calder, Robert, *Somerset Maugham and the Quest for Freedom*（London, 1972）.

Chambers, Roland, *The Last Englishman: The Double Life of Arthur Ransome*（London, 2009）.

Cook, Andrew, *Ace of Spies: The True Story of Sidney Reilly*（London, 2004）.

Cross, J.A., *Sir Samuel Hoare: A Political Biography*（London, 1977）.

Cullen, Richard, *Rasputin: The Role of Britain's Secret Service in His Torture and Murder*（London, 2010）.

Deacon, Richard, Spyclopedia: *The Comprehensive Handbook of Espionage*（New York, 1988）.

Degras, Jane, *The Communist International, 1919-1943: Documents*, 3 vols.（London, 1956-65）.

Dukes, Paul, *The Story of ST 25: Adventure and Romance in the Secret Intelligence Service in Red Russia* (London, 1938).

Red Dusk and the Morrow: Adventures and Investigations in Red Russia (London, 1922).

The Unending Quest: Autobiographical Sketches (London, 1950).

Ellis, Charles, *Transcaspian Episode, 1918-1919* (London, 1963).

Eudin, Xenia and Harold Fisher, *Soviet Russia and the West, vol. 1; Soviet Russia and the East*, vol. 2 (Stanford, 1957).

Ferguson, Harry, *Operation Kronstadt* (London, 2008).

Gaunt, Guy, *The Yield of the Years* (London, 1940).

Gerhardie, William, *Memoirs of a Polyglot* (London, 1973).

Gibson, William, Wild Career: *My Crowded Years of Adventure in Russia and the Near East* (London, 1935).

Gilbert, Martin, *Winston S. Churchill*, vol. 4 (London, 1977).

Hastings, Selina, The Secret Lives of Somerset Maugham (London, 2009).

Hill, George, *Go Spy the Land: Being the Adventures of I.K.8 of the British Secret Service* (London, 1932).

Dreaded Land (London, 1936).

Hoare, Sir Samuel, *Fourth Seal: The End of a Russian Chapter* (London, 1930).

Hopkirk, Peter, *Setting the East Ablaze* (London, 1984).

The Great Game (Oxford, 1991).

Jeffrey, Keith, *MI6: The History of the Secret Intelligence Service*, 1909-1949 (London, 2010).

Judd, Alan, *The Quest for C: Sir Mansfield Cumming and the founding of the British Secret Service* (London, 2000).

Kettle, Michael, *Russia and the Allies, 1917-1920, 4 vols.; The Road to Intervention* vol. 4 (London, 1981).

Sidney Reilly: *The True Story* (London, 1983).

Knox, Major-General Sir A., *With the Russian Army*, 1914-1917, 2 vols. (London, 1921).

Leggett, George, *The Cheka: Lenin's Political Police* (Oxford, 1981).

Ludecke, Winfred, *Behind the Scenes of Espionage: Tales of the Secret Service* (London, 1929).

Malleson, Major-General Sir Wilfrid, 'The British Military Mission to Turkestan, 1918-1920, *Journal of the Central Asian Society* (London, 1922).

Maugham, Somerset, *Ashenden, or The British Agent* (London, 1928).

A Writer's Notebook (London, 1949).

Molesworth, George, Afghanistan, 1919: *An Account of Operations in the Third Afghan War* (London, 1962).

O'Brien-Ffrench, Conrad, *Delicate Mission* (London, 1979).

Occleshaw, Michael, *Armour Against Fate: British Military Intelligence in the First World War* (London, 1988).

Dances in Deep Shadows: Britain's Clandestine War Against Russia, 1917-20 (London, 2006).
Orlov, Alexander, *The March of Time* (London, 2004).
Pearson, Michael, *The Sealed Train* (London, 1975).
Pethybridge, Roger, (ed.) *Witnesses to the Russian Revolution* (London, 1964).
Pipes, Richard, *The Russian Revolution, 1988-1919* (London, 1990).
Pitcher, Harvey, *Witnesses of the Russian Revolution* (London, 2001).
Popplewell, Richard, *Intelligence and Imperial Defence: British Intelligence and the Defence of the Indian Empire* (London, 1995).
Price, Morgan Philips, *My Reminiscences of the Russian Revolution* (London, 1921).
Ransome, Arthur, 'On Behalf of Russia', *New Republic* (1918).
Six Weeks in Russia in 1919 (London, 1919).
The Autobiography of, ed. Rupert Hart-Davis (London, 1976).
Rappaport, Helen, *Conspirator: Lenin in Exile* (London, 2009).
Reilly, Sidney, *The Adventures of Sidney Reilly, Britain's Master Spy* (London, 1931).
Ronaldshay, Earl of *The Life of Lord Curzon* (London, 1928).
Roy, Manabendra Nath, *Memoirs* (Bombay, 1964).
Service, Robert, *Lenin: A Biography* (London, 2000).
Spies and Commissars (London, 2011).
Trotsky: A Biography (London, 2009).
Smith, Michael, *Six: A History of Britain's Secret Intelligence Service* (London, 2010).
The Spying Game: The Secret History of British Espionage (London, 2003).
Soutar, Andrew, *With Ironside in Russia* (London, 1940).
Swinson, Arthur, *Beyond the Frontiers: The Biography of Colonel F. M. Bailey, Explorer and Special Agent* (London, 1971).
Teague Jones, Reginald, *The Spy Who Disappeared* (London, 1990).
Thwaites, Norman, *Velvet and Vinegar* (London, 1932).
Tyrkova-Williams, A., *Cheerful Giver: The Life of Harold Williams* (London, 1935).
Ullman, Richard, *Anglo-Soviet Relations, 1917-1921*, vol. 2; *Britain and the Russian Civil War, November 1918-February 1920* (Princeton and London, 1961-72).
Voska, E. and Irvin, W., *Spy and Counterspy: The Autobiography of a Master-Spy* (London, 1941).
Walpole, Sir Hugh, *The Secret City* (New York, 1943).
Wells, H.G., *Russia in the Shadows* (London, 1920).
West, Nigel, *MI6: British Secret Intelligence Service Operations, 1909- 45* (London, 1983).
Yusupov, Prince Felix, *Lost Splendour* (London, 1953).

注記

本書の資料の出典は，主にふたつある。ロシアと中央アジアで活躍した諜報員自らの手で書かれて活字にされた書物や記事と，彼らの公表されていない機密報告書や手紙だ。報告書の大半は，イギリス秘密情報部（SIS）のマンスフィールド・カミング宛てか，あるいは，インド帝国情報部（夏期の首都シムラにあった）とロンドンのインド政治情報部［一九〇九年にロンドンに創設された諜報機関。ヨーロッパ諸国に亡命したインド民族主義のアナーキストや革命家を監視］の上司宛てに書かれたものだ。

資料は，ふたつの公文書館に主に収められている。ロンドン南西部のキューにあるイギリス国立公文書館（NA）と大英図書館内のインド省文書保管所である。

SISのファイルは非公開のままであり，歴史家にとってはいつまで経っても欲求不満の種である。しかし，たまに（そして例外的に）資料が公開されることがある。アーサー・ランサムに関する公文書は，やっと2005年に公開された。

本書の内容はイギリス領インド帝国に大きく関わっている。インド省文書保管所に収蔵されているインド政治情報部の報告書は1997年に一挙に公開されたが，それらは機密情報の宝庫である。いまだに厳重に保管されているSISのオリジナルの報告書のコピー（副本）が一部含まれているからなおさらそうだ。

そうした報告書を読むと，SISとインド政治情報部との親密な関係が明らかになる。

それらのファイルが初めて公開されたとき，作家・歴史家のパトリック・フレンチは「野心家の博士課程の学生なら，思う存分楽しめるだろう」とコメントした。実際，大英図書館の図書利用カードを持ち，時間がたっぷりある人なら誰でも楽しめるだろう。

諜報活動はそもそも秘密裏に行なわれるものだが，インド政治情報部の751冊ものファイルに，国立公文書館にあるかつて機密扱いだった大量の公文書を加えると，1917年のロシア革命後のソビエト・ロシアで起こった騙し合いの情報戦——魑魅魍魎の世界をうっとりしながら眺めることができる。

なお，この「注記」で取り上げ，「参考文献」にもリストアップした文献のくわしい書誌情報は「参考文献」をご覧いただきたい。

序章　ロシアンルーレット

レーニンのフィンランド駅到着については，無名のロシア人ジャーナリストによって目撃され，記録されたものを参考にした。下記のウェブサイト参照。
http://bigsiteofhistory.com/lenins-address-at-the-finland-station

レーニン到着に関するポール・デュークスの記述は，彼の著書 The Story of ST25 参照。レーニンに対するウィリアム・ギブソンの強烈な印象については，彼の自伝 *Wild Career* 参照。

サー・ジョージ・ブキャナンの回顧録は，*My Mission to Russia* というタイトル

で刊行された。ハーディング卿の記述については，彼の著書 *The Reminiscences of Lord Hardinge of Penshurst* (London, 1947) 参照。サー・ジョージ・モールズワース（中将）はのちに第三次アフガン戦争とイギリス領インド帝国の防衛で重要な役割を果たすことになり，そのときの経験を著書 Afghanistan, 1919 で語っている。

第1部　ロシア革命

第1章　ラスプーチン殺害

サミュエル・ホアはロシアでの経験について，*Fourth Seal* で大いに語っている。ホアがマンスフィールド・カミングのロシア支局長をしていた時代については，マイケル・スミスの優れた研究書 *Six: A History of Britain's Secret Intelligence Service* でも分析されている。スミスは，オズワルド・レイナーが諜報員だった可能性は低いと論じている。

ラスプーチン殺害事件の定説のもとになった記述については，フェリクス・ユスポフ公のかなり脚色された自伝 *Lost Splendour* 参照。

ユスポフの記述は，リチャード・カレンが上梓した魅力的な本 *Rasputin: The Role of Britain's Secret Service in his Torture and Murder* で徹底的にこきおろされている。カレンの本では，コソロトフ教授によって書かれた解剖報告書も含め，刊行・未刊を問わず，現存する記述はすべて再検討されている。カレンは弾道学の専門家の助けを借りて，ラスプーチン殺害事件のかなり納得力のある筋書を提示し，オズワルド・レイナーだけでなくロシア国内にいたマンスフィールド・カミングのチームも関与したことを示唆している。カレンの本は，インターネット上で活発な議論を巻き起こした。そのようすは下記のサイトで知ることができる。http://forum.alexanderpalace.org/index.php?action=printpage;topic=1363.0

ラスプーチンの死は，BBC ラジオ4のドキュメンタリー Great Lives: Rasputin (January 2013) で扱われた。このラジオ番組は以下のサイトで聞くことができる。http://www.bbc.co.uk/programmes/b01phgjs

第2章　マンスフィールド・カミング

マンスフィールド・カミングについての近年最高の伝記は，アラン・ジャッドの *The Quest for C* である。キース・ジェフリーの *MI6*（邦訳：『MI6秘録』上下，高山祥子訳，筑摩書房，2013年）でも多くの情報を得られる。豊富な参考資料が載っていたため，私はクリストファー・アンドルーの *Secret Service* も参考にした。

ほかにもカミングに関するエピソードは，コンプトン・マッケンジーの *Greek Memories*，ヴァレンタイン・ウィリアムズの *The World of Action* (London,1938)，サミュエル・ホアの *Forth Seal*，エドワード・ノブロックの *Round the Room: An Autobiography* (London, 1939) に載っている。

ホアに関する記述は，彼の著書 *Fourth Seal*，ハーヴィー・ピッチャーの *Witnesses of the Russian Revolution*，マイケル・スミスの *Six*，ユスポフ公の *Lost Splendour*，ローランド・チェンバーズの *The Last Englishman* を参考にした。ウィリアム・ギブソンについては，彼の自伝 *Wild Career* から引用。アルフレッド・ノックスの回想は，彼の著書 *With the Russian Army* 参照。

第3章　サマセット・モーム

フィンランドの国境の村トルニオにレーニンが到着したときの最も詳細な記述は，マイケル・ピアソンの *The Sealed Train* 参照。ヘレン・ラパポートの魅力あふれる本 *Conspirator* も参照のこと。ハリー・グルナーについての話は，スミスの *Six* で詳述されている。イギリスの小説家ウィリアム・ジャハーディの回顧録にもグルナーのエピソードが載っている。

トロツキー逮捕の話は，学術誌 *Intelligence and National Security*, vol.19, no.3（2004）に掲載された Richard B. Spence の論文 Englishmen in New York: The SIS American Station, 1915-21 参照。同じ著者による論文 Interrupted Journey: British Intelligence and the Arrest of Leon Trotsky, April 1917 も興味深い。これは *Revolutionary Russia*, vol.13, no.1（June 2000）に掲載されている。私は学術誌 *Historical Research*, vol. 69, no. 169（June 1996）に掲載された I. D. Thatcher の論文 *Leon Trotsky in New York City* も参考にした。

トロツキーのインタビュー記事は，『ニューヨーク・タイムズ』紙の1917年3月16日号に掲載された。Guy Gaunt の The Yield of the Years も参照。

ジョージ・ヒルの *Go Spy the Land* と *Dreaded Hour*，ヘクター・バイウォーターの *Strange Intelligence*，スミスの *Six*（カミングの部下であるフランク・スタッグの話が掲載），ジャッドの *The Quest for C*，アンドルーの *Secret Services* も参照。見えないインクの作り方については，国立公文書館のファイル KV3/2 Invisible Ink and Secret Writing からも多くの情報を得た。

サー・ジョージ・ブキャナンの娘メリエル・ブキャナンによる *Ambassador's Daughter*，ピッチャーの *Witnessed*，リチャード・パイプスの *The Russian Revolution, 1988-1919*，モーガン・フィリップス・プライスの *My Reminiscences of the Russian Revolution* も参照。

サマセット・モームのロシア行きの任務については，参考になる記述がいくつかある。モーム自身がそれについてシリーズ記事を書いており，私はそうした記事（『サンデー・エクスプレス』紙の1962年9月30日号と10月7日号）を大いに参考にした。モームの旅については，Selina Hastings の *The Secret Lives of Somerset Maugham* で詳述されている。またモームの *Writer's Notebook*（邦訳：『作家の手帖』，中村佐喜子訳，全集26巻，1955年，新潮社），アメリカの諜報員エマヌエル・ヴォスカと W. Irvin の共著 *Spy and Counterspy* も参考にした。

カミングのロシア支局の創成期とモームの任務の分析については，学術誌 *Historical Journal*, XXIV（1981）掲載の Keith Neilson による '"Joy Rides"? British Intelligence and Propaganda in Russia, 1914-1917' も参照。

第4章　敵を知れ

11月革命についてはブキャナンの *My Mission to Russia*，プライスの *My Reminiscences*，パイプスの *The Russian Revolution*，ヒルの *Go Spy the Land* 参照。

カミングの本部ホワイトホール・コートの組織については，ジェフリーの *MI6* に詳細に描かれている。フレディー・ブラウニング大佐の死亡記事は，『タイムズ』紙の1929年10月15日号に掲載されていた。陸軍省からの横槍については，ジェ

フリーの *MI6* とジャッドの *The Quest for C* で相当くわしく描かれている。カミングの天敵であるマクドノー将軍については，アンドルーの *Secret Services* でも多く語られている。

ロックハートについては，彼の回顧録 *Memoirs of the British Agent* 参照。ロックハートのロシア時代については，ゴードン・ブルック＝シェパードの *Iron Maze* で多少くわしく扱われている。他にはヒルの *Go Spy the Land*，チェンバーズの *The Last Englishman*，ヒュー・ブローガンの *Signalling From Mars* 参照。ロックハートのロシア赴任に関するオリバー・ウォードロップの記述は，国立公文書館の FO/371/3331 参照。

カミングの覚書 Notes On Instruction and Recruiting of Agents からの抜粋は，ジェフリーの *MI6* 参照。

チェカーに関する最も読みやすい一般書は，George Leggett の *Cheka* である。他にはロックハートの *Memoirs* 参照。

第2部　一流のスパイたち

第5章　シドニー・ライリー

シドニー・ライリーに関する本は多数ある。ライリーの著書 *Britain's Master Spy*［前半はライリー自身が，後半は妻のペピータ・バートンが執筆］，アンドルー・クックの *Ace of Spies*，ロビン・ブルース・ロックハートの *Reilly: Ace of Spies*，*SIS* のニューヨーク支局の諜報員だったノーマン・スウェーツの著書 *Velvet and Vinegar*，ブルック＝シェパードの *Iron Maze*，スミスの *Six*，ロバート・サーヴィスの *Spies and Commissars*［邦訳：『情報戦のロシア革命』，三浦元博訳，白水社，2012］参照。

ライリーは，1983年の連続テレビドラマ Reilly: Ace of Spies（原作はロバート・ブルース・ロックハートの息子ロビン・ブルース・ロックハート）［邦題『スパイ・エース』］の主人公にもなった。名優サム・ニールがライリーを演じ，人気を博した。

アーネスト・ボイスと彼のロシア国内での活動については，ロバート・ブルース・ロックハートの *Memoirs*，ヒルの *Go Spy the Land*，スミスの Six 参照。第五回全ロシア・ソビエト大会については，その場にいて，つぶさに見聞した人たちの記述とチェンバーズの *The Last Englishman* を参照。

第6章　ジョージ・ヒル

ジョージ・ヒルの長い報告書はロシアでの諜報活動，安全な隠れ家の詳細，連絡係のネットワークにまで言及しているが，国立公文書館のファイル FO/371/3350 で閲覧できる。ヒルの *Go Spy the Land*，ライリーの *Britain's Master Spy*，クックの *Ace of Spies*，ロビン・ブルース・ロックハートの *Reilly: Ace of Spies*，ブルック＝シェパードの *Iron Maze*，スミスの *Six* も参照。

イギリス政府のロシアへの対応については，ブルック＝シェパードの *Iron Maze* でかなりくわしく扱われている。ロックハートは自分の見解について，国立公文書館のファイル FO/371/3337 と回顧録で述べている。

ムーラの生涯は，Nina Berberova による伝記 *Moura: The Dangerous Life of the Bar-*

oness Budberg（New York, 2005）を参考にした。また，ムーラの人生の背景を知ることができたのは彼女を知る人物のおかげである。

ランサムのヴォログダ行きの話については，彼の自伝でひとつの章すべてを使って描かれている。チェンバーズの *The Last Englishman* とロックハートの *Memoirs* でも多少くわしく扱われている。エフゲニアを助けるためにロックハートが外務省に依頼した件については，国立公文書館のファイル KV2/1903 を参照。このファイルにはランサムについての興味深い，未知の情報がたくさん含まれている。ランサムに関する MI5 のファイルも公開され，国立公文書館のファイル KV2/1904 で閲覧できる。

イギリス国籍の人たちが人質として拘束された話については，国立公文書館にある大量の情報を参照。彼らのリストなどについては，FO/371/3336 を参照。

第7章　フレデリック・ベイリー

本章は多くの出典を参考にした。ベイリーの著書 *Mission to Tashkent*，ピーター・ホップカークの *Setting the East Ablaze*，アーサー・スウィンソンによるベイリーの伝記 *Beyond the Frontiers*，大英図書館内インド省文書保管所の記録。とくに役に立ったのは，ファイル IOR/L/PS/10/722 にあるベイリーのタシケント任務の報告書（2巻）とファイル IOR/L/PS/10/741 にあるベイリーの任務に関する大量の資料。

Daniel C. Waugh の秀逸な小論文 Etherton at Kashgar: Rhetoric and Reality in the History of the Great Game, Bactrian Press（Seattle, 2007）は，情報が豊富である。これは，http://faculty.washington.edu/dwaugh/ethertonatkashgar2007.pdf で読むことができる。

Alf Harald Brun の *Troublous Times* には，この時代のタシケントの暮らしが魅力的に描かれている。学会誌 *Journal of the Royal Asia Society*, vol,7, nos.2-3（1920）に掲載されたカシュガル総領事サー・ジョージ・マカートニーの Bolshevism as I saw it at Tashkent も興味深い。

第8章　ロシア転覆計画

ジョージ・ヒルについては，彼の *Go Spy the Land* と国立公文書館のファイル FO/371/3350 に収められた彼の興味深い長文の報告書を参照。スミスの *Six* も参照。

いわゆる「ロックハートの陰謀」については，当事者たちの著作だけでなく，二次的著作物でも広範囲に述べられている。当事者たちの著作としては，ロックハートの *Memoirs*，ヒルの *Go Spy the Land*，ライリーの *Britain's Master Spy* が挙げられる。

国立公文書館のファイル FO/371/3348 には，ロックハート自身の報告書を含め，いくつかの重要文書がある。FO/371/3337 には多数の追加文書があり，ロシア側からとらえた文書も多く含まれている。FO/371/3336 も参照。ここには，ジノヴィエフがイギリス人のことを「ぞっとするような悪臭を放つ悪党ども」と呼んだと報告する文書がある。

完全な二次的著作物はブルック＝シェパードの Iron Maze にあるが，彼の結論

に誰もが同意しているわけではない。このクーデター事件も，BBC ラジオ4のドキュメンタリー Document: The Lockhart Plot（March 2011）で扱われた。これは下記で聞くことができる。http://www.bbc.co.uk/programmes/b00zlfkt

第9章　タシケントの革命政府

本章には多くの出典がある。ベイリーの *Mission to Tashkent*，ホップカークの *Setting the East Ablaze*，スウィンソンの *Beyond the Frontiers*，インド省文書保管所の記録。とくに IOR/L/PS/10/722 にあるベイリー自身の報告書（2巻）と IOR/L/PS/10/741 にあるベイリーの任務に関する資料が出色である。

第10章　ロシア追放

イギリス大使館襲撃事件については，ライリーは *Britain's Master Spy* で詳述している。ブルック＝シェパードの *Iron Maze* もこの事件を詳述している。クローミー大尉の死を描いたナタリー・バックネルのドラマチックな記述（1918年9月1日付）は，国立公文書館の FO/371/3336 に収められている。FO/371/3337 にも関係文書があり，ウォードロップ総領事のこの事件の報告書，ロックハートの報告書，オランダ公使館のキーメンス氏の報告書がある。またこのファイルには，大量のロシアの新聞記事，とくにロシア共産党機関紙『プラウダ』の記事が収められている。

襲撃後の話，とくにジョージ・ヒルの女性連絡係の身にふりかかったことについては，クックの Ace of Spies に詳述されている。ここにはこれまで非公開だったロシアの公文書館の資料も載っている。ヒルの *Go Spy the Land*，ライリーの *Britain's Master Spy*，ブルック＝シェパードの *Iron Maze* にも，襲撃後のことが描かれている。重要な新情報は，西側に亡命した元 KGB のアレクサンドル・オルロフの *The March of Time* で知ることができる。ロックハートの *Memoirs* は，彼自身が陥った苦境が詳述されている。国立公文書館の FO/371/3334 と FO/371/3337 で，多くの追加情報を閲覧できる。

第11章　命がけのゲーム

ポール・デュークスの *Red Dusks and the Morrow* には，「紅はこべ」の異名を持つジョン・メレット（デュークスは「マーシュ」と呼んでいた）について詳述されている。国立公文書館には興味深い情報がたくさんあるが，代理領事アーサー・ウッドハウスの報告書はファイル FO/71/3975 に，ポール・デュークスの報告書は ADM/223/637 に収められている。デュークスの報告書には，トロツキーと海軍提督アリトファーテル（CX062092）との間の通信傍受といった，注目すべき諜報活動の成功例も収められている。手紙や覚書については，T/161/30 も参照。

カミングが勝利した内部闘争については，ジェフリーの *MI6*，ジャッドの *The Quest for C*，アンドルーの *Secret Services* に詳述されている。

ほかにはヒルの *Go Spy the Land*，スミスの *Six*，ジャッドの *The Quest for C* 参照。デュークスが SIS に誘われる話は，彼の2冊の著書，*The Story of ST25* と *Red Dusk and the Morrow* に描かれている。

アメリカの雑誌 *The New Republic*（1918）に載ったランサムの小論文 On Behalf of Russia，Rupert Fart-Davis 編纂の The Autobiography of Arthur Ransome，チェンバーズの *The Last Englishman*，スミスの *Six* を参照。とくに最近公開されたランサムに関する国立公文書館の機密ファイル KV2/1903 と KV2/1904 を参照のこと。KV2/1904 にはランサムに関する MI5 のファイルも含まれている。

第12章　ただならぬ脅威

ベイリー自身の記述は彼の *Mission to Tashkent* 参照。スウィンソンの *Beyond the Frontiers*，ホップカークの名著 *Setting the East Ablaze* も参照。ベイリーの任務に関する情報の多くは，オリジナルの報告書，手紙，覚書から集めた。それらはインド省文書保管所にばらばらに収められているが，最も重要なファイルは，IOR/L/PS/10/722 にあるタシケント任務についてのベイリーの報告書（2巻）と IOR/L/PS/10/741 である。後者のファイルには，ベイリーの任務とマルソンの仕事についての大量の資料がある。

中央アジアでのイギリスの諜報活動については，多くのファイルを参考にした。最も役に立ったのは次のファイルだ。インド省文書保管所の IOR/L/PS/825（Kashgar Diaries 1912-20），IOR/L/PS/976（Kashgar Diaries 1921-30），IOR/L/MIL/17/14/91/2（Bolshevik Activities in Central Asia 1919），IOR/L/PS/10/836（Bolshevik Activities in Central Asia, Dec 1919-Feb 1920），IOR/L/PS/11/159（Bolshevik Propaganda in Central Asia），IOR/L/PS/10/741（Bolshevik Activities in Central Asia）。

上記のファイルにはアフガニスタン関連の文書も多数ある。アフガニスタンの攻撃とイギリス領インド帝国の防衛に関して最も詳細に書かれた本は，ジョージ・モールズワース中将の著書 Afghanistan, 1919 である。停戦条約（と交渉）のコピーは，http://www.iranicaon-line.org/articles/anglo-afghan-treaty-of-1921-the-outcome-of-peace-negotiations-following-the-third-anglo-afghan-war で見ることができる。

第3部　大円団

第13章　ポール・デュークス

デュークスは，*ST25* と *Red Dusk and Morrow* で自分の任務について述べている。彼の大量の報告書は，国立公文書館の ADM/223/637 と ADM/1/8563/208 参照。FO/371/4375 も参照。このファイルには，ロシア国内情勢に関するインド政治情報部の文書が大量に収められている。FO/608/195/7 には，ソビエト・ロシアの国内事情に関する報告書が多数ある。FO/236/59 には，ペトログラードの状況を伝える代表領事アーサー・ウッドハウスの報告書も収められている。

ランサムの自伝 *The Autobiography of Arthur Ransome* と著書 *Six Weeks in Russia in 1919*（London, 1919），ブローガンの *Signalling From Mars*，チェンバーズの *The Last Englishman* 参照。ランサムの主要な報告書 Report on the State of Russia は，国立公文書館の FO/371/4002A で閲覧できる。このファイルには ST25（ポール・デュークス）によるロシア国内情勢に関する報告書も収められている。のちにデュークスは『タイムズ』紙のために多くの記事を書くが，すべて『タイムズ』のデータベースの索引に載っている。最も役立つ記事は，Bolshevism at Close

Quarters（15 October 1919，8回連載のひとつ）と Designs for Asia: Bolshevist Interest in the East（15 January 1920）である。後者の記事では，カラハンの書いた重要な覚書が引用されている。

第14章　白軍敗走

チャーチルのソビエト・ロシア政策については，Martin Gilbert による伝記 *Winston S. Churchill*, vol.4 の記述が秀逸だ。ここにはイギリス政府の内紛についても説明されている。より詳細で，かつ魅力的な記述は，Antoine Capet の論文 "The Creeds of the Devil": Churchill between the Two Totalitarianisms, 1917-1945 を参照。これには，激しい反共主義者としてのチャーチルの考えが述べられている。これは下記のオンライン論文で読むことができる。http://www.winstonchurchill.org/support/the-churchill-centre/publications/finest-hour-onlineon-line/725-the-creeds-of-the-devil-churchill-between-the-two-totalitarianisms-1917-1945#sdfootnote34sym

ロシアの内戦については，Richard Ullman の *Anglo-Soviet Relations*, 1917-1921, vol.2 に詳述されている。

ヒルの *Go Spy the Land* と *Dreaded Hour* には，デニーキン将軍を見極めに行く任務について詳述されている。しかし国立公文書館の，とくに FO/371/3962 と FO/371/3978 には興味深い報告書が多数ある。そこにはシドニー・ライリーがセヴァストポリやエカテリノダール（現在のクラスノダール）などから送った，デニーキン将軍と彼の将官たちについての急送公文書や報告書が収められている。

チャーチルの化学兵器使用の話は，ほとんど知られていない。最も優れた学術論文は，*Imperial War Museum Review*, 12（1999）に載った Simon Jones の The Right Medicine for the Bolshevist: British Air-Dropped Chemical Weapons in North Russia, 1919 である。しかし第一次世界大戦直後の化学兵器の研究開発についての話は，くわしく語られぬままである。

陸軍省の報告書や毒ガスの効果についての医学報告書などのオリジナルの文書は，国立公文書館で閲覧できる。国立公文書のファイルには写真も多数収められている。私には下記の文書が最も役に立った。WO/32/5749 の The Use of Gas in North Russia，WO/33/966　の European War Secret Telegrams, Series H, vol.2, Feb-May 1919，WO/32/5184 と WO/32/5185（Churchill and the use of chemical gas），WO/158/735，WO/142/116，WO/95/5424 と AIR/462/15/312/125（これらのファイルには化学兵器投下に関する報告書も含まれている），WO/106/1170（リーポシキン兵卒の症例），T/173/830（グランサム中尉の証言）。

J.B.S.Haldane の *Callinicus: A Defence of Chemical Warfare*（London, 1925）も参照。

第15章　オーガスタス・エイガー

エイガーによるデュークス救出作戦については，Harry Ferguson の *Operation Kronstadt* がとてもよく概説している。

デュークスについては，彼の著書 *ST25* と *Red Dusk and Morrow*，ロンドンへの機密報告書（その一部は，国立公文書館の ADM/223/637 に収められている）から資料を集めることができる。

エイガーは自分の冒険に満ちた人生を題材にして3冊の本を上梓した。ポール・デュークス救出作戦に直接関係のある本は，*Baltic Episode* である。他にはカウアン提督の武功を描いた Lionel Dawson の *Sound of the Guns: Being an Account of the Wars and Service of Admiral Sir Walter Cowan*（Oxford, 1949）も参照。

国立公文書館にはエイガーの任務に関するファイルがいくつかある。ADM/1/8563/208 と ADM/137/16879（エイガーによる奇襲の記述）。これらのファイルにはバルト海の地図も収められている。

第16章　ウィルフリッド・マルソン

ベイリーの *Mission to Tashkent*，ホップカークの *Setting the East Ablaze*，スウィンソンの *Beyond the Frontiers* を参照。インド省文書保管所にも豊富な資料がある。IOR/L/PS/10/722 にあるベイリー自身の報告書（2巻）と IOR/L/PS/10/741にあるベイリーの任務に関する資料参照。『タイムズ』に載ったベイリーの冒険談は，インド省文書保管所のファイルでも見られる。Mss EurD 658と Mss EurD 157/178，157/180，157/182，157/183，157/232，157/275参照。

マルソンの任務に関する主要な刊行物としては，学会誌 *Journal of the Central Asia Society*, vo.9, no.2（1922）に載ったマルソン自身の The British Military Mission in Turkestan, 1918-1920 がある。その背景を知る資料としては，学術誌 *Journal of Contemporary History*, vol.12, no.2（1977）に載った L.P.Morris の論文 British Secret Mission in Turkestan，Alexander Park の著書 *Bolshevism In Turkestan, 1917-1927*（New York, 1957），G.L.Dmitriev の *Indian Revolutionaries in Central Asia*（India, 2002），Charles H. Ellis の *Transcaspian Episode 1918-1919*（London, 1963），Michael Sergeant の *British Military Involvement in Transcaspian*（Camberley, 2004）が役に立つ。

だが資料の大半は刊行物ではなく，インド省文書保管所に保管されている。中でも次のファイルが非常に参考になった。IOR/MIL/17/14/91/2 の Bolshevik Activities in Central Asia，IOR/L/PS/10/836 の Bolshevik Activities in Central Asia，IOR/L/PS/10/886 の重要な報告書 Report of Interdepartmental Committee on Bolshevism as a menace to the British Empire，IOR/L/PS/11/159 にある Bolshevik propaganda，IOR/L/PS/11/201の Bolshevik Activities in Central Asia，IOR/L/PS/10/741 のマルソンとイサートンの大量の報告書。カシュガルの総領事サー・ジョージ・マッカートニーの日誌（IOR/L/PS/825 と IOR/L/PS/976）からは，イサートンの考え方を知ることができる。

Daniel C. Waugh の Etherton at Kashgar は，第7章で既述したオンライン論文参照。

第17章　神の軍隊

マナベンドラ・ナアト・ロイのモスクワ時代の話やインド革命計画については，自伝 Memoirs に詳述されている。インドへの脅威についての追加情報は大量にあり，インド省文書保管所（マルソンに関係する既述のファイル参照）と，インド帝国情報部が内部配布のために印刷した2冊本（Sir Cecil Kaya の *Communism in India* と *Sir David Petrie* によるその続編 *Communism in India*）を参照。後者の本はとくに役に立ち，インド帝国情報部の規模をよく知ることができる。

またIOR/L/PS/10/886のファイルも興味深く，インドへの共産主義の脅威について書かれた前述の報告書が収められている。ここには，SISから入手した大量の資料も混ざっている。

IOR/L/PJ/12/99は，ロイと彼のいくつもある偽名に関する多数のファイルのひとつである。

コミンテルンの東方諸民族会議については，記録がじゅうぶんにある。概要については，ホップカークの *Setting the East Ablaze* 参照。文書，スピーチのコピー，参考資料については，Xenia Eudin と Harold Fisher による *Soviet Russia and the West*, vol.1 と *Soviet Russia and the East*, vol.2（Stanford, 1957），Jane Degras の The Communist International, 1919-1943: Documents, 3 vols. 参照。H.G. ウェルズの Russia in the Shadows（London, 1920）にも，このバクーで開かれた大会のことが描かれている。大会で行なわれたスピーチは，http://www.marxist.org/history/international/comintern/baku/ch01.htm で読むことができる。

第18章　ひとり勝ち

本章については，ロイの自伝 *Memoirs*，ジャッドの *The Quest for C*，ジェフリーの MI6，アンドルーの *Secret Services*，スミスの *Six* 参照。『タイムズ』紙に載ったポール・デュークスの記事も，有益な資料だった。1920年1月15日付の彼の記事 Bolshevik Interests in the East には，カラハンの覚書が載っている。

英ソ通商協定の協議に関する総括的な議論は，アンドルーの Secret Services 参照。アンドルーはこの問題を縦横に（かつ豊富な知識で）論じている。学術誌 *The Historical Journal*, vol.20, no.3（1977）に載った The British Secret Service and Anglo-Soviet Relations in the 1929s: Part 1: From the Trade Negotiations to the Zinoviev Letter も参照。

ほかには学術誌 *Journal of Contemporary History*, vol. 5, no.2（1970）に掲載された M.V. Glenny による The Anglo-Soviet Trade Agreement, March 1921，オンライン論文 http://www.academia.edu/720588/Engaging_the_World_Soviet_Diplomacy_and_Foreign_Propaganda_in_the_1920s1 で読める Alistair Kocho-Williams による Engaging the World: Soviet Diplomacy and Foreign Propaganda in the 1920s も参照。

Kocho-Williams は興味深い論文 Comintern Though a British Lens を書いている。これも下記のオンラインで読むことができる。http://www.academia.edu/720580/The_Comintern_through_a_British_lens

本書では取り上げていないが一読に値するものが，暗号学者たちについての著作である。アンドルーの *Secret Services* は，彼らの仕事の概要を伝えている。Ralf Erskine とマイケル・スミスによる *Action this Day*（London, 2001）及び学術誌 *Cryptologia* vo.27, no.4（October 2003）に掲載されたジョン・ティルトマン准将の仕事ぶりに関する論文 Brigadier John Tiltman: One of Britain's Finest Cryptologists を参照。

ロイの軍隊の元兵士アブドゥル・カディール・カーンの経験談は，『タイムズ』紙の1930年2月25日から27日にかけて3回にわたって連載された。

英ソ通商協定は，1921年3月17日付『タイムズ』紙に Trade with Red Russia と

いう見出しで報じられた。

終章　後日談

英ソ通商協定直後の諜報活動と情報収集ついては，インド省文書保管所 IOR/L/PJ/12/117 参照。このファイルには，インド総督宛てのカーゾン卿の覚書も収められている。Richard James Popplewell による *Intelligence and Imperial Defence* の，とくに308から312ページには情報が満載である。

英ソ通商協定直後の時期を網羅する最も重要な情報は，インド省文書保管所の IOR/L/PJ/12/119 にある。ここには，マンスフィールド・カミングの SIS が入手した最高機密文書が大量にある。ボリス・バジャノフが潜入スパイとしての仕事を自ら語った記述は，彼の回顧録 *Avec Staline dans le Kremlin*）で読むことができる。バジャノフの情報は，国立公文書館の KV3/11 と KV3/12 でも読むことができる。バジャノフのロシアからの脱出については，ブルック＝シェパードの *Storm Petrels* 参照。バジャノフの逸話は，イギリスの高級日曜紙『サンデー・テレグラフ』の1976年9月19日，26日，10月3日に連載された。

本書に登場する主要人物の後日談は，主に3種類の資料——彼ら自身の著書や記述，死亡記事，『英国人名辞典』——を参考にした。ジャッドの *The Quest for C* は，カミングの最後の数か月を見事に描ききっている。

ジャイルズ・ミルトン（Giles Milton）

イギリスの作家。1966年生まれ。世界史を題材にしたノンフィクションを得意とする。邦訳された作品には，『スパイス戦争〜大航海時代の冒険者たち』（朝日新聞社，2000年），『コロンブスをペテンにかけた男』（中央公論新社，2000年），『さむらいウィリアム』（原書房，2005年），『奴隷になったイギリス人の物語』（アスペクト，2005年）がある。近年はフィクションや絵本も手掛けている。

築地誠子（つきじ・せいこ）

翻訳家。東京都出身。東京外国語大学ロシア語科卒業。訳書に『紅茶スパイ』（サラ・ローズ著，原書房），『さむらいウィリアム』（ジャイルズ・ミルトン著，原書房），『本を愛しすぎた男』（アリソン・フーヴァー・バートレット著，原書房），『スタッズ・ターケル自伝』（スタッズ・ターケル著，金原瑞人・野沢佳織との共訳，原書房），『ヒトの変異』（アルマン・マリー・ルロワ著，みすず書房）などがある。

レーニン対イギリス秘《ひ》密《みつ》情《じょう》報《ほう》部《ぶ》

●

2016年3月1日　第1刷

著者………ジャイルズ・ミルトン
訳者………築《つき》地《じ》誠《せい》子《こ》
装幀………佐々木正見
発行者………成瀬雅人
発行所………株式会社原書房
〒160-0022　東京都新宿区新宿1-25-13
電話・代表03(3354)0685
振替・00150-6-151594
http://www.harashobo.co.jp

印刷………新灯印刷株式会社
製本………東京美術紙工協業組合

ISBN978-4-562-05256-1 Printed in Japan